IDL 程序设计与应用

Interactive Data Language Programming and Application

卞小林　邵　芸　编著

科学出版社

北　京

内 容 简 介

本书以IDL 8.2为基础，系统介绍利用IDL进行程序设计的基础知识与程序设计方法。全书10章，主要讲述IDL概述、语法基础、面向过程的程序设计、面向对象的程序设计、输入与输出、高效程序设计、图形用户界面设计、图形图像程序设计、应用程序发布与部署和应用程序设计实践等内容。全书以面向过程的程序设计为切入点，从编写简单的程序开始，循序渐进，由面向过程到面向对象，逐步深入。

本书可作为高校计算机、地理信息系统、遥感、图像处理及相关专业本专科生和研究生的教材，也可以供从事计算机相关工作的科技工作者和广大编程爱好者自学与参考。

图书在版编目（CIP）数据

IDL程序设计与应用/卞小林，邵芸编著. —北京：科学出版社，2019.6
(信息科学技术学术著作丛书)
ISBN 978-7-03-061248-9

Ⅰ. ①I… Ⅱ. ①卞… ②邵… Ⅲ. ①软件工具-程序设计 Ⅳ. ①TP311.56

中国版本图书馆CIP数据核字（2019）第094205号

责任编辑：魏英杰 / 责任校对：郭瑞芝
责任印制：吴兆东 / 封面设计：铭轩堂

科学出版社出版
北京东黄城根北街16号
邮政编码：100717
http://www.sciencep.com
北京中石油彩色印刷有限责任公司 印刷
科学出版社发行 各地新华书店经销
*
2019年6月第 一 版 开本：720×1000 1/16
2020年1月第二次印刷 印张：18
字数：363 000

定价：108.00元
（如有印装质量问题，我社负责调换）

序

IDL 自 1977 年发布以来，已经广泛应用于地球科学、海洋科学、医学、天文学、遥感工程、信号处理、科研教育等众多领域。在国外，IDL 已经被设为大学的标准课程，其功能和应用效果完全可以和 MATLAB 等其他同类科学计算应用软件相媲美。在国内，IDL 还处在推广和应用阶段。随着 IDL 的应用和市场的广泛推进，越来越多的人将成为 IDL 的用户。

近年来，在国家自然科学基金、国家高技术研究发展计划、中国科学院知识创新工程等项目的支持下，中国科学院遥感与数字地球研究所邵芸研究员及其团队，围绕微波遥感开展了机理、方法与应用研究，并基于 IDL 研发了多个应用软件。作者在多年微波遥感应用和 IDL 相关的研发实践基础上，针对 IDL 程序设计中面向过程的程序设计与面向对象的程序设计，系统介绍 IDL 程序设计与应用。该书着力于使读者对 IDL 有一个较为系统、全面的认识，用容易理解的方法讲清楚基本概念和基本方法，减少罗列 IDL 语法中的各种烦琐细节，使读者既能利用 IDL 快速编写自己的算法，又能利用 IDL 提供的过程与函数快速构建自己的应用。

该书出版之际，我非常乐意将其推荐给广大读者。工欲善其事，必先利其器。希望该书能帮助更多的初学者顺利迈入 IDL 程序设计的大门，让已经具有编程基础的读者快速掌握和使用 IDL，促进 IDL 的发展。同时，期待该书对加速科学研究与软件开发进程发挥特有的作用。

赵忠明

2018 年 5 月

前　言

交互式数据语言(interactive data language，IDL)是第四代计算机语言，具有功能丰富、表达能力强、使用灵活方便、目标程序高效与可移植性好等优点，是进行科学数据分析、可视化表达和跨平台应用开发的理想工具。IDL 不是纯粹的面向过程的程序设计语言，它既可以编写面向过程的程序，也可以编写面向对象的程序。

作者参阅了国内为数不多的 IDL 程序设计相关书籍，并结合多年在微波遥感应用和 IDL 相关的研发实践经历，以及我国的大学程序设计课程开设情况，设计并确定了本书的体系结构。全书以面向过程的程序设计为切入点，从编写简单的程序开始，循序渐进，由面向过程到面向对象，逐步深入。读者可以根据需要选择学习 IDL 面向过程的程序设计和面向对象的程序设计，提高解决实际问题的能力。

程序设计是一门实践性很强的课程，要学好程序设计，仅仅看懂是不够的，必须多编程，多上机实践。许多读者在学习 IDL 之前已学过其他程序设计语言（如 C 语言），不同程序设计语言语法各异，但算法思想是相通的。多上机实践对掌握多门程序设计语言往往起到事半功倍的效果。

为了使读者较好地掌握 IDL 程序设计，本书根据作者 IDL 程序设计使用心得，从不同角度精心设计示例程序来增加对主要知识点的理解。读者在学习和使用示例代码时，可以手工输入，也可以使用示例代码文件。所有示例代码均在 IDL 8.2 下编写，并且在 Win64 平台上测试通过。如果没有特殊说明，其中大部分程序与其他 IDL 版本兼容。示例程序按章节建立工程，示例数据存放在 Data 文件夹中。在使用过程中，将 IDLprogram 文件夹直接拷贝到硬盘中。对部分涉及示例数据文件名的程序，将文件路径改为示例数据所在路径即可正确执行。

本书的出版得到国家自然科学基金重点项目“可控环境下多层介质目标微波特性全要素测量与散射机理建模”(41431174)资助，作者在此表示诚挚的谢意。同时，感谢中国科学院遥感与数字地球研究所董庆研究员、张风丽博士、谢酬博士、宫华泽博士、田维博士、张春燕博士等同事与国家海洋技术中心王世昂博士提供的帮助。在编写过程中，本书得到中国科学院遥感与数字地球研究所、中科卫星应用德清研究院（浙江省微波目标特性测量与遥感重点实验室）等部门和单位的支持，在此一并致谢。

限于作者水平，书中不足在所难免，敬请读者不吝指正。

作　者

2018 年 12 月

目　录

第1章 IDL 概 述

1.1 IDL 简 介

IDL 是应用程序开发和数据分析与可视化表达的理想工具。IDL 作为第四代面向矩阵运算的计算机语言，语法简单，拥有丰富的分析工具包，采用高速的图形显示技术，是集可视化、交互数据分析、大型商业开发为一体的高级集成环境，可以使用户快捷有效地实现数据处理、科学研究与商业开发。

IDL 集成了各种工程所需的可视化和分析工具，自带大量的功能函数，用户用少量的代码就能快速实现需要的功能，加速科学研究与软件开发进程。由于其强大的功能和独特的特点，IDL 可以满足众多领域的三维数据可视化、数值计算、三维图形建模、科学数据处理与分析等需求。

IDL 自 1977 年商业版正式发布以来，版本不断升级。本书以 Windows 操作系统平台下 IDL 8.2 为例介绍 IDL 程序设计与应用。

1.2 IDL 的特点

一种程序设计语言之所以能存在和发展，总是具有自身的优势和与其他语言不同的特点。IDL 的主要优势和特点如下。

1. 应用开发

IDL 语法简单，与其他常用的编程语言相比有很多相似之处，却又没有过多的严格限制，容易上手，初学者可以快速建立自己简单的应用程序。IDL 拥有面向对象的编程语言技术，用户可以完成复杂的功能和应用。

IDL 同时支持多种工作方式，不同的用户可以根据需要配合使用“命令交互式”、“程序执行”和“菜单操作”。IDL 程序编写、编译和执行时提供即时的交互性反馈。

IDL 具有 Windows 风格的图形用户界面，多功能集成开发环境、项目管理器和图形用户界面设计等多种应用程序环境和开发工具，可以运行在 Windows、

Macintosh、UNIX 等多种操作平台，方便进行跨平台开发应用程序。

IDL 提供了与 Visual C、Visual Basic 和 Fortran 等多种语言的标准接口工具，以及 ActiveX 接口，可以轻松实现 IDL 与其他语言的互相集成。IDL 虚拟机和 Runtime 两种方式可以方便地向团队和个人发布 IDL 程序，并提供便捷的跨平台程序发布工具。

2. 数据快速处理和分析与可视化表达

IDL 支持面向矩阵运算与并行计算，对整个矩阵的处理无需循环，数据量越大，速度优势越明显，可以简化交互分析、减少编程时间。

IDL 具有灵活的输入/输出能力，提供了大量的数据读写工具，支持常见数据格式的直接读写，可以读取任何类型的自定义格式数据，并且可以查看支持的文件格式细节。

IDL 支持基于 Open GL 的硬件加速图形技术，可以快速实现二维与多维图形绘制、体积可视化、图像显示与动画，并且可以即时观察程序的计算结果。

IDL 提供许多数值和统计分析软件包，有大量功能丰富的命令、函数和程序模块，并且采用多进程设计，能充分发挥多处理器效能，使数据分析和可视化更加简单、灵活、快捷、方便。IDL 的智能工具可以自订业务、数据分析流程，创建可视化环境。

1.3 IDL 集成开发环境

IDL 集成开发环境(integrated development environment，IDE)又称工作台(Workbench)，是进行代码编写、管理、编译、调试和运行的图形化操作环境。自 IDL 7.0 版本起，IDL 工作台基于全新的 Eclipse 框架运行。因此，在各种操作系统(如 Windows、Linux、Macintosh 或 Solaris 等)下均具备同样的操作界面和快捷键，便于在不同操作系统的平台下进行程序开发。IDL 8.2 支持的平台如表 1-1 所示。

表 1-1 IDL 8.2 支持的平台

平台	硬件	操作系统
Windows	Intel/AMD 32-bit Intel/AMD 64-bit	Windows
Macintosh	Intel 64-bit	OS X
UNIX	Intel/AMD 32-bit Intel/AMD 64-bit	Linux
	SPARC 64-bit Intel/AMD 64-bit	Solaris

1.3.1 工程与工作空间

工程是过程(pro)与函数(function)的集合,可以通过相互调用实现复杂的功能。IDL 的工程项目使用 Project 来组织和管理 IDL 源代码，以及工程资源文件。每个工程是当前工作空间的路径或工作空间的子路径,源代码存放在对应工程路径下,为工程使用中的文件搜索、书签创建等带来便利。

IDL 下的工作空间是包含一个或多个工程的空间，可以包含源代码文件和资源文件。每次启动工作台时，都会提示选择工作空间。IDL 工作台可以创建多个工作空间,但当前工作台下只能有一个活动的工作空间。如果需要切换工作空间,可以通过“文件”菜单项下“切换工作空间”进行切换。

1.3.2 启动工作台

启动 IDL 工作台有多种方式，下面以 Windows 7 操作系统下的 IDL 8.2 工作台为例介绍 IDL 工作台启动。点击“开始” - “所有程序” - “ENVI5.0” - “IDL”，IDL 显示如图 1-1 所示界面，设置工作空间位置。

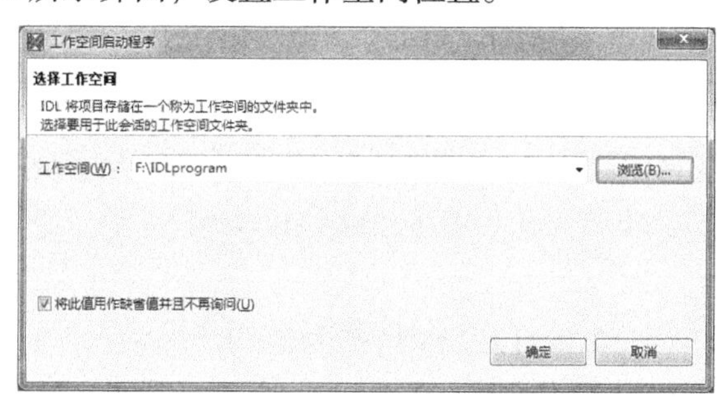

图 1-1 选择工作空间界面

选择“确定”进入 IDL 工作台环境，主要由菜单栏、工具栏、项目资源管理器、代码编辑区域，控制台和状态栏组成，各组件都可以根据需要任意改变大小和位置，如图 1-2 所示。为避免出现乱码现象，需要设置当前工作台的参数，选

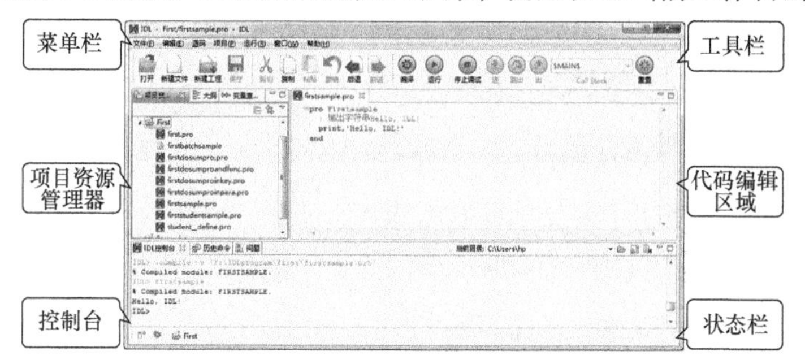

图 1-2 工作台界面

择菜单“窗口”-“首选项”，然后选择“常规”-“工作空间”，将“文本文件编码”设置为 GB2312，如图 1-3 所示。

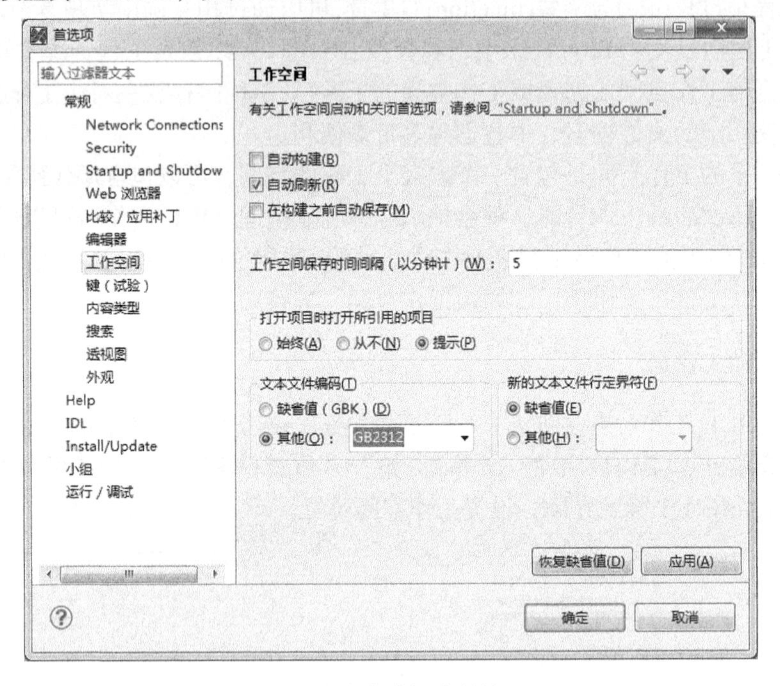

图 1-3 文本编辑编码界面

1.4 IDL 程序的编写与运行

所谓程序，就是一组计算机能识别和执行的指令。通常把编写程序的过程称为程序设计。程序设计好之后可以长期保存，并根据需要对其进行编辑、修改和反复调用。

程序的运行过程一般分为建立、编辑、调试、编译和运行等。IDL 编写的程序文件称为源程序，对应的扩展名为“.pro”。IDL 提供多种程序操作模式，用户可以根据需求组织与管理程序代码。

1.4.1 简单的 IDL 程序介绍

为了使读者能初步了解什么是 IDL 程序，下面先介绍几个简单的程序。

例 1.1 输出一行字符：“Hello，IDL!”。

```
pro Firstsample
  ;输出字符串 Hello, IDL!
```

```
  Print,'Hello, IDL!'
end
```

本程序是一个过程文件，作用是输出指定字符串。其中“pro”作为过程必不可少的部分，它是一个可执行语句的开始，后空一格接过程名，中间部分为可执行语句，最后必须以“end”结束。本过程只有一个输出语句，print 是 IDL 的输出过程。在 IDL 程序中，语句不区分大小写，没有结束符，分隔符为“,”。IDL 的注释符为“;”，该行注释符之后对应的所有内容不参与编译运行。注释内容可以为注释语句，也可以写在命令行的末端，用于对该行内容进行说明。将上述代码保存为程序文件“firstsample.pro”，注意此处文件名必须与过程名一致，不区分大小写。在命令行里键入 firstsample，示例如下。

```
IDL> firstsample
% Compiled module: FIRSTSAMPLE. ;如果已经编译，则无此行内容
Hello, IDL!
```

例 1.2　求两数 a 和 b 之和并输出。

示例 1：

```
;无输入参数求和过程
pro Firstdosumpro
  ;按提示信息依次输入两个数，分别保存到变量 a 与变量 b 中
  read,a,b,prompt='请依次输入数 a 与数 b: ' ;read 为 IDL 输入过程
  print,'a + b = ',a+b
end
```

本程序为一个过程文件，无输入参数，其作用是按提示信息输入两个数并输出两数之和。在 IDL 程序中，变量名不区分大小写，变量不需要预先定义，数据类型可以在运行过程中更改。程序运行示例如下。

```
IDL> firstdosumpro
请依次输入数 a 与数 b:3,4
a + b = 7.00000
```

示例 2：

```
;有输入参数求和过程
pro Firstdosumproinpara,a,b
  print,'a + b = ',a+b
end
```

本程序为一个过程文件，有输入参数，其作用是输出两个输入参数之和。在 IDL 程序中，参数用于调用数据之间的传递，多个参数间以“,”隔开。程序运行示例如下。

```
IDL>firstdosumproinpara,3,4
a + b =7
```

示例 3：

```
;有输入关键字求和过程
pro Firstdosumproinkey,a=a,b=b
  print,'a + b = ',a+b
end
```

本程序为一个过程文件，有输入关键字，其作用是输出两个输入关键字对应的数据之和。在 IDL 程序中，关键字用于调用数据之间的传递，多个关键字间以“,”隔开，关键字一般为可选项，且顺序是任意的。程序运行示例如下。

```
IDL> firstdosumproinkey,a=3,b=4;或 IDL> firstdosumproinkey,
b=4,a=3
a + b =7
```

示例 4：

```
;有输入参数求和函数与函数调用
function Firstdosumfunc,a,b
  ;返回 a 与 b 之和
  return,a+b
end
pro Firstdosumproandfunc
  read,a,b, prompt='请依次输入数 a 与数 b : '
  ;调用有输入参数求和函数 Firstdosumfunc
  c=Firstdosumfunc(a,b)
  print,'a + b = ',c
end
```

本程序包含一个函数与一个主过程，其作用是通过主过程 Firstdosumproandfunc 调用函数 Firstdosumfunc 实现输入两数，并输出两数之和。其中“function”作为函数必不可少的部分，是一个可执行语句的开始，后空一格接函数名，中间部分为可执行语句，最后必须以“end”结束。函数与过程不同；函数可执行语句必须具有返回语句，用“return”表示。函数调用运行示例如下。

```
IDL> c=firstdosumfunc(3,4);调用函数 firstdosumfunc，将结果
                          ;返回给 c
```

```
IDL> print,'a + b = ',c
a + b = 7
```

主过程调用函数运行示例如下。

```
IDL> firstdosumproandfunc
请依次输入数 a 与数 b : 3,4
a + b = 7.00000
```

例 1.3 一个简单学生对象类的创建与使用。

```
;学生对象类初始化
function student::Init,num,score
  ;学号 num 与成绩 score 必须设定
  if n_params( ) ne 2 then begin
    print,'初始化失败，需要学号与成绩!'
    ;学生类对象初始化失败
    return,0
  endif else begin
    ;IDL 提供一个隐式引用变量 self，用于控制对象本身
    self.num=num
    self.score=score
    print,'初始化成功!'
    ;学生类对象初始化成功
    return,1
  endelse
end
;学生对象类属性设置方法
pro student::SetProperty,num=num,score=score
  if keyword_set(num) then  self.num=num
  if keyword_set(score) then  self.score=score
end
;学生对象类属性获取方法
pro student::GetProperty,num=num,score=score
  if arg_present(num) then num=self.num
  if arg_present(score) then score=self.score
end
;学生对象类成绩输出方法
pro student::Displayinfo
```

```
  print,'学号为 '+self.num+' 的学生成绩为：',self.score,' !'
end
;学生对象类定义，包含学号与成绩两个类成员
pro student_DEFINE
  ;创建具有两个成员变量 num 与 score 的命名结构体
  struct={student,num:'',score:0.0}
end
;学生对象类的使用
pro Firststudentsample
  ;创建学生对象
  sStudent=obj_new('student','20161001',98)
  ;调用 Displayinfo 方法输出成绩
  sStudent.Displayinfo
  ;调用 SetProperty 方法设置成绩
  sStudent.SetProperty,score=76
  ;调用 GetProperty 方法获取学号与成绩
  sStudent.GetProperty,num=num,score=score
  print,'学号为 '+num+' 的学生成绩修改为：',score,' !'
  ;销毁学生对象
  obj_destroy,sStudent
end
```

本程序包含一个类与一个主过程，其作用是通过主过程 Firststudentsample 创建与使用学生类。类是面向对象程序设计中的概念，所有的内容都被封装在类中，是面向对象编程的基础。类用于描述具有一定数据类型的属性、对象的操作事件，以及事件的处理方法等信息的集合。IDL 支持面向对象的程序设计，使用 DEFINE 定义类的结构，使用 Init 初始化创建的对象类，使用 SetProperty 设置对象属性，使用 GetProperty 获取对象属性。类使用示例如下。

```
IDL> firststudentsample
初始化成功!
学号为 20161001 的学生成绩为：98.0000 !
学号为 20161001 的学生成绩修改为：76.0000 !
```

上述示例简单介绍了过程、函数、参数、关键字、类和对象、过程和函数的调用等知识，目的是让读者初步了解 IDL 程序设计。读者对部分内容不大理解，可以暂不予深究，随着后面章节的学习，问题将迎刃而解。后面的章节将由简到繁、由易到难、循序渐进地介绍 IDL 程序设计。

1.4.2 IDL 程序编写

在介绍 IDL 程序编写前，首先介绍 IDL 程序和命令编写过程中涉及的特殊符号，包含注释符、续行符和同行符。

IDL 中注释符用“;”表示，该行注释符之后对应的所有内容均不参与编译运行，注释符可以放在一个语句的起始部分，用于注释该语句，也可以写在语句的末端，用于对该语句的内容进行说明。例如下面语句。

```
IDL> print,'IDL 程序设计' ;'注释符示例'
IDL 程序设计
```

IDL 中续行符用“$”表示，该续行符之后对应的所有内容不参与编译运行，而是连接另起一行“$”之前或该语句最后一行的内容，用于表示一条过长语句或格式化显示程序。例如下面语句。

```
IDL> print,'IDL' + $ '续行符示例'
IDL> '程序设计'
IDL 程序设计
```

IDL 中同行符用“&”表示，该同行符可以在一行多次使用，用于实现多条语句在一行表示。

```
IDL> a=3b & b=4b & print,'a+b=',a+b
a+b=7
```

1. 命令行模式

命令行模式是在命令行模式下执行 IDL 函数或过程的模式，为程序编写和调试过程中的功能测试提供了极大的便利。例如，在控制台内输入如下代码。

```
;标准输出“Hello, IDL!”字符串
IDL>print,'Hello, IDL! '
;运行结果,输出 Hello, IDL!
IDL> Hello, IDL!
```

在命令行模式下，还可以通过使用点命令进行源程序文件(pro 文件)的编译和运行，其中.compile(编译代码)为最常用的点命令，其他点命令可以通过帮助查看 Dot Commands 具体用法。在命令行模式下使用点命令进行源程序编译和运行的示例代码如下。

```
;编译源程序文件 F:\IDLprogram\First\firstsample.pro
.compile "F:\IDLprogram\First\firstsample.pro"
;显示编译结果
%Compiled module: FIRSTSAMPLE.
```

```
;执行源程序 firstsample.pro，注意此处不加.pro 后缀
IDL> firstsample
;运行结果，输出 Hello, IDL!
IDL> Hello, IDL!
```

2. 批处理模式

一个批处理文件由一系列命令组成，最简单的程序是一个 IDL 批处理文件。IDL 批处理文件模式是执行多行命令文件的模式，运行结果与 IDL 命令行下运行多条命令一样。使用批处理模式是为了重复执行多条功能语句，这些语句无需 pro 和 end 等关键字。例如，新建批处理文件“firstbatchsample”，具体内容如下。

```
read,a,b,prompt='请依次输入数 a 与数 b : '
print,'a + b = ', a+b
```

调用批处理文件的方法表示是@文件名。在调用批处理文件前需要将文件存储在 IDL 安装目录或系统路径参数中包含的目录。若调用的批处理文件不在 IDL 安装目录或系统路径参数中包含的目录，执行前需设置目录为 IDL 工作台当前活动路径或将该目录加载到 IDL 系统参数中再调用，也可以通过绝对路径调用。例如，调用上述“F:\IDLprogram\First”路径下“firstbatchsample.pro”文件，调用方法如下。

```
;用 CD 过程将'F:\IDLprogram\First'设为当前目录
IDL> cd,'F:\IDLprogram\First'
IDL> @firstbatchsample
或者
IDL> @'F:\IDLprogram\First\firstbatchsample'
```

3. 文件模式

文件模式是执行文件中包含一个或多个功能模块的方式，必须包含一个与文件名相同的主程序。IDL 主程序与批处理文件最大的区别就是主程序的命令必须经过 IDL 编译器编译成程序模块，然后才能执行。

在 IDL 程序中，功能模块只能是过程或函数。过程必须以“pro”开始，以“end”结束，参数和关键字仅排列在一个命令行，中间以“,”分隔。函数必须以“function”开始，以“end”结束，参数和关键字与过程一致，必须有“return”语句。一个程序文件可以包含多个过程或函数，但必须有一个主过程或主函数，最终保存文件的文件名必须与主过程或主函数名一致。过程与函数调用方式也不尽相同，函数命令具有返回值，参数与关键字放在函数名后面的一对圆括号内。

过程格式示例如下。

```
pro Firstdosumproinkey,a=a,b=b
  print,'a + b = ',a+b
end
```

过程调用示例如下。

```
IDL> Firstdosumproinkey,a=3,b=4
```

函数格式示例如下。

```
function Firstdosumfunc,a,b
  return,a+b
end
```

函数调用示例如下。

```
IDL> c= Firstdosumfunc(3,4)
```

4. 工程项目模式

IDL 工程项目模式是使用 Project 来组织和管理 IDL 源代码，以及工程资源文件的模式。IDL 工作台可以创建多个工作空间，但当前工作台下只能有一个活动的工作空间。一个工作空间可以创建多个 IDL 工程，每一具体工程必须包含一个与 IDL 工程名称一致的主过程或主函数。

正常启动 IDL 工作台后，选择菜单项“文件”-“创建”-“IDL 工程”，弹出新建 IDL 工程设置界面(图 1-4)，默认工程名称为“NewProject”，此处设为“First”。

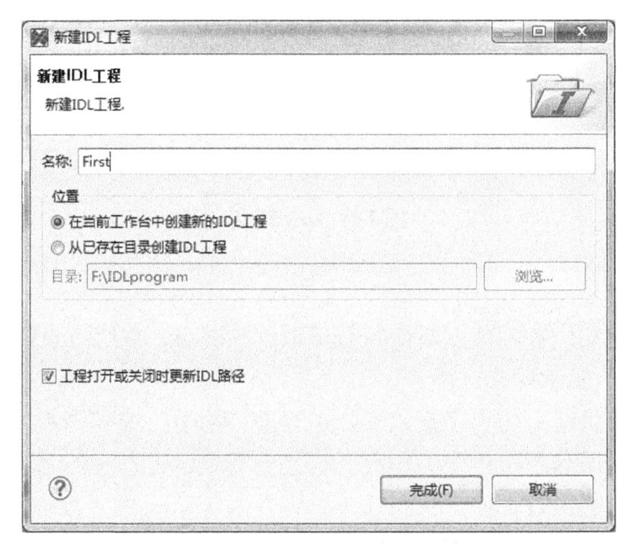

图 1-4　新建工程设置界面

点击“完成”后选择菜单项“文件”-“新建文件”，编写如下代码，保存到 First 目录下，名称为“First.pro”。

```
pro First
  Firstsample
  Firstdosumproandfunc
  Firststudentsample
end
```

然后选择菜单“项目”-“构建项目”，最后选择菜单“项目”-“运行工程”，即可执行“First”工程，在控制台中输出程序运行结果，同时在 First 目录下生成“first.sav”文件。

1.4.3　IDL 程序断点与调试

程序断点是程序中“中断的点”，是调试器的功能之一，可以让程序在需要的地方中断，从而方便其分析，一般设置在可能出现错误的地方。断点的添加与移除示例如下。

1. 断点添加

在代码编辑区域双击需要中断语句左侧灰色区域可添加断点。IDL 支持显示代码行号，右击代码编辑区域左侧，在弹出菜单选择“显示行号”，双击对应行号也可添加断点(图 1-5)。

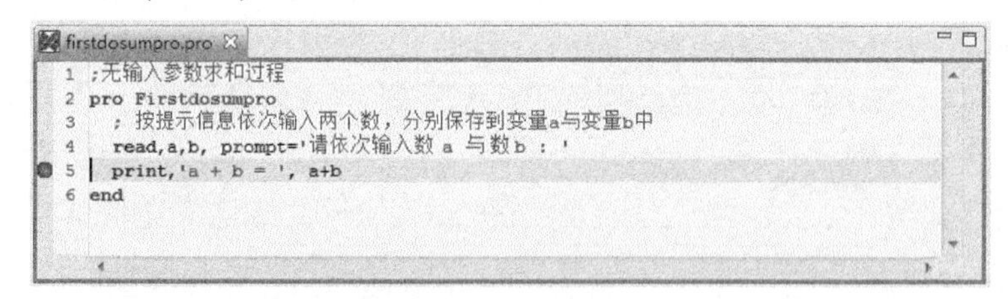

图 1-5　添加断点

2. 断点移除

双击断点所在位置或断点对应行号可以移除断点，也可以点击菜单“运行”-“移除所有断点”来移除多个断点。

程序调试是将编写的程序投入实际运行前，用手工或编译程序等方法进行测试，修正语法错误和逻辑错误的过程。它是编写和运行程序的基本功能之一，可以确保程序的正确执行。

添加断点后，程序运行到断点位置会暂停运行，工具栏中“运行”按钮自动切换为“恢复”，“进”、“跳出”与“出”按钮自动激活(图 1-6)，根据需要选择相应功能，一般调试关键代码时，选择“进”(逐语句调试)。

图 1-6 调试工具栏

为了满足程序的调试需要，IDL 提供变量查看功能用于查看变量的值是否符合程序编写的要求。当程序存在断点时，会在断点处停止，此时可以通过命令行、鼠标悬停显示或变量查看器(图 1-7)三种方式查看。

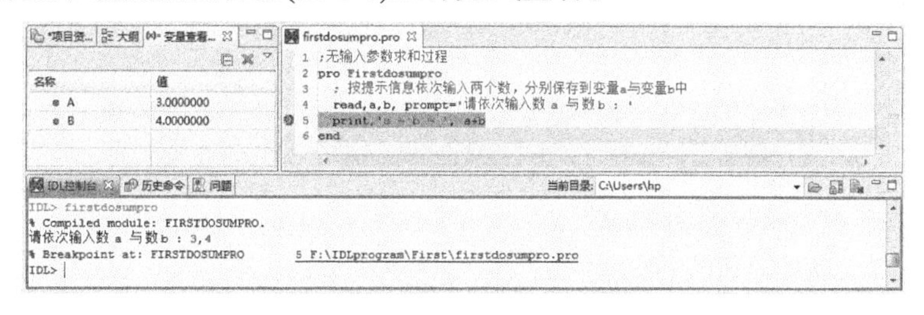

图 1-7 程序调试中变量查看器

1.4.4 帮助系统

IDL 的帮助系统提供了详细的使用说明和函数功能描述，是用户学习和掌握 IDL 的帮助工具。IDL 的帮助可以分为选中项目帮助和帮助内容两种。选中项目帮助可以启动帮助并查找鼠标选择的内容，而帮助内容则会启动标准帮助。

IDL 帮助系统可以通过以下三种方式启动帮助。

① 菜单启动。点击菜单“帮助”-“选中项目帮助”或“帮助内容”。

② 快捷键启动。使用快捷键“F1”或在代码编辑区选中一个过程或函数后按“F1”。

③ 命令启动。在命令行输入“?”或在其后输入需要查看的过程或函数名称。

IDL 帮助系统主要包含内容、索引和搜索三部分内容，各部分内容均为超链接，点击具体内容查看详细说明。内容部分显示 IDL 帮助文档所有内容的组织结构(图 1-8)。索引部分按字母顺序显示所有帮助内容，根据索引查看详细说明(图 1-9)。搜索部分根据需要查看帮助的关键词搜索包含关键词的所有内容，高亮显示关键词(图 1-10)。

IDL 帮助文档包含 Syntax(调用格式)、Return Value(返回值)、Arguments(参数)、Keywords(关键字)、Examples(示例代码)、Version History(版本历史)、See

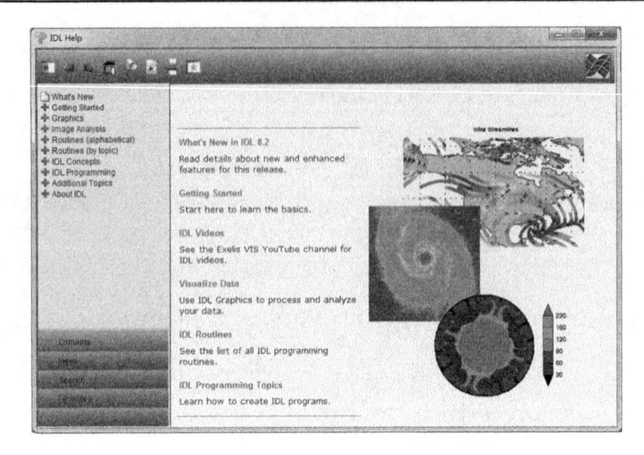

图 1-8　帮助文档内容

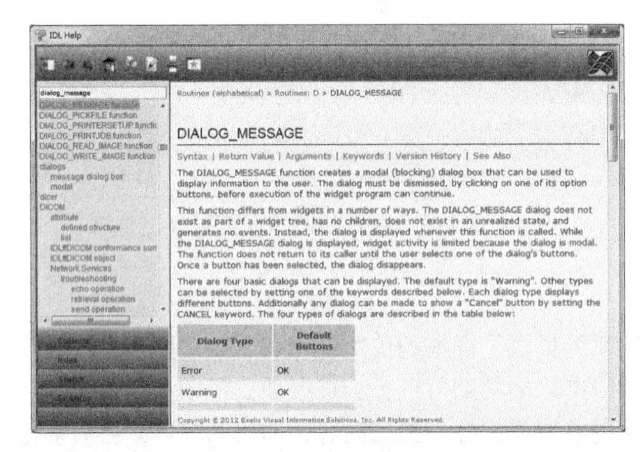

图 1-9　帮助文档索引

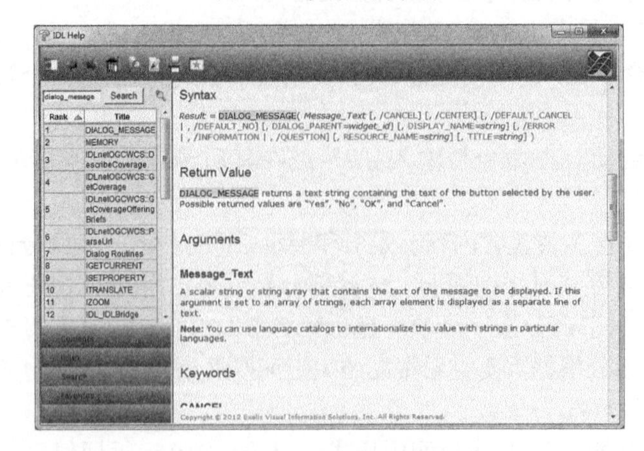

图 1-10　帮组文档查询

Also(其他相关过程或函数)中部分或全部内容。下面以“DIALOG_MESSAGE”函数为例介绍帮助的详细内容，IDL 帮助中列出的 Syntax 格式如下。

```
Result = DIALOG_MESSAGE( Message_Text [,/CANCEL] [,/CENTER]
[,/DEFAULT_CANCEL |,/DEFAULT_NO]  [,DIALOG_PARENT=widget_id]
[,DISPLAY_NAME=string] [,/ERROR |,/INFORMATION |,/QUESTION]
[,RESOURCE_NAME=string] [,TITLE=string])
```

其中，Result 为返回值；DIALOG_MESSAGE 为函数名，功能为信息提示对话框；()包含函数所有参数与关键字；Message_Text 为输入参数(必选)；[]包含的均为关键字；若关键字参数间用“|”分隔，则表示关键字不能同时使用。

第2章 语法基础

语法是指由程序语言的基本符号组成程序中各个语法成分(包括程序)的一组规则。它是编程语言的根本，也是学习一门语言首先需要掌握的内容。IDL 作为第四代计算机语言，语法具有其自身的特点。

2.1 数据类型

随着 IDL 版本的不断的升级，其支持的数据类型也不断丰富和完善。IDL 8.2 支持的数据类型如表 2-1 所示。

表 2-1 IDL 8.2 支持的数据类型

数据类型	代码	类型名称	描述	创建
字节型	1	BYTE	0～255，占 1 个字节	a=0B
16 位有符号整型	2	INT	−32768～+32767，占 2 个字节	a=0 或 a=0S
16 位无符号整型	12	UINT	0～65535，占 2 个字节	a=0U
32 位有符号长整型	3	LONG	−2147483648～+2147483647，占 4 个字节	a=0L
32 位无符号长整型	13	ULONG	0～4294967296，占 4 个字节	a=0UL
64 位有符号长整型	14	LONG64	−9223372036854775808～+9223372036854775807，占 8 个字节	a=0LL
64 位无符号长整型	15	ULONG64	0～18446744073709551615，占 8 个字节	a=0ULL
浮点型	4	FLOAT	-10^{38}～10^{38}，占 4 个字节，一般有效小数位为 6 到 7 位	a=0.0
双精度浮点型	5	DOUBLE	-10^{308}～10^{308}，占 8 个字节，一般有效小数位为 14 位	a=0.0D

续表

数据类型	代码	类型名称	描述	创建
复数	6	COMPLEX	用浮点型分别表示复数包含的实部与虚部，占8个字节	a=COMPLEX(1,1)
双精度复数	9	DCOMPLEX	用双精度浮点型分别表示复数包含的实部与虚部，占16个字节	a=DCOMPLEX(1,1)
字符串	7	STRING	包含0～2147483647(约2.1GB)个字符，每个字符占1个字节	a=''或a=""
结构体	8	结构体名或ANONYMOUS	复合类型，结构体一旦创建，成员变量的个数和数据类型将无法修改	a={name,tag:0b}
指针	10	POINTER	复合类型，占4个字节	a=PTR_NEW (0b)
对象	11	类名或OBJREF	复合类型，占4个字节	a = OBJ_NEW ('class')
链表	11	LIST	复合类型	a=LIST(1,2)
哈希表	11	HASH	复合类型	a=HASH ('Id', 1234)

除上述数据类型，IDL还支持空值(Null)这一特殊数据类型，表示变量未定义，用系统变量!Null表示。

IDL可以通过变量查看器查看变量信息，也可以通过HELP过程和SIZE函数查看变量信息。以变量a=2.0为例，通过HELP与SIZE可以获取变量a信息。

```
IDL> a=2.0;创建浮点型变量 a
IDL> help,a;显示变量的名称，类型和值(若是数组，显示大小)
A          FLOAT     =       2.00000
IDL> print,size(a,/type);显示变量数据类型代码
           4
```

2.2 常量与变量

2.2.1 常量

在程序运行过程中，其值不能被改变的量称为常量，分为数值型常量和字符型常量。例如，1.0为数值型常量(也称为浮点型常量)，A为字符型常量。

整型常量格式和浮点型常量格式分别如表2-2和表2-3所示。

表 2-2　整型常量格式

<table>
<tr><th>进制</th><th>类型</th><th>格式</th><th>示例(以十进制 15 为例)</th></tr>
<tr><td rowspan="15">八进制</td><td>字节型</td><td>"nB</td><td>"17B</td></tr>
<tr><td rowspan="2">整型</td><td>"n</td><td>"17</td></tr>
<tr><td>'n'O</td><td>'17'O</td></tr>
<tr><td rowspan="2">无符号整型</td><td>"nU</td><td>"17U</td></tr>
<tr><td>'n'OU</td><td>'17'OU</td></tr>
<tr><td rowspan="2">长整型</td><td>"nL</td><td>"17L</td></tr>
<tr><td>'n'OL</td><td>'17'OL</td></tr>
<tr><td rowspan="2">无符号长整型</td><td>"nUL</td><td>"17UL</td></tr>
<tr><td>'n'OUL</td><td>'17'OUL</td></tr>
<tr><td rowspan="2">64 位长整型</td><td>"nLL</td><td>"17LL</td></tr>
<tr><td>'n'OLL</td><td>'17'OLL</td></tr>
<tr><td rowspan="2">64 位无符号长整型</td><td>"nULL</td><td>"17ULL</td></tr>
<tr><td>'n'OULL</td><td>'17'OULL</td></tr>
<tr><td rowspan="7">十进制</td><td>字节型</td><td>nB</td><td>15B</td></tr>
<tr><td>整型</td><td>n 或 nS</td><td>15 或 15S</td></tr>
<tr><td>无符号整型</td><td>nU 或 nUS</td><td>15U 或 15US</td></tr>
<tr><td>长整型</td><td>nL</td><td>15L</td></tr>
<tr><td>无符号长整型</td><td>nUL</td><td>15UL</td></tr>
<tr><td>64 位长整型</td><td>nLL</td><td>15LL</td></tr>
<tr><td>64 位无符号长整型</td><td>nULL</td><td>15ULL</td></tr>
<tr><td rowspan="7">十六进制</td><td>字节型</td><td>'n'XB</td><td>'F'XB</td></tr>
<tr><td>整型</td><td>'n'X</td><td>'F'X</td></tr>
<tr><td>无符号整型</td><td>'n'XU</td><td>'F'XU</td></tr>
<tr><td>长整型</td><td>'n'XL</td><td>'F'XL</td></tr>
<tr><td>无符号长整型</td><td>'n'XUL</td><td>'F'XUL</td></tr>
<tr><td>64 位长整型</td><td>'n'XLL</td><td>'F'XLL</td></tr>
<tr><td>64 位无符号长整型</td><td>'n'XULL</td><td>'F'XULL</td></tr>
</table>

表 2-3　浮点型常量格式

浮点数		双精度浮点数	
格式	示例	格式	示例
n.	15.	n.	15.
.n	.15	.n	.15
n.n	15.15	n.n	15.15
nE	15E	nD	15D
nEsx	15E2	nDsx	15D2
n.Esx	15.E-2	n.Dsx	15.D-2
.nEsx	.15E2	.nDsx	.15D2
n.nEsx	15.15E2	n.nDsx	15.15D2

2.2.2　变量

在程序运行过程中，其值可以被改变的量称为变量。变量可以分为系统变量和内存变量。在本书中，如果没有特殊说明，变量是指内存变量。一个变量应该有一个名字，在内存中占据一定的存储单元，在存储单元内存放变量的值。每一个内存变量都是相互独立的，一旦退出 IDL，内存中的所有内存变量的值都将丢失。例如，a=3，变量名为 a，在内存中分配 2 个字节的存储单元(图 2-1)，用于存放整型变量值 3。

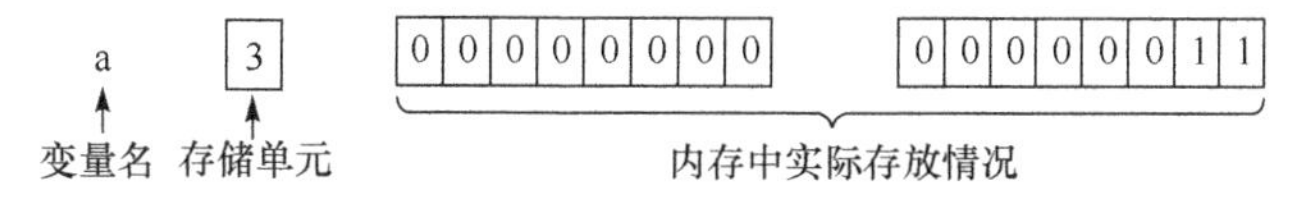

图 2-1　整型变量存储情况

IDL 变量名长度不能超过 255 个字符，且必须以字母或下划线开头，余下的可以是字母、数字、下划线“_”和续行符“$”(为避免出现异常，变量名最后一位不建议使用“$”)。IDL 变量名不区分大小写(如 NAME、Name 和 name 表示同一个变量)，但名称中不能有空格，并且不能使用 IDL 中的保留字作为变量名。在实际变量命名过程中，变量名最好具有一定的含义，且注意避免与 IDL 内建立的程序名称一致，提高程序的可读性。例如，Inputfile、_Inputfile、Input_$file、Inputfile2 等均为合法变量，而 Inputfile、Input file、$Inputfile、if 等均为非法变量。

在 IDL 中，可以使用函数 IDL_Validname 检查变量名。如果变量名符合规范，则返回变量名字符串，否则返回空值，可以通过设置关键字进行处理，生成符合规范的变量名。示例代码如下。

```
IDL> print,idl_validname('name')
```

```
name
IDL> print,idl_validname('n a m e')
               ;此处为空值
IDL> print,idl_validname('n a m e',/convert_all)
n_a_m_e
```

2.2.3 系统变量

IDL 系统变量可以分为预定义系统变量和自定义系统变量。预定义系统变量是 IDL 提供的一组特殊的变量，其类型和结构不能改变，也不能从内存中释放。自定义系统变量是用户为了实现某些功能而创建的系统变量，一旦创建成功，变量值可以修改，变量类型不可以修改，其生命周期从初始化成功到 IDL 进程关闭。

1. 预定义系统变量

预定义系统变量的名称均由感叹号“!”开头，根据其用途可以分为系统配置变量(表 2-4)、常数变量(表 2-5)、图形变量(表 2-6)和错误处理变量(表 2-7)。

表 2-4　系统配置变量

变量名称	说明
!CPU	只读，结构体变量，存储当前系统 CPU 信息
!DIR	字符串变量，存储 IDL 系统主工作目录路径
!DLM_PATH	字符串变量，存储 IDL 系统动态链接库路径
!EDIT_INPUT	整型变量，设置保存命令行历史记录个数，默认值为 20
!HELP_PATH	字符串变量，设置帮助文件存放路径
!JOURNAL	只读，整型变量，存储输出日志文件的逻辑通道号
!MAKE_DLL	结构体变量，设置外部动态链接时的环境和配置信息
!MORE	整型变量，设置输出文本是否标记页码
!PATH	字符串变量，设置 IDL 系统搜索环境路径列表
!PROMPT	字符串变量，设置 IDL 命令行提示符
!QUIET	长整型变量，设置系统的信息是否打印
!VERSION	结构体变量，存储当前 IDL 版本信息

表 2-5　常数变量

变量名称	说明
!COLOR	只读，结构体变量，存储预定义颜色的 RGB 值
!DPI	只读，双精度浮点型变量，存储π值
!DTOR	只读，浮点型变量，存储 1 度的弧度值(π/180)
!MAP	结构体变量，存储经纬度到投影坐标的转换信息
!NULL	空值，未定义变量
!PI	只读，浮点型变量，存储π值
!RADEG	结构体变量，设置外部动态链接时的环境和配置信息
!VALUES	只读，结构体变量，存储单精度浮点型和双精度浮点型无穷值(Infinity)和非数值(NaN)

表 2-6　图形变量

变量名称	说明
!C	长整型变量，记录 MAX 函数或 MIN 函数，返回第一个满足条件的下标
!D	结构体变量，存储当前图形输出设备信息
!ORDER	长整型变量，设置直接图形法下图像生成方向，默认值为 0，即图像从设备底部向上生成
!P	结构体变量，设置直接图形法下图形绘制的基本信息
!X	结构体变量，设置直接图形法下 X 坐标轴基本信息
!Y	结构体变量，设置直接图形法下 Y 坐标轴基本信息
!Z	结构体变量，设置直接图形法下 Z 坐标轴基本信息

表 2-7　错误处理变量

变量名称	说明
!ERROR_STATE	结构体变量，存储系统最近一次的错误信息
!EXCEPT	整型变量，存储数学运算的错误信息
!MOUSE	结构体变量，存储最近一次的鼠标信息
!WARN	结构体变量，存储操作过程中的警告信息，默认值为 0

2. 自定义系统变量

自定义系统变量是指用户根据实际需要自己定义的变量，其命名形式与预定义系统变量相同，即“!变量名”。自定义系统变量的定义格式如下。

```
DEFSYSV,'变量名',表达式[,Read_Only] [,EXISTS=variable]
```

说明：自定义系统变量中变量名两边的单引号不能省略，参数 Read_Only 如果设置为非 0，表示定义的变量为只读变量，否则是读写变量。关键字 EXISTS 用于测试定义的系统变量是否存在，并把测试结果存放在 variable 中，在初始定义变量时不用关键字 EXISTS，否则无法正常定义变量。自定义系统变量一旦被定义，其类型和结构就不能再改变。自定义系统变量可以通过重启 IDL 程序或在命令行中使用.RESET_SESSION 命令删除。

自定义系统变量示例代码如下。

```
IDL> defsysv,'!self_test','F:\IDLprogram'
IDL> help,!self_test
<Expression>    STRING    = 'F:\IDLprogram'
IDL> !self_test='F:\IDLprogram\Default'
IDL> defsysv,'!self_test',exists=isex
IDL> print,!self_test,isex
F:\IDLprogram\Default          1
```

2.2.4 变量创建

IDL 提供了灵活的数据类型定义方法，允许用户在交互模式或编译模式下创建变量，并且在任何时候都可以创建新的变量或重新定义已有的变量。变量可以通过赋值表达式来创建(自定义系统变量除外，使用“DEFSYSV”过程创建)，变量创建格式如下。

变量=表达式

说明：此处“=”不是等号，而是赋值号，变量的具体数据类型由它所存放的数据决定。示例代码如下。

```
a=3.0 ;如果变量 a 不存在，则创建变量 a，并把 3.0 赋给变量 a
```

与 C 语言等程序设计语言不同，IDL 的变量无需预先定义，如果需要动态定义变量，可以使用 Scope_Varfetch 或 Execute 函数实现。示例代码如下。

```
IDL> str='a'
IDL> (scope_varfetch(str,/enter))=3
IDL> help,a
A               INT       =       3
```

```
IDL> str='a=4'
IDL> void=execute(str)
IDL> help,a
A               INT       =        4
```

2.2.5　变量存储

IDL 变量均以二进制的形式存储在内存或文件中。本节以小字节序为例描述变量在内存中的存储，即低有效位存放在低地址段。其中，整型变量以二进制形式直接存储在内存中(图 2-2)，浮点型变量以二进制指数形式存储，字符串变量不是把字符串本身存储到内存中(图 2-3)，而是以字符串中的每个字符相应的 ASCII 码以二进制形式存放在内存中(图 2-4)。

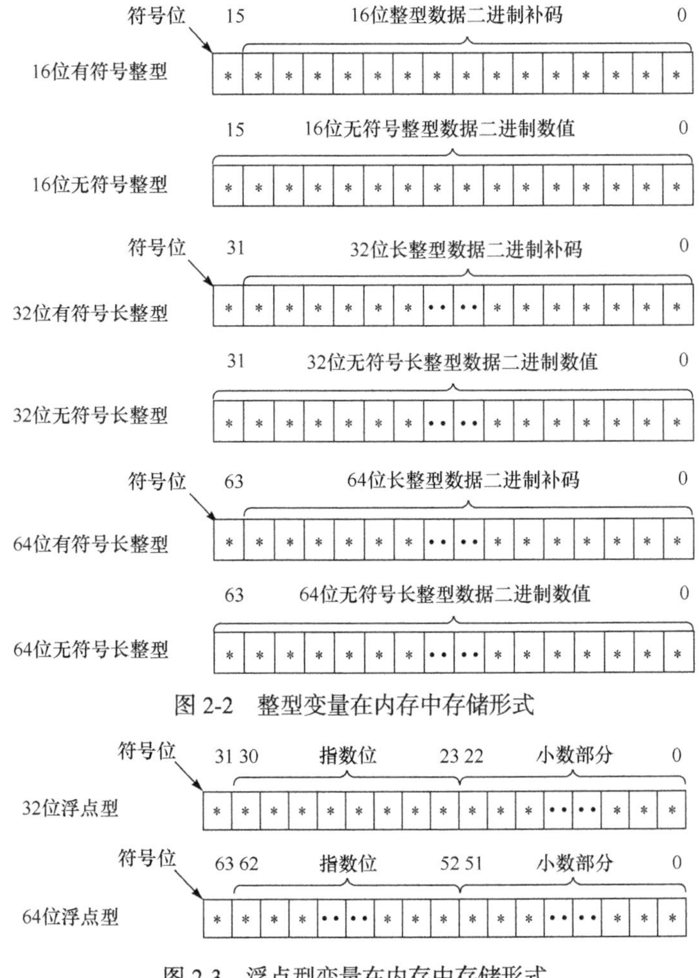

图 2-2　整型变量在内存中存储形式

图 2-3　浮点型变量在内存中存储形式

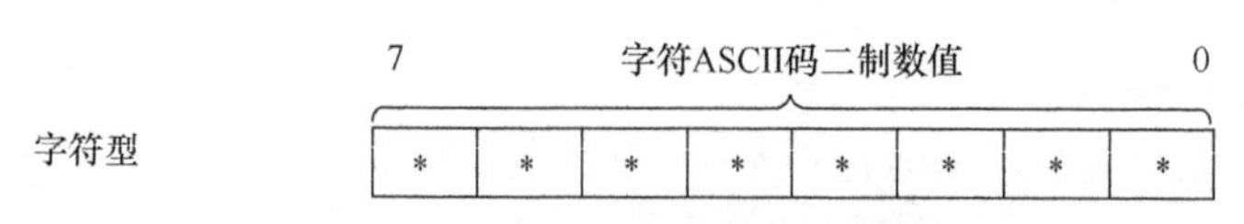

图 2-4　字符串在内存中存储形式

说明：

① 整型数据分为有符号(Signed)整型和无符号(Unsigned)整型，如果指定为有符号整型，则存储单元最高位表示符号位，0 表示正整数，1 表示负整数，数值以二进制补码形式表示，其中正整数补码与原码相同，负整数的补码计算方式是取绝对值的二进制，按位取反再加 1。如果指定为无符号整型，则所有二进制用于表示数值本身。

例如，5 以 16 位有符号整型存储，表示如下。

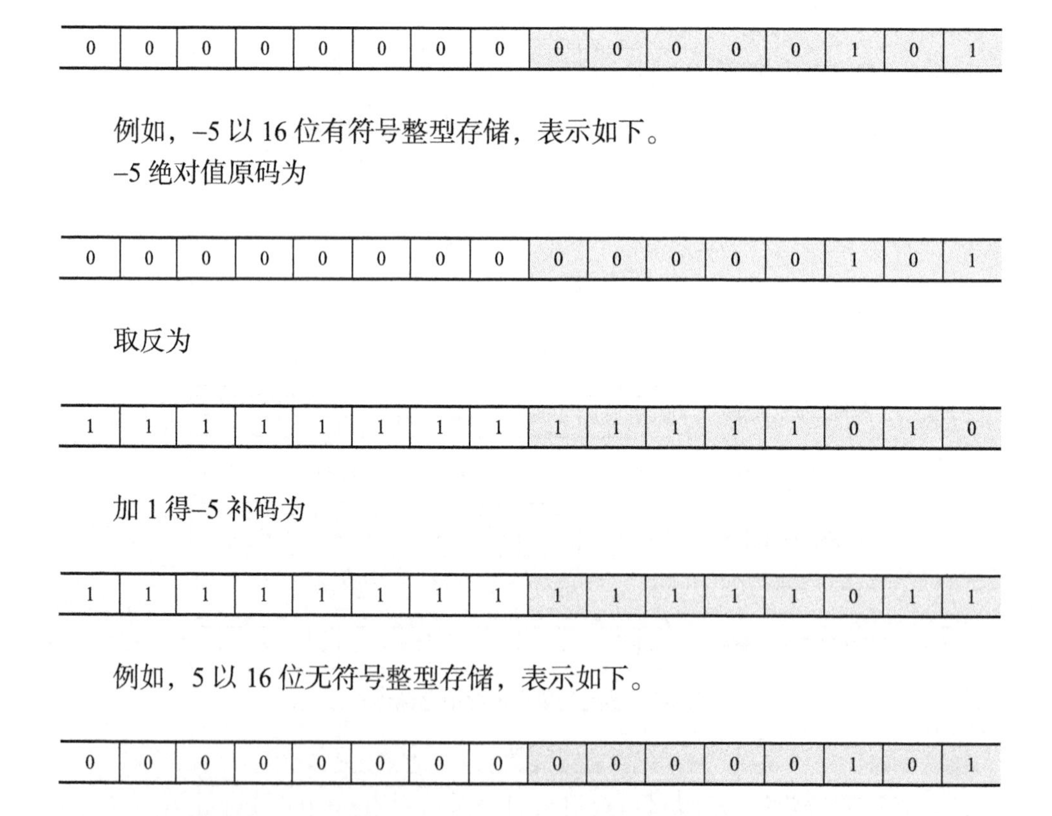

0	0	0	0	0	0	0	0	0	0	0	0	0	1	0	1

例如，–5 以 16 位有符号整型存储，表示如下。

–5 绝对值原码为

0	0	0	0	0	0	0	0	0	0	0	0	0	1	0	1

取反为

1	1	1	1	1	1	1	1	1	1	1	1	1	0	1	0

加 1 得–5 补码为

1	1	1	1	1	1	1	1	1	1	1	1	1	0	1	1

例如，5 以 16 位无符号整型存储，表示如下。

0	0	0	0	0	0	0	0	0	0	0	0	0	1	0	1

② 32 位浮点型包含 1 位符号位、8 位指数位(偏移量为 127)、23 位尾数位，64 位双浮点型包含 1 位符号位、11 位指数位(偏移量为 1023)、52 位尾数位。浮点数先用科学计数法表示出该数的二进制，符号位 0 表示正数，1 表示负数，然后计算出指数位部分(注意加偏移量)，最后把尾数位补足。

下面以5.5为例，介绍32位浮点数转换成计算机存储格式中的二进制数过程和存储示例。

5.5换算成二进制位为101.1，再将101.1向右移2位表示为1.011×2^2。其中，5.5为正数，符号位为0；指数位部分实际为2，加上偏移量127为129，转换为二进制数10000001；尾数位部分实际为1.011。IEEE规定尾数只记录小数位就可以，所以此处底数为011。综上所述，5.5的32位浮点存储表示如下。

0	1	0	0	0	0	0	0	1	0	1	1	0	0	0	0	0	0	0	0	0	0	0	0	0	0	0	0	0	0	0	0

③ 字符以ASCII码的二进制形式存储，存储形式与整型相类似，每个字符用8位存储。例如，字符‘a’对应的ASCII码为97，存储表示如下。

0	1	1	0	0	0	0	1

除预定义系统变量，其他变量将随着退出系统或关闭计算机而丢失。IDL为了保留某些有价值的变量，支持将变量存储在指定文件中，待需要使用时再从文件恢复到内存。

变量的文件存储格式如下。

SAVE[, 变量 1, ..., 变量 n][,/ALL][,/COMM,/VARIABLES][,/COMPRESS] [,DESCRIPTION=string] [,/EMBEDDED][,FILENAME=string][,/ROUTINES] [,/SY STEM_VARIABLES] [,/VERBOSE]

变量的文件恢复格式如下。

RESTORE[[, 文件名]|[,FILENAME= 文件名]][,DESCRIPTION=variable][,/NO_COMPILE][,/RELAXED_STRUCTURE_ASSIGNMENT][,RESTORED_OBJECTS=variable][,/VERBOSE]

说明：通过SAVE过程可以把指定的一个或多个变量或编译过的程序存储到指定的文件中。RESTORE过程可以把文件中的变量或者程序恢复到内存中，具体用法可参考IDL帮助。

变量存储与恢复示例代码如下(通过变量查看器查看变量e的情况)。

```
IDL> e=2.718282
IDL> save,e,filename='F:\IDLprogram\Second\e.sav' ;存储变量
IDL> delvar,e ;删除变量 e 或删除所有变量 IDL> .RESET_SESSION
IDL> print,e  ;输出异常
% PRINT: Variable is undefined: E.
```

```
% Execution halted at: $MAIN$
IDL> restore,'F:\IDLprogram\Second\e.sav'      ;恢复变量
IDL> print,e  ;输出正常
     2.71828
```

2.2.6 变量类型转换

在变量的使用过程中，有时需要对其数据类型进行转换。IDL 类型转换函数如表 2-8 所示。

表 2-8 IDL 类型转换函数

转换类型	转换函数	转换示例	转换结果
字节型	BYTE	BYTE(1.5)	1
16 位有符号整型	FIX	FIX([1.5,–1.5])	1 –1
16 位无符号整型	UINT	UINT([1.5,–1.5])	1 65535
32 位有符号长整型	LONG	LONG([1.5,–1.5])	1 –1
32 位无符号长整型	ULONG	ULONG ([1.5,–1.5])	1 4294967295
64 位有符号长整型	LONG64	LONG64([1.5,–1.5])	1 –1
64 位无符号长整型	ULONG64	ULONG64 ([1.5,–1.5])	1 18446744073709551615
浮点型	FLOAT	FLOAT ([1.5,–1.5])	1.50000 –1.50000
双精度浮点型	DOUBLE	DOUBLE ([1.5,–1.5])	1.5000000 –1.5000000
复数	COMPLEX	COMPLEX(1,1)	(1.00000, 1.00000)
双精度复数	DCOMPLEX	DCOMPLEX(1,1)	(1.0000000, 1.0000000)
字符串	STRING	STRING([97b,98b])	ab

此外，数据类型转换时需要注意数据范围的溢出和数据的舍入误差。IDL 取整函数如表 2-9 所示。

表 2-9 IDL 取整函数

函数名称	说明	转换示例	转换结果
FLOOR	向下取整	FLOOR([1.4,1.5,–1.5])	1 1 –2
CEIL	向上取整	CEIL([1.4,1.5,–1.5])	2 2 –1
ROUND	四舍五入取整	ROUND([1.4,1.5,–1.5])	1 2 –2

数据转换溢出和数据的舍入误差示例代码如下。

```
IDL> a=258
IDL> print,byte(a)
   2
IDL> print,1/3*3,1.0/3*3,1/3*3.0
       0      1.00000     0.000000
```

在使用过程中，IDL 变量可以动态改变变量数据类型，需要注意数组变量数据类型的转换，即数组的部分元素改变数据类型，但不改变整个数组数据类型。示例代码如下。

```
IDL> a=2
IDL> b=indgen(2,2)+4
IDL> help,a,b
A               INT       =        2
B               INT       = Array[2,2]
IDL> a=a*0.5
IDL> b[0,0]=0.5
IDL> help,a,b
A               FLOAT     =       1.00000
B               INT       = Array[2,2]
IDL> b=b*0.5
IDL> help,b
B               FLOAT     = Array[2,2]
```

2.3 数　组

数组是有序数据的集合。数组中的每一个元素都属于同一种数据类型。数组是重要的数据组织形式，IDL 绝大部分程序都支持数组运算。IDL 最多支持创建八维数组，使用数组可以给数据处理带来很大方便。

2.3.1 数组创建

数组的创建包括直接创建和函数创建两种方式。

1. 直接创建数组

数组直接创建是使用[]括起一个或者多个数据直接创建数组。该创建方式最多只能创建三维数组。创建格式如下。

数组变量=[数据元素]

说明：数组名的命名规则与变量一致，数据元素的总数为各维数组元素个数的乘积，数组各维的下标从 0 开始，到各维数组元素总数减 1 结束。以二维数组为例，数组下标的顺序先是列标，后是行标。这与 C 语言等其他语言不同(如 IDL 中 a[3,2]表示 3 列 2 行数组)。示例代码如下。

```
IDL> a=[[1,3,5],[7,9,11]] ;创建 3 列 2 行数组
IDL> b=[[2,4],[6,8],[10,12]] ;创建 2 列 3 行数组
IDL> help,a,b
A               INT       = Array[3,2]
B               INT       = Array[2,3]
IDL> print,a
       1       3       5
       7       9      11
IDL> print,b
       2       4
       6       8
      10      12
```

2. 函数创建数组

使用函数创建数组可以创建一维到八维数组，创建格式如下。

数组变量=数组创建函数

IDL 创建数组函数包含不同数据类型数组创建函数(表 2-10)、指定类型数组创建函数。

表 2-10　数组创建函数列表

数据类型	函数名称	说明	创建
字节型	BYTARR	创建字节型数组，默认创建全 0 数组，若设置/NOZERO，生成随机数组	a=BYTARR(3,2)
	BINDGEN	创建字节型索引数组	b=BINDGEN(3,2)
16 位有符号整型	INTARR	创建 16 位有符号整型数组，默认创建全 0 数组，若设置/NOZERO，生成随机数组	a=INTARR(3,2) $\begin{bmatrix}0&0&0\\0&0&0\end{bmatrix}$
	INDGEN	创建 16 位有符号整型索引数组，可以通过/LONG 关键字等或 TYPE 关键设置成其他类型	b=INDGEN(3,2) $\begin{bmatrix}0&1&2\\3&4&5\end{bmatrix}$

续表

数据类型	函数名称	说明	创建
16位无符号整型	UINTARR	创建16位无符号整型数组，默认创建全0数组	a=UINTARR(3,2)
	UINDGEN	创建16位无符号整型索引数组	b=UINDGEN(3,2)
32位有符号长整型	LONARR	创建32位有符号长整型数组，默认创建全0数组	a=LONARR(3,2)
	LINDGEN	创建32位有符号长整型索引数组	b=LINDGEN(3,2)
32位无符号长整型	ULONARR	创建32位无符号长整型数组，默认创建全0数组	a=ULONARR(3,2)
	ULINDGEN	创建32位无符号长整型索引数组	b=ULINDGEN(3,2)
64位有符号长整型	LON64ARR	创建64位有符号长整型数组，默认创建全0数组	a=LON64ARR(3,2)
	L64INDGEN	创建64位有符号长整型索引数组	b=L64INDGEN(3,2)
64位无符号长整型	ULONG64ARR	创建64位无符号长整型数组，默认创建全0数组	a=ULONG64ARR(3,2)
	UL64INDGEN	创建64位无符号长整型索引数组	b=UL64INDGEN(3,2)
浮点型	FLTARR	创建浮点型数组，默认创建全0数组	a=FLTARR(3,2)
	FINDGEN	创建浮点型索引数组	b=FINDGEN(3,2)
双精度浮点型	DBLARR	创建双精度浮点型数组，默认创建全0数组	a=DBLARR(3,2)
	DINDGEN	创建双精度浮点型索引数组	b=DINDGEN(3,2)
复数	COMPLEXATT	创建复数型数组，默认创建全0数组	a=COMPLEXATT(3,2)
	CINDGEN	创建复数型索引数组	b=CINDGEN(3,2)
双精度复数	DCOMPLEXARR	创建双精度复数型数组，默认创建全0数组	a=DCOMPLEXARR(3,2)
	DCINDGEN	创建双精度复数型索引数组	b=DCINDGEN(3,2)
字符串	STRARR	创建字符型数组，默认创建空字符数组	a=STRARR(3,2)
	SINDGEN	创建字符型索引数组	b=SINDGEN(3,2)
指针	PTRARR	创建指针型数组，默认创建全空指针数组	a=PTRARR(3,2)
对象	OBJARR	创建对象型数组	a=OBJARR(3,2)

此外，创建特定类型或数值的数组还可以使用 MAKE_ARRAY 或 REPLICATE 函数。

MAKE_ARRAY 函数格式如下。

```
Result = MAKE_ARRAY([D1[,...,D8]][,DIMENSION=vector] [,/INDEX] [,/NOZERO][,SIZE=vector][,TYPE=type_code][,VALUE= value])
```

说明：MAKE_ARRAY 函数支持创建一维至八维数组，除上述列举的关键字，还支持不同数据类型的关键字(如 LONG)。关键字 DIMENSION 表示数组的大小，与参数 Di 不同时使用，如果同时使用，以参数定义的数组大小为准。如果设置关键字 INDEX，表示创建的数组以一维数组存储时的索引。如果设置关键字 NOZERO，表示随机生成指定大小的数组。关键字 SIZE 用于设置数组的数据类型和大小等信息。关键字 TYPE 用于设置创建数组的类型，但不支持 TYPE=8 的结构体数组的创建。关键字 VALUE 用于设置创建数组的初始值。示例代码如下。

```
IDL> a=make_array(3,2,type=2,/index)
IDL> print,a
       0       1       2
       3       4       5
IDL> b=make_array(3,2,type=2,value=4)
IDL> print,b
       4       4       4
       4       4       4
```

REPLICATE 函数格式如下。

```
Result = REPLICATE(表达式，D1[,...,D8])
```

说明：REPLICATE 用于创建所有元素的值均是表达式的值的指定大小数组，与 MAKE_ARRAY 不同的是它支持结构体数组的创建。示例代码如下。

```
IDL> person={name:'',id:''}
IDL> mp=replicate(person,3,2)
IDL> help,person,mp
PERSON          STRUCT    = -><Anonymous> Array[1]
MP              STRUCT    = -><Anonymous> Array[3,2]
```

2.3.2　数组存储

IDL 中的数组是按行存储，下面以一维数组到三维数组为例介绍数组的存储方式，其他更高维数组依此类推。

1. 一维数组的存储

m 个元素一维数组 a[m]的存储方式如下。

a[0]	a[1]	…	a[m–2]	a[m–1]

2. 二维数组的存储

m 行 n 列的二维数组 a[n,m]的存储方式如下。

a[0,0]	a[1,0]	…	a[n–2,0]	a[n–1,0]
a[0,1]	a[1,1]	…	a[n–2,1]	a[n–1,1]
…	…	…	…	…
a[0,m–2]	a[1,m–2]	…	a[n–2,m–2]	a[n–1,m–2]
a[0,m–1]	a[1,m–1]	…	a[n–2,m–1]	a[n–1,m–1]

3. 三维数组的存储

o×m×n 的三维数组 a[n,m,o]的存储方式如下。

a[0,0,0]	a[1,0,0]	…	a[n–2,0,0]	a[n–1,0,0]
a[0,1,0]	a[1,1,0]	…	a[n–2,1,0]	a[n–1,1,0]
…	…	…	…	…
a[0,m–2,0]	a[1,m–2,0]	…	a[n–2,m–2,0]	a[n–1,m–2,0]
a[0,m–1,0]	a[1,m–1,0]	…	a[n–2,m–1,0]	a[n–1,m–1,0]
a[0,0,1]	a[1,0,1]	…	a[n–2,0,1]	a[n–1,0,1]
a[0,1,1]	a[1,1,1]	…	a[n–2,1,1]	a[n–1,1,1]
…	…	…	…	…
a[0,m–2,1]	a[1,m–2,1]	…	a[n–2,m–2,0]	a[n–1,m–2,1]
a[0,m–1,1]	a[1,m–1,1]	…	a[n–2,m–1,0]	a[n–1,m–1,1]
…	…	…	…	…
a[0,0,o–1]	a[1,0,o–1]	…	a[n–2,0,o–1]	a[n–1,0,o–1]
a[0,1，o–1]	a[1,1,o–1]	…	a[n–2,1,o–1]	a[n–1,1,o–1]
…	…	…	…	…
a[0,m–2,o–1]	a[1,m–2,o–1]	…	a[n–2,m–2,o–1]	a[n–1,m–2,o–1]
a[0,m–1,o–1]	a[1,m–1,o–1]	…	a[n–2,m–1,o–1]	a[n–1,m–1,o–1]

三维数组存储示例代码如下。

```
IDL> print,indgen(2,3,2)
       0       1
       2       3
       4       5

       6       7
       8       9
      10      11
```

2.3.3　数组使用

IDL 数组使用格式如下。

数组变量[下标]或数组变量(下标)

说明：数组必须先创建，后使用。如果仅有数组名，则表示所有数组元素。数组下标初始值为 0，从 IDL 8.0 版本开始，数组支持负下标，若多维数组，可用“,”分开。数组可以通过“:”指定下标的范围，获取局部数组元素，通过“*”获取指定的所有元素。为了避免与函数混淆，数组一般使用“[]”表示。示例代码如下。

```
IDL> a=indgen(3,2)+6;定义一个 2 行 3 列整型索引数组并整体加 6
IDL> print,a
       6       7       8
       9      10      11
IDL> print,a[-1],a[5],a[2,1];输出数组最后一元素
      11      11      11
IDL> print,a[*,0],a[0:*,0],a[0:2,0];输出第一行所有元素
       6       7       8
       6       7       8
       6       7       8
IDL>print,a[1:-1,1],a[1:*,1],a[1:2,1];提取第二行最后两个元素
      10      11
      10      11
      10      11
```

2.3.4　数组运算

IDL 数组支持数组表达式运算、数组与数运算、数组与数组运算和矩阵运算。

1. 数组表达式运算

数组的表达式运算包含赋值、求大、求小和求余。

数组赋值运算是对数组进行整体或局部赋值运算，格式如下。

数组名=表达式

数组名[下标]=表达式

数组求小运算是将数组中大于某个指定的数(value)的元素赋值为 value，格式如下。

数组变量<表达式

数组变量[下标]<表达式

数组求大运算是将数组中小于某个指定的数(value)的元素赋值为 value，格式如下。

数组变量>表达式

数组变量[下标]>表达式

数组求余数运算是计算数组元素的余数，格式如下。

数组变量 mod 表达式

数组变量[下标] mod 表达式

数组表达式运算示例代码如下。

```
IDL> a=indgen(3,2)
IDL> a=a+6
IDL> print,a
       6       7       8
       9      10      11
IDL> print,a[*,1]<10
       9      10      10
IDL> print,a[*,1]>10
      10      10      11
IDL> print,a[*,1] mod 4
       1       2       3
```

2. 数组与数运算

数组与数运算遵循的原则是每个元素都与数进行运算，如果需要局部运算，需要设置下标。示例代码如下。

```
IDL> a=indgen(5)
IDL> print,a[0:2]+6
       6       7       8
IDL> a=a+6
```

```
IDL> print,a
      6       7       8       9      10
IDL> a[0:2]=a[0:2]+6
IDL> print,a
     12      13      14       9      10
```

3. 数组与数组运算

数组与数组运算，结果中的元素个数与参与运算数组的元素最少的一致(矩阵运算除外)，若是多维数组，转换为一维数组参与运算，输出结果的维度同样与元素最少的数组一致。示例代码如下。

```
IDL> a=indgen(3,2)
IDL> b=indgen(2,2)
IDL> print,a+b
      0       2
      4       6
```

IDL 还支持数组与数组的合并，与直接创建数组一样，最多支持三维数组的合并，需要注意的是合并的数组行数或列数需要相同。示例代码如下。

```
IDL> a=indgen(3,2)
IDL> b=indgen(2,2)
IDL> print,[a,b];行数相同，直接使用[]
      0       1       2       0       1
      3       4       5       2       3
IDL> print,[[a],[indgen(3)]]    ;列数相同，直接使用[[],[]]
      0       1       2
      3       4       5
      0       1       2
```

4. 矩阵运算

在计算机中，矩阵可以用数组表示。矩阵与数组的区别在于矩阵的元素必须是数值型，不是字符型或者其他类型。矩阵相乘包含“##”乘运算和“#”乘运算，格式如下。

矩阵 A##矩阵 B

矩阵 A#矩阵 B

说明：矩阵 A##矩阵 B 表示 A 的行乘以 B 的列，要求 A 的列数必须与 B 的行数一致；矩阵 A#矩阵 B 表示 A 的列乘以 B 的行，要求 A 的行数必须与 B 的列数一致，函数 MATRIX_MULTIPLY 可以实现矩阵“#”运算。在矩阵运算中，A # B=B ## A。

下面以矩阵 A=$\begin{bmatrix} 0 & 1 & 2 \\ 3 & 4 & 5 \end{bmatrix}$，矩阵 B=$\begin{bmatrix} 0 & 1 \\ 2 & 3 \\ 4 & 5 \end{bmatrix}$为例，介绍 IDL 矩阵运算。

$$A\#\#B=\begin{bmatrix} A_{0,0}B_{0,0}+A_{1,0}B_{0,1}+A_{2,0}B_{0,2} & A_{0,0}B_{1,0}+A_{1,0}B_{1,1}+A_{2,0}B_{1,2} \\ A_{0,1}B_{0,0}+A_{1,1}B_{0,1}+A_{2,1}B_{0,2} & A_{0,1}B_{1,0}+A_{1,1}B_{1,1}+A_{2,1}B_{1,2} \end{bmatrix}$$

$$A\#B=\begin{bmatrix} A_{0,0}B_{0,0}+A_{0,1}B_{1,0} & A_{1,0}B_{0,0}+A_{1,1}B_{1,0} & A_{2,0}B_{0,0}+A_{21}B_{1,0} \\ A_{0,0}B_{0,1}+A_{0,1}B_{1,1} & A_{1,0}B_{0,1}+A_{1,1}B_{1,1} & A_{2,0}B_{0,1}+A_{21}B_{1,1} \\ A_{0,0}B_{0,2}+A_{0,1}B_{1,2} & A_{1,0}B_{0,2}+A_{1,1}B_{1,2} & A_{2,0}B_{0,2}+A_{21}B_{1,2} \end{bmatrix}$$

a##b 与 b#a 的输出结果如下。

```
10        13
28        40
```

a#b 与 matrix_multiply(a, b)的输出结果如下。

```
 3         4         5
 9        14        19
15        24        33
```

IDL 支持其他的矩阵运算函数，如表 2-11 所示。

表 2-11　矩阵运算函数

函数名	INVERT	DETERM	MATRIX_POWER
说明	高斯消元法求逆	行列式求值	矩阵乘积
样例 c=[\$ [5,1,4],\$ [3,2,-1],\$ [-2,0,2]]	invert(c) 结果: 0.125　−0.0625　−0.28125 −0.125　0.5625　0.53125 0.125　−0.0625　0.21875	determ(c) 结果: 32.0000	matrix_power(c,2) 结果: 20.0　7.0　27.0 23.0　7.0　8.0 −14.0　−2.0　−4.0

2.3.5　数组函数

IDL 具有出色的数组处理能力，源于 IDL 本身提供了众多函数用于数组处理，一些常用的数组函数如表 2-12 所示。

表 2-12　常用的数组函数列表

函数名	说明
ARRAY_EQUAL	格式：Result=ARRAY_EQUAL(Op1,Op2[,/NO_TYPECONV]) 功能：比较两个数组元素是否相同，1 (真)表示所有元素都相同，反之为 0(假)

续表

函数名	说明
ARRAY_INDICES	格式：Result=ARRAY_INDICES(Array,Index[,/DIMENSIONS]) 功能：计算数组指定位置元素的下标，维度与数组一致
CONGRID	格式：Result=CONGRID(Array,X,Y,Z[,/CENTER][,CUBIC=value{-1to 0}][,/INTERP][,/MINUS_ONE]) 功能：调整数组大小，维度与数组一致，设置关键字 INTERP，返回线性内插数组，设置关键字 CUBIC 返回卷积内插数组
INTERPOLATE	格式：Result=INTERPOLATE(P,X[,Y [,Z]][,CUBIC=value {-1 to 0}][,/GRID] [,MISSING=value]) 功能：调整数组大小，维度与数组一致，支持任意定位插值，设置关键字 INTERP，返回线性内插数组，设置关键字 CUBIC 返回卷积内插数组，默认线性内插
MAX	格式：Result=MAX(Array[,Max_Subscript][,/ABSOLUTE] [,DIMENSION=value][,MIN=variable][,/NAN][,SUBSCRIPT_MIN=variable]) 功能：根据输入计算数组元素中的最大值
MEAN	格式：Result=MEAN(X[,DIMENSION=value][,/DOUBLE] [,/NAN]) 功能：根据输入计算数组元素的平均值
MEDIAN	格式：Result=MEDIAN(Array[,Width][,/DOUBLE] [,DIMENSION=value] [,/EVEN]) 功能：根据输入计算数组元素中的中值
MIN	格式：Result=MIN(Array[,Min_Subscript][,/ABSOLUTE] [,DIMENSION=value][,MAX=variable][,/NAN][,SUBSCRIPT_MAX=variable]) 功能：根据输入计算数组元素中的最小值
MOMENT	格式：Result=MOMENT(X [,DIMENSION=value][,/DOUBLE][,KURTOSIS=variable][,MAXMOMENT={1|2|3|4}][,MDEV=variable][,MEAN=variable][,/NAN][,SDEV=variable][,SKEWNESS=variable][,VARIANCE=variable]) 功能：计算数组的均值、方差、倾斜度和峰度，返回包含四个统计量的一维数组
N_ELEMENTS	格式：Result=N_ELEMENTS(Expression) 功能：计算数组元素的个数
REBIN	格式：Result=REBIN(Array,D1[,...,D8][,/SAMPLE]) 功能：调整数组大小，修改后的数组的行数或列数必须是原数组行数或列数的整数倍，默认是双线性插值，设置关键字 SAMPLE 表示采用最近邻插值
REFORM	格式：Result=REFORM(Array,D1[,...,D8][,/OVERWRITE]) 功能：改变数组维度，不改变元素个数，若不设置参数，则去除维数为 1 的维度
REVERSE	格式：Result=REVERSE(Array[,Subscript_Index] [,/OVERWRITE]) 功能：根据指定维数索引反转数组
ROT	格式：Result=(A,Angle,[Mag,X0,Y0][,/INTERP][,CUBIC=value{–1 to 0}][,MISSING=value][,/PIVOT]) 功能：任意角度旋转数组，并进行放大和缩小控制
ROTATE	格式：Result=ROTATE(Array,Direction) 功能：以 90°整数倍旋转数组

续表

函数名	说明
SHIFT	格式：Result=SHIFT(Array, S1,...,Sn) 功能：根据指定偏移量平移数组
SIZE	格式：Result=SIZE(Expression[,/L64][,/DIMENSIONS|, /FILE_LUN|,/FILE_OFFSET|, /N_DIMENSIONS|,/N_ELEMENTS|,/SNAME,|,/STRUCTURE|,/TNAME|,/TYPE]) 功能：获取数组相关信息，若不设置关键字，则返回数组变量的基本信息，第一位为数组的维度(如果输入数组没有定义或者为常数则为 0)，倒数第二位为数组的数据类型，最后一位为数据元素的个数，余下的依次为每一维对应的数值；若设置了关键字，则返回关键字信息
SORT	格式：Result=SORT(Array[,/L64]) 功能：数组排序，返回排序后数组索引
STDDEV	格式：Result=STDDEV(X [,DIMENSION=value][,/DOUBLE] [,/NAN]) 功能：计算数组的标准差
TOTAL	格式：Result=TOTAL(Array [,Dimension][,/CUMULATIVE] [,/DOUBLE][,/INTEGER][,/NAN][,/PRESERVE_TYPE]) 功能：根据输入计算数组元素之和
TRANSPOSE	格式：Result=TRANSPOSE(Array [,P]) 功能：根据输入转置数组，若不设置参数，则完全反转
UNIQ	格式：Result=UNIQ(Array [,Index]) 功能：求不同值，返回数组中相邻元素不同值的索引，若值相同但不相邻也会被认为是两个值
VARIANCE	格式：Result=VARIANCE(X [,DIMENSION=value][,/DOUBLE] [,/NAN]) 功能：计算数组的方差
WHERE	格式：Result=WHERE(Array_Expression [,Count] [,COMPLEMENT=variable][,/L64][,NCOMPLEMENT=variable][,/NULL]) 功能：按照条件查找数组中满足条件的元素下标，参数 Count 返回满足条件的元素个数，关键字 COMPLEMENT 返回满足条件的数组元素下标，关键字 NCOMPLEMENT 返回不满足条件的数组元素个数

部分数组函数使用示例如下。

```
IDL> a=[[8,10,9],[7,6,5]];创建一个 3 列 2 行的二维整型数组
IDL> print,size(a);获取数组信息
;维数 | 第一维数(列)|第二维(行)|数据类型代码| 元素个数
       2        3        2        2        6
IDL> print,where(a lt 9),a[where(a lt 9)]
 ;分别输出小于 9 的数组元素下标和数组元素
0          3          4          5
      8       7       6       5
```

```
IDL> print,max(a),min(a);分别输出数组的最大值和最小值
      10       5
IDL> print,n_elements(a),total(a),mean(a)
;数组元素个数和均值
       6     45.0000       7.50000
IDL> print,sort(a),a[sort(a)]
;分别数组按从小到大顺序排列的下标和排列结果
 5           4           3           0           2           1
   5       6       7       8       9      10
IDL> print,reform(a,n_elements(a));改变数组维度
       8      10       9       7       6       5
IDL> print,congrid(a,3,3,/interp);调整数组大小
       8      10       9
       7       7       6
       7       6       5
IDL> print,shift(a,1,1);水平方向右移和垂直方向下移一个元素
       5       7       6
       9       8      10
IDL> print,transpose(a);转置数组
       8       7
      10       6
       9       5
```

2.4 字　符　串

在 IDL 中，字符串由一对用单引号('')或双引号("")括起来的 0 个或多个字符组成。

2.4.1 字符串创建

字符串和字符串数组通过赋值或函数的方式创建，在创建字符串时，使用''或""的效果是一样的，但以''为首的字符串的首字符不能为数字，因为以''开头的数字串表示八进制数。当字符串包含'或"时，需要使用转义字符表示'或"，即在用''表示字符串中包含'需要用''表示'，用""表示字符串中包含"需要用""表示"，但在用""表示的字符串中包含'或''表示的字符串中包含"无需使用转义字符。

例如，""、"、'12'、'abc'、'I''m'和"I'm"等都是有效的字符串，而'I'm'、"abc"和"12"等是无效字符串，如需要表示 I'm，则应表示为'I''m'。

字符串和字符串数组创建示例如下。

```
IDL> a='test';创建一个字符串变量 a
IDL> b=[[a],[a]];创建一个二维字符串数组变量 b，并赋值
IDL> c=strarr(4);创建一个一维字符串数组变量 c
IDL> d=c;创建一个一维字符串数组变量 d
IDL> c[*]=a;给字符串数组变量 c 赋值，不改变数组大小
IDL> d=b;给变量 d 赋值，改变数组大小
```

ASCII 码是对字母、数字和一些特殊符号的统一二进制编码。IDL 支持大多数 ASCII 码的显示输出，但也存在一些无法打印输出的特殊字符，如表 2-13 所示。

表 2-13 特殊字符

ASCII 字符	BEL	BS	HT	LF	VT	FF	CR	ESC
ASCII 值	7B	8B	9B	10B	11B	12B	13B	27B
解释	响铃	退格	水平制表符	换行	垂直制表符	换页	回车	取消

2.4.2 字符串连接与转换

IDL 支持用“+”连接字符串，需要注意字符串与数字不能直接用“+”连接，需要对数字做数据类型转换。字符串连接格式如下。

字符串 1+字符串 2+…+字符串 n

示例程序如下。

```
IDL> print,'Hello, '+" IDL! "
Hello,  IDL!
;实现'Hello, '和数值 2 连接示例
IDL> print,'Hello, '+ 2
% Type conversion error: Unable to convert given STRING to Integer.
% Detected at: $MAIN$
       2
IDL> print,'Hello, '+ string(2)
                                ;注意 string(2)与 string(2b)的区别
Hello,        2
```

由数值转换为字符串会填充空格，如何去空格将在下节介绍。

字符串可以直接转换为字节型，而整型、浮点型等其他类型不允许直接转换，需要将字符串转换成字节型后再转换成其他类型。逆变换也是如此。

字符串转换数值示例代码如下。

```
IDL> print,byte('test')
 116 101 115 116
IDL> print,fix('test')
% Type conversion error: Unable to convert given STRING to Integer.
% Detected at: $MAIN$
      0
IDL> print,fix(byte('test'))
   116     101     115     116
```

数值转换字符串示例代码如下。

```
IDL> print,string([116,101,115,116])
   116      101      115      116
IDL> print,string([116b,101b,115b,116b])
test
```

2.4.3　字符串函数

由于字符串使用广泛，IDL 提供了多个字符串处理函数。字符串处理函数列表如表 2-14 所示。

表 2-14　字符串处理函数列表

函数名	说明
STRCMP	格式：Result=STRCMP(String1,String2[,N][,/FOLD_CASE]) 功能：根据输入比较字符串是否相同，1 (真)表示字符串相同，反之为 0(假)，设置关键字 FOLD_CASE 表示字符不区分大小写
STRCOMPRESS	格式：Result=STRCOMPRESS(String[,/REMOVE_ALL]) 功能：删除字符串中多于 1 个的空格，设置关键字 REMOVE_ALL 删除字符串中所有空格
STREGEX	格式：Result=STREGEX(StringExpression, RegularExpression[,/BOOLEAN|,/EXTRACT|, LENGTH=variable [,/SUBEXPR]][,/FOLD_CASE]) 功能：根据正则表达式匹配字符串，有满足条件的字符，则返回满足条件首字符在元素中的位置，反之返回−1；设置关键字 LENGTH，返回满足匹配条件的字符串长度；设置关键字 FOLD_CASE 表示不区分字符大小写

续表

函数名	说明
STRJOIN	格式：Result=STRJOIN(String[,Delimiter][,/SINGLE]) 功能：连接字符串，若设置 Delimiter 用指定字符串连接字符串
STRLEN	格式：Result=STRLEN(Expression) 功能：返回字符串的长度
STRLOWCASE	格式：Result=STRLOWCASE(String) 功能：将字符串中所有大写字母转换为小写
STRMATCH	格式：Result=STRMATCH(String,SearchString[,/FOLD_CASE]) 功能：根据输入比较字符串存在与待匹配字符串相同的字符串，1(真)表示字符串存在，反之为 0(假)，匹配字符串需要注意“*”(匹配所有字符)、“?”(匹配一个字符)、“[…]”(复杂匹配)的使用
STRMID	格式：Result=STRMID(Expression,First_Character[,Length][,/REVERSE_OFFSET]) 功能：根据输入取子字符串，设置关键字 REVERSE_OFFSET 表示从字符串尾开始计数
STRPOS	格式：Result=STRPOS(Expression,Search_String[,Pos] [,/REVERSE_OFFSET][,/REVERSE_SEARCH]) 功能：从指定位置(默认为 0)查找待匹配字符串的起始位置，如果完全匹配，返回出现的位置，反之返回-1；设置关键字 REVERSE_OFFSET 表示从字符串尾开始查找
STRSPLIT	格式：Result=STRSPLIT(String[,Pattern][,COUNT=variable][,ESCAPE=string|,/REGEX[,/FOLD_CASE]][,/EXTRACT|,LENGTH=variable][,/PRESERVE_NULL]) 功能：根据输入字符串(默认空格或 Tab)拆分字符串，不输入关键字，返回拆分后字符串首位字符下标，若设置关键字 EXTRACT，返回拆分后的子串数组，关键字 COUNT 返回子串的个数，关键字 LENGTH 返回每个子串的长度
STRTRIM	格式：Result=STRTRIM(String[,Flag]) 功能：根据输入(Flag：0,1,2)去除字符串前部空格、尾部空格、同时去除前部与尾部空格，返回去除空格的字符串，但是字符串中间的空格不去除
STRUPCASE	格式：Result=STRUPCASE(String) 功能：将字符串中所有的小写字母转换为大写

部分字符串函数使用示例如下。

```
IDL> xmlf='F:\TSX\TSX1_GEC_RE_SM_S_20071006T_102506_102
514.xml'
IDL> print,strlowcase(xmlf);XML 文件名全转换为小写字符
f:\tsx\tsx1_gec_re_sm_s_20071006t_102506_102514.xml
IDL> print,strlen(xmlf);输出 XML 文件名长度
51
IDL> print,strpos(xmlf,'.',/reverse_search)
        47;输出文件名中“.”位置
IDL> print,strmid(xmlf,strpos(xmlf,'.',/reverse_search)
+1,3)
xml;输出扩展名
```

```
IDL> print,strsplit(xmlf,'_',/extract);分隔文件名
F:\TSX\TSX1 GEC RE SM S 20071006T 102506 102514.xml
IDL> print,(strsplit(xmlf,'_',/extract))[1]
GEC;GEC 是 TerraSAR-X 雷达卫星的一种数据产品
```

2.5 结构体

结构体是一种复合变量，可以是变量、数组或结构体等类型的结合，一般分为命名结构体和匿名结构体。

2.5.1 结构体创建与访问

1. 结构体创建

结构体的创建包括直接创建和函数创建两种方式。

直接创建是用一对大括号括住一个或多个成员变量。直接创建格式如下。

结构体变量={结构体名,成员 1:表达式 1,…,成员 n:表达式 n}

说明：结构体命名规则与变量命名规则一致，上述格式如果包含结构体名，创建的结构体则为命名结构体，反之为匿名结构体。

创建命名结构体 Student，包含两个成员变量 name 和 id。示例代码如下。

```
IDL> mstu={Student,name:'Tom',id:'2016000002'}
IDL> help,mstu
** Structure STUDENT,2 tags,length=32,data length=32:
   NAME            STRING    'Tom'
   ID              STRING    '2016000002'
```

创建匿名结构体示例代码如下。

```
IDL> nstu={name:'Tom',id:'2016000002'}
IDL> help,nstu
** Structure <16412e70>,2 tags,length=32,data length=32,
refs=1:
   NAME            STRING    'Tom'
   ID              STRING    '2016000002'
```

需要注意的是，结构体输出信息<16412e70>是 ID 号，不作为结构体标识。

命名结构体支持结构体的继承，结构体继承格式如下。

结构体变量={结构体名，inherits 已创建命名结构体名，成员 1:表达式 1,…,成员 n:表达式 n}

示例代码如下。

```
IDL> imstu={Master,inherits Student,score:92.0}
```

```
IDL> help,imstu
** Structure MASTER,3 tags,length=40,data length=36:
   NAME            STRING    ''
   ID              STRING    ''
   SCORE           FLOAT          92.0000
```

函数创建结构体格式如下。

```
Result=CREATE_STRUCT([Tag1,Values1,…,Tagn,Valuesn] [,Structuresn] [,NAME=string])
Result=CREATE_STRUCT([Tags,Values1,…,Valuesn][,Structuresn] [,NAME=string])
```

说明：根据给定的名字和数值创建结构体，如果设置关键字NAME，则表示创建命名结构体，反之表示创建匿名结构体。

函数创建匿名结构体示例代码如下。

```
IDL> fstu=create_struct('name','Tom','id','2016000002')
```

IDL可以使用replicate函数创建结构体数值。示例代码如下。

```
IDL> mfstu=replicate(fstu,10)
IDL> help,mfstu
MFSTU           STRUCT    = -> STUDENT Array[10]
```

2. 结构体访问

创建结构体后，可以通过结构体"变量名.成员名"或"变量名.(index)"(注意index索引从0开始，0表示第一个成员变量)的方式访问。需要注意的是，结构体一旦创建，其成员个数与数据类型将无法修改，赋值操作时结构体成员变量会自动进行数据类型转换。

以前面创建的fstu结构体为例，访问示例代码如下。

```
IDL> print,fstu.name
Tom
IDL> print,fstu.(0)
Tom
IDL> fstu.id=96000001;此处赋值并未改变成员变量id的数据类型
IDL> help,fstu
** Structure STUDENT,2 tags,length=32,data length=32:
   NAME            STRING    'Tom'
   ID              STRING    '96000001'
```

2.5.2 结构体函数

IDL 支持结构体处理操作函数,如表 2-15 所示。

表 2-15 结构体处理函数

函数名	说明
N_TAGS	格式：Result=N_TAGS(Expression[,/DATA_LENGTH][, /LENGTH]) 功能：获取结构体的成员个数，设置关键字 DATA_LENGTH 返回所有结构体成员所占字节；设置关键字 LENGTH 返回整个结构体所占字节
TAG_NAMES	格式：Result=TAG_NAMES(Expression[,/STRUCTURE_NAME]) 功能：获取结构体的成员名，设置关键字 STRUCTURE_NAME 返回结构体名

以结构体成员遍历为例，示例程序如下。

```
pro Seconddostruct
  ;创建一个结构体名：Student，成员变量：name 和 id 的命名结构体
mstu={Student,name:'Tom',id:'2016000002'}
  tnum=n_tags(mstu);获取成员变量个数
  tnames=tag_names(mstu);获取成员名
  for i=0,tnum-1 do $;依次输出成员变量
    print,'成员名：',tnames[i],' 数值：',mstu.(i)
end
```

程序运行情况如下。

```
成员名：NAME 数值：Tom
成员名：ID 数值：2016000002
```

2.6 指　　针

IDL 自 5.0 版本起，增加了指针数据类型，但与 C 语言等其他程序设计语言的指针不同。IDL 创建指针时，其数据存储在 IDL 堆变量中，指针所处的堆变量可以动态分配内存的全局变量，而不是真正指向内存地址。

2.6.1 指针创建与访问

1. 指针创建

指针利用指针函数 PTR_NEW 来创建，格式如下。

指针变量=PTR_NEW([InitExpr] [,/ALLOCATE_HEAP][,/NO_COPY])

说明：指针有空指针和非空指针之分，如果没有输入参数，将创建一个不指向任何变量的空指针，如果待创建的空指针未来会指向某些数据，则需要设置关键字 ALLOCATE_HEAP，若设置关键字 NO_COPY，则删除原变量。

指针数组创建格式如下。

```
Result=PTRARR(D1,…,D8 [,/ALLOCATE_HEAP])
```

说明：如果没有输入参数，将创建一个不指向任何变量的空指针数组，如果待创建的空指针数组未来会指向某些数据，则需要设置关键字 ALLOCATE_HEAP。

指针与指针数组示例如下。

```
IDL> ptr=ptr_new(2)
IDL> mptr=ptrarr(2,2)
IDL> help,ptr,mptr
PTR               POINTER   = <PtrHeapVar1>
MPTR              POINTER   = Array[2, 2]
```

2. 指针访问

创建指针变量后，通过“*指针变量名”来访问。指针的赋值与变量赋值不一样，指针赋值是指两个指针指向同一个堆变量，任意改变一个会影响另一个。为了访问指向指针的指针，可以多次使用“*”。

以前面创建的指针为例，示例代码如下。

```
IDL> print,*ptr        ;输出指针所指向的值
       2
IDL> print,ptr         ;输出指针变量在堆变量中的名称而非内存地址
<PtrHeapVar1>
IDL> ptr1=ptr_new()  ;创建一个空指针
IDL> ptr1=ptr          ;指针 ptr1 与指针 ptr 指向同一个堆变量
IDL> print,*ptr,*ptr1
       2       2           ;IDL>*ptr=4.0
                           ;改变指针变量 ptr 值
IDL> print,*ptr,*ptr1   ;指针变量 ptr1 值随指针变量 ptr 改变
      4.00000      4.00000
IDL> *mptr[0]=2            ;直接给空指针数组赋值异常，空指针相同
% Unable to dereference NULL pointer: <POINTER  (<NullPointer>)>.
% Execution halted at: $MAIN$
IDL> mptrv=ptrarr(2,2,/allocate_heap)
IDL> *mptrv[0]=2           ;赋值方式一，使用/allocate_heap
```

```
IDL> print,*mptrv[0]
   2
IDL> mptr[0]=ptr          ;赋值方式二，不使用/allocate_heap
IDL> print,*mptrv[0],*ptr
     4.00000     4.00000
IDL> tptr=ptr_new(ptr1,/no_copy)  ;指针变量 ptr1 被删除
IDL> help,tptr,ptr1
TPTR          POINTER   = <PtrHeapVar6>
PTR1          UNDEFINED = <Undefined>
IDL> print,tptr,*tptr,**tptr       ;访问指向指针的变量
<PtrHeapVar6><PtrHeapVar1>     4.00000
```

当指针指向一个数组时，通过“*指针变量名”可以实现访问整个数组的值。但是，当获取数组的子数组时，不能简单地将下标加在指针变量之后，而是通过“(*指针变量名)”加下标实现子数组的访问。

```
IDL> ptarr=ptr_new(indgen(3,2))
IDL> print,*ptarr
   0       1       2
   3       4       5
IDL> print,*ptarr[*,0]
% Expression must be a scalar in this context: <POINTER Array[1]>.
% Execution halted at: $MAIN$
IDL> print,(*ptarr)[*,0]
   0       1       2
```

2.6.2 指针函数

IDL 支持指针处理函数如表 2-16 所示。

表 2-16　指针处理函数

函数或过程名	说明
PTR_FREE	格式：PTR_FREE, P1, ... , Pn 功能：销毁指针，释放内存
PTR_VALID	格式：Result=PTR_VALID([Arg][,/CAST] [,COUNT=variable][,/GET_HEAP_IDENTIFIER]) 功能：判断创建的指针是否有效，有效返回 1(真)，否则返回 0(假)

接上示例代码，示例代码如下。

```
IDL> print,ptr_valid(tptr)
   1;表示指针有效
IDL> ptr_free,tptr;表示销毁指针
IDL> print,ptr_valid(tptr)
   0;表示指针无效
```

指针使复杂的数据体系存储更加方便，提高程序效率。但是，IDL 中指针的灵活性也可能带来问题，而且这些问题往往难以发现。例如，在指针使用时忽略了指针的销毁，可能导致内存溢出问题。因此，在使用指针时需要小心谨慎，多上机调试并积累经验。

2.7 对　　象

客观世界的事物都可以看成一个对象。面向对象方法学中的对象是描述对象属性的数据，以及可以对这些数据进行的所有操作封装在一起构成的统一体。对象能执行的操作或收到外界消息后的处理操作称为对象方法。面向对象的程序设计将在第 4 章详细介绍，本节主要简单介绍对象的创建和使用。

2.7.1 对象创建与调用

1. 对象创建

IDL 中对象使用 OBJ_NEW 函数创建，函数创建对象格式如下。

```
Result=OBJ_NEW([ObjectClassName[,Arg1…Argn][,/NO_COPY]])
```

说明：创建某一特定类的对象，返回对象实体，如果不设置参数，将返回空对象。若设置关键字 NO_COPY，则删除原变量。

IDL 自 8.0 版本起支持以对象类名函数的方式创建对象，格式如下。

```
Result=ObjectClassName()
```

对象数组创建格式如下。

```
Result=OBJARR(D1[,…,D8])
```

对象与对象数组创建示例如下。

```
IDL> img=bytscl(dist(256));生成 256×256 二维数组并拉升到
                               ;0～255
% Compiled module: DIST.;如果没有编译 dist 函数，则会出现此行
```

```
IDL> oimg1=obj_new('IDLgrImage',img);创建方式一
IDL> help,oimg1,img
OIMG1           OBJREF    = <ObjHeapVar1(IDLGRIMAGE)>
IMG             BYTE      = Array[256, 256]
IDL> oimg2=obj_new('IDLgrImage',img,/no_copy)
     ;创建方式二，删除变量
IDL> help,oimg2,img
OIMG2           OBJREF    = <ObjHeapVar7(IDLGRIMAGE)>
IMG             UNDEFINED = <Undefined>
IDL>oimg3=IDLgrImage();创建方式三
IDL> help,oimg3
OIMG3           OBJREF    = <ObjHeapVar13(IDLGRIMAGE)>
IDL> oimg3=oimg1;注意赋值后的变化
IDL> help,oimg3
OIMG3           OBJREF    = <ObjHeapVar1(IDLGRIMAGE)>
IDL> oimg4=objarr(2,2);创建对象数组
IDL> help,oimg4
OIMG4           OBJREF    = Array[2,2]
IDL> print,oimg4
<NullObject><NullObject>
<NullObject><NullObject>
IDL> oimg4[0]=oimg1
IDL> help,oimg4;局部赋值后数组类型不变
OIMG4           OBJREF    = Array[2,2]
IDL> print,oimg4
<ObjHeapVar1(IDLGRIMAGE)><NullObject>
<NullObject><NullObject>
```

2. 对象调用

对象调用即调用对象的方法，对象方法包含过程方法和函数方法两类，两者的调用格式不同。

过程方法调用格式如下。

对象变量.过程方法名[,参数1,…,参数n][,关键字1=关键字1,…,关键字n=关键字n]

对象变量->过程方法名[,参数 1,…,参数 n][,关键字 1=关键字 1,…,关键字 n=关键字 n]

函数方法调用格式如下。

Result=对象变量.过程方法名(参数 1,…,参数 n [,关键字 1=关键字 1,…,关键字 n=关键字 n])

或

Result=对象变量->过程方法名(参数 1,…,参数 n [,关键字 1=关键字 1,…,关键字 n=关键字 n])

下面以对象图形法显示图像为例，示例程序如下。

```
pro Seconddoobj
  ;创建 IDLgrImage 对象
  oimg=obj_new('IDLgrImage',bytscl(dist(256)))
  ;创建 IDLgrModel
  omod=obj_new('IDLgrModel')
  ;调用 add 过程，建立对象层次关系
  omod.add,oimg
  ;建立 IDLgrView 对象，设置图像显示的起点和终点
  oviw=obj_new('IDLgrView',viewplane_rect=[0,0,256,256])
  oviw.add,omod
  ;建立 IDLgrWindow 对象，设置图像显示窗口大小
  owind=obj_new('IDLgrWindow',dimensions=[256,256])
  ;调用 draw 方法显示图像
  owind.draw,oviw
  ;调用 read 函数获得绘制内容
  timg=owind.read()
  ;调用 getproperty 方法，获取显示图像的数组
  timg.getproperty,data=img
  ;建立并设置直接图形法显示窗口
  window,xsize=256,ysize=256
  ;直接图形法显示图像
  tv,img,/true
end
```

程序运行情况如图 2-5 所示。

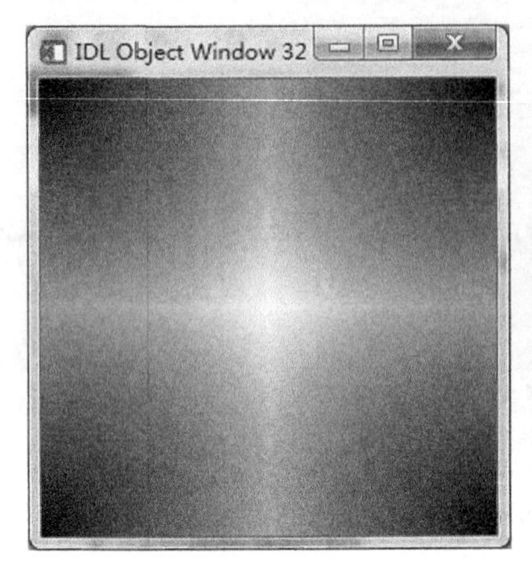

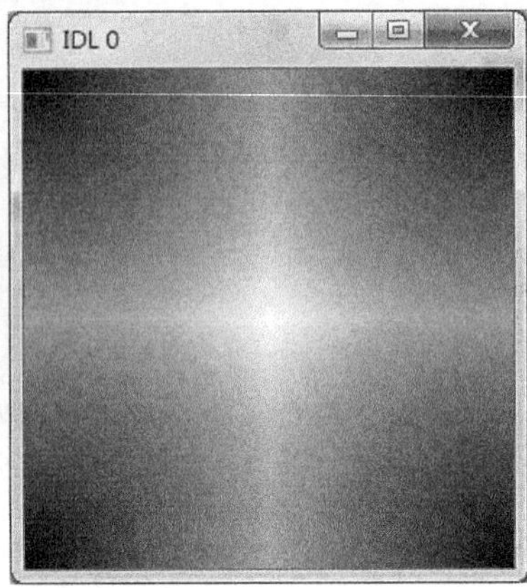

图 2-5　图形显示结果

2.7.2　对象函数

IDL 支持对象处理函数，如表 2-17 所示。

表 2-17　对象处理函数

函数或过程名	说明
OBJ_DESTROY	格式：OBJ_DESTROY,ObjRef [,Arg1,…,Argn] 功能：销毁对象，释放内存
OBJ_CLASS	格式：Result=OBJ_CLASS([Arg][,COUNT=variable][,/SUPERCLASS{must specify Arg}]) 功能：获取对象的基类或继承类的名称
OBJ_HASMETHOD	格式：Result=OBJ_HASMETHOD(Objref，Method) 功能：判断对象是否具有某个方法，有返回 1(真)，否则返回 0(假)
OBJ_ISA	格式：Result=OBJ_ISA(Arg,ClassName) 功能：判断对象是否是某个类的实例(Instance)，是返回 1(真)，否则返回 0(假)
OBJ_VALID	格式：Result=OBJ_VALID([Arg][,/CAST][,COUNT= variable][,/GET_HEAP_IDENTIFIER]) 功能：判断对象是否有效，有效返回 1(真)，否则返回 0(假)

对象处理示例代码如下。

```
IDL> owind=obj_new('IDLgrWindow',dimensions=[256,256])
IDL> print,obj_class(owind)
IDLGRWINDOW
IDL> print,obj_hasmethod(owind,'get')
   0                                ;owind 对象不包含 get 方法
IDL> print,obj_hasmethod(owind,'getproperty')
```

```
   1                         ;owind对象包含getproperty方法
IDL> print,obj_isa(owind,'idlgrwindow')
   1                         ;owind对象是idlgrwindow的实例
IDL> print,obj_isa(owind,'idlgrwindows')
   0                         ;owind对象不是idlgrwindows的实例
IDL> print,obj_valid(owind)
   1                         ;owind对象是有效的对象
IDL> obj_destroy,owind     ;销毁owind对象
IDL> print,obj_valid(owind)    ;owind对象变为无效的对象
   0
```

2.8 链　　表

链表是IDL 8.0引入的复合数据类型，可以包含变量、数组、结构体、指针、对象、链表和哈希表等数据类型。链表中的元素是有序的，可以通过索引进行编辑操作。

2.8.1 链表创建与访问

1. 链表创建

IDL中链表使用LIST函数创建，格式如下。

```
Result=LIST([Value1,Value2,…,Valuen] [,/EXTRACT] [,LENGTH=value] [,/NO_COPY])
```

说明：LIST函数创建一个新的链表，如果不设置参数，将返回空列表；如果设置关键字EXTRACT，链表中的元素存在数组，则每个元素将单独作为元素添加到链表中，其他数据类型不变；如果设置LENGTH关键字，若待创建的链表元素个数小于关键字值，则根据输入参数循环创建链表；如果设置关键字NO_COPY，则删除原变量。

链表创建示例如下。

```
IDL> l=list(indgen(2,2),length=2)
IDL> help,l
L               LIST  <ID=1  NELEMENTS=2>
IDL> print,l
       0       1       2       3
       0       1       2       3
```

```
IDL> l1=list(1,/extract)
IDL> help,l1
L1              LIST  <ID=6  NELEMENTS=2>
IDL> print,l1
      0      1      2      3
      0      1      2      3
IDL> l2=list(indgen(2),/extract)
IDL> help,l2
L2              LIST  <ID=11  NELEMENTS=2>
IDL> print,l2
      0
      1
```

2. 链表访问

链表访问与数组访问一样，通过下标索引实现。

接上示例代码，链表访问示例代码如下。

```
IDL> print,l1[0]
      0      1
      2      3
IDL> help,l1[1]
<Expression>    INT       = Array[2,2]
```

2.8.2　链表操作

IDL 支持链表连接和链表比较操作。链表连接与字符串连接一样，用“+”实现链表连接。链表的比较与数组比较类似，是对各个元素的比较。

IDL 支持链表操作和处理函数，如表 2-18 所示。

表 2-18　链表操作和处理函数

函数或过程名	说明
list.ADD	格式：list.Add,Value[,Index][,/EXTRACT][,/NO_COPY] 功能：增加链表，设置参数 Index 表示在指定索引位置增加链表元素
list.Count	格式：Result=list.Count([Value]) 功能：获取链表数据元素个数，如果设置参数 Value 表示指定链表元素在链表中出现的次数
list.IsEmpty	格式：Result=list.IsEmpty( ) 功能：判断链表是否为空，链表数据元素个数为 0 返回 1(真)，否则返回 0(假)

续表

函数或过程名	说明
list.Remove	格式：list.Remove[,Indices][,/ALL]或者 Value=list.Remove([,Indices][,/ALL]) 功能：删除链表，设置参数 Indices 表示删除指定索引位置链表元素，设置关键字 ALL 表示删除整个链表
list.Reverse	格式：list.Reverse 功能：链表元素反转
list.ToArray	格式：Result=list.ToArray([MISSING=value][,/NO_COPY][,/TRANSPOSE] [,TYPE= value]) 功能：链表转换为数组，设置关键字 TYPE 表示转换为指定类型数组，设置关键字 MISSING 表示将数据类型转换有误的元素赋值为对应的 value，设置关键字 TRANSPOSE 表示转置数组，如果设置 NO_COPY，链表 list 置为空
list.Where	格式：Result=list.Where(Value[,COMPLEMENT=variable] [,COUNT=variable] [,NCOMPLEMENT=variable]) 功能：链表条件查询，参数 Count 返回满足条件的元素个数，关键字 COMPLEMENT 返回不满足条件的元素下标，关键字 NCOMPLEMENT 返回不满足条件的元素个数
OBJ_DESTROY	格式：OBJ_DESTROY，ObjRef [,Arg1,…,Argn] 功能：销毁链表，释放内存

2.9 哈希表

哈希表与链表一样，是 IDL 8.0 引入的复合数据类型，可以包含变量、数组、结构体、指针、对象、链表和哈希表等数据类型。哈希表的特点是关键字与值对应，通过哈希表函数或关键字可以快速实现哈希表的访问处理。

2.9.1 哈希表创建与访问

1. 哈希表创建

IDL 中哈希表使用 HASH 函数创建。函数创建哈希表格式如下。

```
Result=HASH([Key1,Value1,Key2,Value2,…,Keyn,Valuen] [,/EXTRACT] [,/NO_COPY] )
Result=HASH(Keys,Values [,/EXTRACT])
Result=HASH(Keys)
Result=HASH(Structure [,/EXTRACT])
```

说明：HASH 函数创建一新的哈希表，函数关键字的设置与链表类似，需要注意关键字 Keyn 区分大小写。

哈希表创建示例如下。

```
IDL> keys=['Red','Green','Blue']
IDL> values=list([255,0,0],[0,255,0],[0,0,255])
IDL> hsh=hash(keys,values)
IDL> help,hsh
HSH                  HASH  <ID=8  NELEMENTS=3>
IDL> print,hsh
Red:          255      0      0
Blue:            0      0    255
Green:            0    255      0
```

2. 哈希表访问

哈希表是根据关键字进行访问。哈希表访问格式如下。

```
Result=HASH[Keys]
```

链表访问示例代码如下。

```
IDL> print,hsh["green"]
% Key does not exist.
% Execution halted at: $MAIN$
IDL> print,hsh["Green"]
      0    255      0
```

2.9.2 哈希表操作

IDL 支持哈希表组合、哈希表添加和比较操作。哈希表组合与链表连接一样，用“+”实现哈希表组合，哈希表添加和比较与数组类似。

IDL 支持链表操作和处理函数如表 2-19 所示。

表 2-19 哈希表操作和处理函数

函数或过程名	说明
hash.Count	格式：Result=hash.Count([Value]) 功能：获取哈希表数据元素个数，设置参数 Value 表示指定链表元素在哈希表中出现的次数
hash.HasKey	格式：Result=hash.HasKey(Keys) 功能：查询关键字，关键字存在返回 1(真)，否则返回 0(假)

续表

函数或过程名	说明
hash.IsEmpty	格式：Result=hash.IsEmpty( ) 功能：判断哈希表是否为空，哈希表元素个数为 0 返回 1(真)，否则返回 0(假)
hash.Keys	格式：Result=hash.Keys( ) 功能：获取哈希表关键字链表，如果哈希表为空，则返回空链表
hash.Remove	格式：hash.Remove[,Keys][,/ALL] 或 Result=hash.Remove([,Keys][,/ALL]) 功能：删除哈希表，设置参数 Keys 表示删除指定关键字元素，设置关键字 ALL 表示删除整个哈希表
hash.ToStruct	格式：Result=hash.ToStruct([,MISSING=value][, /NO_COPY][, /RECURSIVE][,SKIPPED =variable]) 功能：哈希表转换为结构体，设置关键字 MISSING 表示将空类型元素赋值为对应的 value，设置关键字 RECURSIVE 表示结构体内所有类型为哈希表的值均转换为结构体类型，设置关键字 SKIPPED 返回跳过的关键字，如果设置 NO_COPY，哈希表 hash 置为空
hash.Values	格式：Result=hash.Values( ) 功能：获取哈希表值链表，如果哈希表为空，则返回空链表
hash.Where	格式：Result=hash.Where(Value[,COMPLEMENT= variable][,COUNT=variable][,NCOMPLEMENT=variable]) 功能：哈希表条件查询，参数 Count 返回满足条件的元素个数，关键字 COMPLEMENT 返回不满足条件的元素下标，关键字 NCOMPLEMENT 返回不满足条件的元素个数
OBJ_DESTROY	格式：OBJ_DESTROY，ObjRef [, Arg1,…, Argn] 功能：销毁哈希表，释放内存

2.10　表　达　式

表达式是指由常量、变量、数组、运算符和函数等按照一定的语法规则连接起来的能求得数值的式子。表达式是 IDL 语句的重要组成部分，也在程序设计过程中经常使用。表达式的一般格式如下。

表达式 运算符 表达式 运算符 表达式 … 运算符 表达式

根据表达式值的类型和功能，表达式可以分为数值型表达式、字符型表达式、关系型表达式、逻辑型表达式、条件表达式和赋值表达式。

2.10.1　数值型表达式

数值型表达式是用 IDL 提供的数值型运算符把常量、变量、数组和函数等按照一定的语法规则连接起来能求得数值的式子，其运行结果为数值型。

IDL 提供的数值型运算符列表如表 2-20 所示。

表 2-20　数值型运算符列表

数值型运算符类别	运算符
数学运算符	加“+”、自增“++”、减“-”、自减“--”、乘“*”、除“/”、乘方“^”、取余“MOD”、求最小“<”、求最大“>”
矩阵运算符	矩阵列乘“#”、矩阵行乘“##”
其他运算符	小括号“()”、中括号“[]”、结构成员操作“.”、指针引用符“*”、对象方法调用符“->”或“.”

部分数学运算符的示例代码如下。

```
IDL> a=6
IDL> print,a++,++a
       6       8
IDL> print,a^(4./3.)
      16.0000
IDL> print,a mod 3
       2
```

2.10.2　字符型表达式

字符型表达式是用字符型运算符把字符常量、变量、数组和函数等按照一定的语法规则连接起来，其运算结果为字符型数据的式子。

IDL 中用“+”连接字符串形成一个新的字符串。示例代码如下。

```
IDL> print,'IDL'+'程序设计！'
IDL 程序设计!
```

2.10.3　关系型表达式

关系型表达式是用关系型运算符把各种同类型的表达式按照一定的语法规则连接起来，其运算结果为逻辑值真(1)或假(0)的式子。

IDL 提供的关系型运算符列表如表 2-21 所示。

表 2-21　关系型运算符列表

关系型运算符	等于“EQ”、不等于“NE”、小于“LT”、小于等于“LE”、大于“GT”、大于等于“GE”

部分关系型运算符示例代码如下。

```
IDL> a=indgen(4)+5
IDL> print,a
      5       6       7       8
IDL> print,a le 7
   1   1   1   0
```

2.10.4　逻辑型表达式

逻辑型表达式是用逻辑型运算符把常量、变量、数组和函数等按照一定的语法规则连接起来的式子。

IDL 提供的逻辑型运算符列表如表 2-22 所示。

表 2-22　逻辑型运算符列表

数值型运算符类别	运算符
逻辑型运算符	逻辑与“&&”、逻辑或“‖”、逻辑非“~”
位运算符	按位与“AND”、按位或“OR”、 按位异或“XOR”、按位取反“NOT”

部分关系型运算符示例代码如下。

```
IDL> print,2&&1,2&&0,2&&'a',2&&' ',2&&''
   1   0   1   1   0
IDL> print,0||0,2||0,0||'a',0||' ',0||''
   0   1   1   1   0
IDL> print,~0,~2,~'a',~' ',~''
   1   0   0   0   1
IDL> print,5 and 9,5 or 9,5 xor 9, not 5b
      1      13      12      250
;5->0101 | 5->0101 | 5->0101 |5b->00000101
;9->1001 | 9->1001 | 9->1001 |
;1->0001 |13->1101 |12->1100 |取反 11111010
```

2.10.5　条件表达式

条件表达式是用条件运算符把表达式等按照一定的语法规则连接起来的式子。

IDL 中用“? :”表示条件表达式，其格式如下。

表达式 1 ? 表达式 2:表达式 3

条件表达式示例代码如下。

```
IDL> file='d:\test'
IDL> print,(strcmp(file,''))?'C:\Users\hp':file+'_add'
d:\test_add
IDL> file=''
IDL> print,(strcmp(file,''))?'C:\Users\hp':file+'_add'
C:\Users\hp
```

2.10.6 赋值表达式

赋值表达式是用赋值运算符把表达式等按照一定的语法规则连接起来的式子。

IDL 中最常用的赋值运算符为“=”。此外，IDL 还提供复合型赋值运算符，如表 2-23 所示。

表 2-23 复合型赋值运算符列表

复合型赋值运算符	+= –= *= /= #= ##= <= >= ^= MOD= EQ= GE= GT= LE= LT= NE= AND= OR= XOR= NOT=

```
IDL> a=6
IDL> a +=1
IDL> print,a
       7
IDL> a mod=4
IDL> print,a
       3
IDL> a or=12
IDL> print,a
      15
```

2.10.7 运算符的优先级

当一个表达式包含多个运算符时，这些运算符的优先级控制各运算符的计算顺序。在 IDL 中，运算符的优先级和结合方向如表 2-24 所示。

表 2-24 IDL 运算符优先级和结合方向

优先级	运算符	结合方向
1	圆括号() 数组[]	由内向外
2	成员访问. 函数调用() 数组下标[]	自右向左
3	指针* ^(自左向右) ++ —	自右向左
4	乘* / # ## MOD	自左向右
5	加或连接+ – < > NOT(自右向左)~(自右向左)	自左向右
6	EQ NE LE LT GE GT	自左向右
7	AND OR XOR	自左向右
8	&& ||	自左向右
9	条件运算符 A? B:C	由内向外
10	= += – = *= /= #= ##= <= >= ^= MOD= EQ= GE= GT= LE= LT= NE= AND= OR= XOR= NOT=	自右向左

2.11 编译规则

前面已经介绍了 IDL 8.2 支持的基本数据类型和表示方法。IDL 支持对编译器默认的编译规则稍微更改。IDL 使用 COMPILE_OPT 语句实现编译规则的更改，COMPILE_OPT 语句格式如下。

```
COMPILE_OPT opt1 [,opt2,…,optn]
```

说明：COMPILE_OPT 语句常用的的参数(optn)有 DEFINT32、LOGICAL_PREDICATE 和 STRICTARR。其中，设置 DEFINT32 表示把 IDL 默认的整型数据 16 位修改为 32 位，设置 LOGICAL_PREDICATE 表示把所有非 0 值均为“真”，0 值均为“假”，设置 STRICTARR 表示数组只能用“[]”，而不能使用“()”，避免与出现的函数调用混淆。

```
IDL> .RESET_SESSION
IDL> a=indgen(2,3)
IDL> print,a(*);与print,a[*]一致
       0       1       2       3       4       5
IDL> compile_opt strictarr
IDL> print,a(*)
```

```
print,a(*)
        ^
% Syntax error.
```

此外，常用 COMPILE_OPT IDL2 语句，表示同时实现 DEFINT32 和 STRICTARR 的功能，即 IDL 默认的整型数据 16 位修改为 32 位和数组必须使用“[]”。

第 3 章　面向过程的程序设计

3.1　算 法 概 述

在面向过程的程序设计(procedure oriented programming，POP)中，程序设计者必须指定计算机执行的具体步骤。这就要求程序设计者不仅要考虑程序要“做什么”，还要解决“怎么做”，根据程序“做什么”的要求，写出一个个语句，安排好它们的执行顺序。如何设计这些步骤，怎样确保它的正确性和具有较高的效率都是算法需要解决的问题。IDL 既支持面向过程的程序设计，又支持面向对象的程序设计。无论是面向过程的程序设计，还是面向对象的程序设计都离不开算法设计。

在程序设计过程中，为了使程序结构清晰，可读性强，便于修改和维护，通常采用结构化的程序设计(structured programming, SP)方法提高程序的可靠性和质量。一个结构化的程序就是用高级语言表示的结构化算法，包含数据与算法两个要素。数据是指在程序中指定数据的类型和数据的组织形式，即数据结构。算法是指为解决一个问题而采取的方法和步骤，是指令的有限序列，其中每一条指令表示一个或多个操作。一个算法应具有以下重要特性。

① 有穷性。一个算法应包含有限的操作步骤，对于任何合法的输入值在执行有穷步骤后结束，且每一步都可以在人们的常识和需要的时间内完成。

② 确定性。算法中的每条指令必须具有确切的含义，读者理解时不会产生二义性。在任何条件下，算法只能有唯一的一条执行路径，即对于相同的输入只能得出相同的输出。

③ 可行性。算法中描述的操作都可以通过已经实现的基本运算执行有限次来实现，并得到确定的结果。

④ 输入。输入是指在执行算法时需要从外界获取必要的信息。一个算法有零个或多个输入，这些输入取自于某个特定对象的集合。

⑤ 输出。一个算法有一个或多个输出，这些输出同输入有某些特定关系。算法的输出不一定就是计算机的打印输出，一个算法得到的结果就是算法输出。

一个算法可以采用不同的方法表示，常用的表示方法有如下四种。

① 自然语言。用中文或英文等自然语言描述算法。由于自然语言表示方法容易产生歧义，在程序设计中一般不采用该方法表示算法。

② 流程图。用传统的流程图或结构化的流程图描述算法。用图的形式表示算法，比较直观形象，易于理解，但修改算法时显得不大方便。规模大且复杂的算法一般不采用流程图描述。

③ 伪代码。伪代码是用介于自然语言与计算机语言之间的文字和符号来描述算法。用伪代码写算法并无固定、严格的语法规则，只需用清晰易读的格式把意思表达清楚。伪代码不用图形符号，书写方便、格式紧凑、易于修改，便于向算法实现(计算机语言描述算法)的过渡。

④ 计算机语言。用一种计算机语言(如 IDL)去描述算法，即计算机程序。

1966 年，Bohra 和 Jacopini 提出顺序结构、选择结构和循环结构三种基本控制结构。结构化的程序一般由若干基本结构组成，每一个基本结构可以包含一个或多个语句。三种基本结构的流程图如图 3-1 所示。

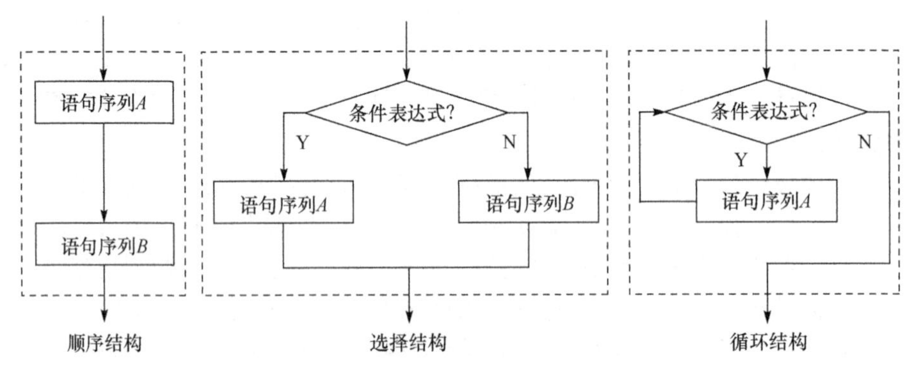

图 3-1　三种基本结构流程图

3.2 语　　句

IDL 程序中最小的独立单位是语句。与其他程序设计语言不同，IDL 语句无结束符。IDL 可以分为基本语句、控制语句和异常处理语句三种类型。基本语句好比“砖头”，控制语句好比“框架”，两者有机地结合才能共同构程序这座“大厦”。

3.2.1 基本语句

基本语句主要包含表达式语句、过程与函数调用语句、复合语句。

表达式语句通常由一个赋值运算表达式构成，如下面实现变量 i 加 1 语句。

```
i=i+1
```

过程与函数调用语句一次过程或函数调用构成，如下都是调用语句。

```
print,'这是过程调用样例语句！'
```

```
void=dialog_message('这是函数调用样例语句！',title='提示信息
',/information)
```

复合语句由多个表达式语句或过程与函数调用语句构成，通常位于“BEGIN”与“END”之间，如下面的复合语句。

```
if (i lt 0) then begin
 void=dialog_message('这是复合语句语句样例！',title='提示信息
 ',/information)
 return
endif
```

3.2.2 控制语句

控制语句完成一定的控制功能。IDL 包含用于选择结构控制的 IF 语句、CASE 语句、SWITCH 语句、用于循环结构控制的 FOR 语句、FOREACH 语句、WHILE 语句、REPEAT 语句，以及用于跳转控制的 CONTINUE 语句、BREAK 语句、GOTO 语句、RETURN 语句。用于选择与循环结构控制的语句将在后续章节介绍，这里先介绍用于控制的跳转语句。

1. CONTINUE 语句

CONTINUE 语句只能用于循环结构，其作用是结束本次循环，即跳过循环体中 CONTINUE 语句之后的语句，执行下一次循环条件的判断。下面以 FOR 循环为例。

```
for i=1,2 do begin
 for j=1,3 do begin
 if j eq 2 then continue else print,i*j
 endfor
 print,'第 1 层循环第',strtrim(i,2),'次执行结束！'
endfor
print, 'continue 语句测试样例！'
```

程序运行情况如下。

```
 1
       3
第 1 层循环第 1 次执行结束！
       2
       6
第 1 层循环第 2 次执行结束！
continue 语句测试样例！
```

2. BREAK 语句

BREAK 语句可以用于循环结构或选择结构，其作用是提前结束循环语句或选择语句，即跳过本层循环体或选择语句，接着执行 BREAK 对应循环体或选择语句后面的语句，不再执行循环条件或选择条件的判断。下面以 FOR 循环为例。

```
for i=1,2 do begin
  for j=1,3 do begin
  if  j eq 2 then break else print,i*j
  endfor
print,'第 1 层循环第',strtrim(i,2),'次执行结束！'
endfor
print,'break 语句测试样例！'
```

程序运行情况如下。

```
1
第 1 层循环第 1 次执行结束!
       2
第 1 层循环第 2 次执行结束!
break 语句测试样例!
```

3. GOTO 语句

GOTO 语句为无条件跳转语句。结构化程序设计方法主张限制使用 GOTO 语句，因为滥用 GOTO 语句可能破坏程序结构。但也不绝对禁止使用 GOTO 语句，可以使用 IF 语句与 GOTO 语句构成循环结构或者从循环内部直接跳转到最外层循环使用。GOTO 语句一般形式如下。

GOTO,标签

标签:语句

说明：GOTO 语句可以使程序跳转到某一标签处，标签命名与变量一致，标签处的格式为“标签:”，后接执行语句。下面以 FOR 循环为例。

```
for i=1,2 do begin
  for j=1,3 do begin
  if j eq 2 then goto,PE2 else print,i*j
  endfor
  print,'第 1 层循环第',strtrim(i,2),'次执行结束！'
endfor
PE2:print,'goto 语句测试样例！'
```

程序运行情况如下。

```
      1
goto 语句测试样例!
```

4. RETURN 语句

RETURN 语句用于控制程序跳转，程序中其后的语句将不再执行，直接返回 RETURN 所在程序的上一层或主程序。一般应减少程序中的 RETURN 语句的使用次数(其中过程可以不使用 RETURN 语句，函数最少使用 1 次 RETURN 语句)，如果必须包含多个 RETURN 语句，应确定哪一个 RETURN 语句先返回。下面以 FOR 循环为例。

```
for i=1,2 do begin
  for j=1,3 do begin
  if j eq 2 then return else print,i*j
  endfor
  print,'第 1 层循环第',strtrim(i,2),'次执行结束! '
endfor
print,'这是 return 语句测试样例! '
```

程序运行情况如下。

```
      1
```

3.2.3　异常处理语句

无论多么优秀的程序在运行时都可能产生异常，这就需要有一种机制来捕获和处理异常。IDL 提供了 ON_IOERROR 语句、ON_ERROR 语句和 CATCH 语句用于异常处理，CHECK_MATH 语句和 FINITE 语句用于数学错误处理。

1. ON_IOERROR 语句

ON_IOERROR 语句用于输入输出异常处理。ON_IOERROR 语句的一般形式如下。

ON_IOERROR,标签

标签:语句

说明：在程序运行过程用，如果出现输入输出错误，使用 ON_IOERROR 语句可以使程序跳转到某一标签处，标签命名与变量一致，标签处的格式为“标签:”，后接执行语句。下面以数字输入为例。

```
pro Thirddoon_ioerror
valid=0
```

```
i=0
while valid eq 0 do begin
   on_ioerror, elabel
   read,'请输入一个数: ',i
   valid=1
   print,'你输入的数',i,'有效! '
elabel: if valid eq 0 then print, '当前输入的不是一个有效的数! '
endwhile
```

程序运行情况如下。

```
IDL> Thirddoon_ioerror
请输入一个数: IDL> b
当前输入的不是一个有效的数!
请输入一个数: IDL> 56
你输入的数       56 有效!
```

2. ON_ERROR 语句

ON_ERROR 语句用于设置异常处理的方法。ON_ERROR 语句的一般形式如下。

ON_ERROR,变量

说明：在程序运行过程用，如果出现错误，使用 ON_ERROR 语句来指定该做怎样的异常处理。变量的有效值为 0、1、2 和 3，其中 0 表示立即在程序出错处产生中断，为默认值；1 表示返回主程序；2 表示返回调用出错程序的上一层程序；3 表示立即在调用处产生中断，返回出错程序。ON_ERROR 语句示例程序如下。

```
pro onerror1,a,b
  print,onerror2(a,b)
end
function onerror2,a,b
  return,a+b
end
pro Thirddoon_error,id
  on_error,id
  print,'on_error 变量为'+strtrim(id,2)+'测试结果! '
  onerror1,6
end
```

运行示例 1 如下。

```
IDL>Thirddoon_error,0
;程序在“return,a+b”处中断，运行结果如下(略有改动，thirddoerrorc
heck.pro;用程序名称表示，下同)。
on_error 变量为 0 测试结果!
% Variable is undefined: B.
% Execution halted at:  ONERROR2         6    程序名称
%                ONERROR1           3    程序名称
%               THIRDDOERRORCHECK 11   程序名称
%               $MAIN$
```

运行示例 2 如下。

```
IDL>thirddoon_error,1
;程序没有产生中断，运行结果如下。
on_error 变量为 1 测试结果!
% Variable is undefined: B.
% Execution halted at:  ONERROR2       6    程序名称
%                          ONERROR1        3    程序名称
%                        THIRDDOERRORCHECK 11   程序名称
%                          $MAIN$
```

运行示例 3 如下。

```
IDL>thirddoon_error,2
;程序没有产生中断，运行结果如下。
on_error 变量为 2 测试结果!
% Variable is undefined: B.
% Execution halted at: $MAIN$
```

运行示例 4 如下。

```
IDL>thirddoon_error,3
;程序在“onerror1,6”处产生中断，运行结果如下。
on_error 变量为 3 测试结果!
% Variable is undefined: B.
% Execution halted at: THIRDDOERRORCHECK   11   程序名称
%                          $MAIN$
```

3. CATCH 语句

CATCH 语句用于手动处理异常。CATCH 语句的一般形式如下。

CATCH,变量或 CATCH,/CANCEL

说明：程序在运行过程中，使用“CATCH,变量”捕获异常，如果产生异常，就会产生一个错误代码，同时把代码保存到变量中，然后根据变量的值，建立异常处理程序。在异常处理结束后使用“CATCH,/CANCEL”删除异常捕获，注意变量与关键字 CANCEL 不能同时使用。下面以数组溢出异常为例。

```
a=findgen(3)+1
catch,errorstatus
if errorstatus ne 0 then begin
res=dialog_message(['错误代码：'+strtrim(errorstatus,2),'错误信息：'+!error_state.msg,'自动增加数组吗?'],title='询问',/question)
  if res eq 'Yes' then begin
    num=n_elements(a)
    a=findgen(num+1)+1
    catch,/cancel
  endif else  return
endif
a[3]=10
print,format='(4f5.1)',a
```

程序运行时，弹出询问对话框(图 3-2)，提示出错信息，选择“否”退出程序，选择“是”，输出以下结果。

```
   1.0  2.0  3.0 10.0
```

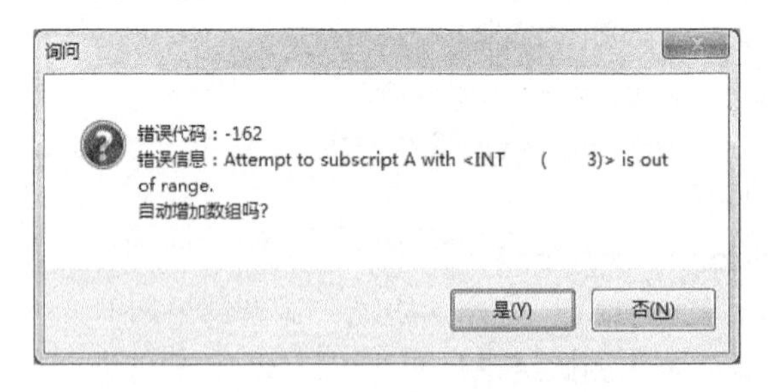

图 3-2 catch 语句测试对话框

4. CHECK_MATH 语句

CHECK_MATH 函数用于检测是否有数学非法运算，并返回所有非法运算的错误代码和值。CHECK_MATH 函数格式如下。

```
Result=CHECK_MATH([,MASK=bitmask][,/NOCLEAR][,/PRINT])
```

说明：Result 为 CHECK_MATH 函数返回值，其中 0 表示无非法运算，1 表示整数被零除，16 表示浮点数被零除，32 表示浮点数下溢，64 表示浮点数上溢，128 表示其他非法运算，如果有多个错误，返回各错误对应数值之和；关键字 MASK 用于表示指定异常检测；关键字 NOCLEAR 用于不清除以前的结果，而是继续累加；关键字 PRINT 用于打印产生的错误信息。CHECK_MATH 语句使用示例如下。

示例 1：

```
IDL> print,1.0/0.0,alog10(-1.0),check_math(/print)
% Program caused arithmetic error: Floating divide by 0
% Program caused arithmetic error: Floating illegal operand
          Inf          -NaN             144
```

示例 2：

```
IDL> print,1.0/0.0,alog10(-1.0),check_math(mask=16,/print)
% Program caused arithmetic error: Floating divide by 0
          Inf          -NaN              16
```

示例 3：

```
IDL> print,1.0/0.0,alog10(-1.0),check_math(mask=128,/print)
% Program caused arithmetic error: Floating illegal operand
          Inf          -NaN             128
% Program caused arithmetic error: Floating divide by 0
```

5. FINITE 语句

FINITE 函数用于检测数据是否有效。FINITE 函数格式如下。

Result = FINITE(变量[,/INFINITY] [,/NAN] [,SIGN=value])

说明：Result 为 FINITE 函数的返回值，它是一个逻辑值。关键字 INFINITY 用于判断数据是否无穷大(+Inf 或–Inf)，如果是无穷大返回 1，反之返回 0；关键字 NAN 用于判断数据是否是无效值(+NaN 或–NaN)，如果是无效值返回 1，反之返回 0；关键字 SIGN 用于表示无效值的正负标记。FINITE 语句使用示例如下。

示例 1：

```
IDL> print,finite(2),1.0/0,finite(1.0/0),alog10(100),al
og10(-1.0),finite (alog10(-1.0))
   1           Inf       0       2.00000     -NaN   0
% Program caused arithmetic error: Floating divide by 0
% Program caused arithmetic error: Floating illegal operand
```

示例 2：

```
IDL> print,finite(2,/nan),finite(1.0/0,/infinity),finit
e(alog(-1.0),/nan),finite(alog (-1.0),/nan,sign=-1),
finite (alog(-1.0),/nan,sign=1)
   0   1     1      1    0
% Program caused arithmetic error: Floating divide by 0
% Program caused arithmetic error: Floating illegal operand
```

3.3　顺序结构程序设计

顺序结构是指在程序执行过程中，程序中的各语句是按照它们出现的先后顺序依次执行，具有这种结构的程序称为顺序结构程序。顺序结构是最简单的一种基本结构。

例 3.1　用顺序结构实现求方程 $ax^2+bx+c=0$ 的根,其中 a, b, c 由键盘输入,假设 $a \neq 0, b^2-4ac>0$ 。

众所周知，一元二次方程式的根为

$$x_1=\frac{-b+\sqrt{b^2-4ac}}{2a},\quad x_2=\frac{-b-\sqrt{b^2-4ac}}{2a}$$

示例程序如下。

```
pro Thirddosequence
  read,a,b,c, prompt='请依次输入 a, b, c: '
  delta=b*b-4.*a*c
  x1=(-b+sqrt(delta))/(2.0*a)
  x2=(-b-sqrt(delta))/(2.0*a)
  print,'方程的解 x1=',x1
  print,'方程的解 x2=',x2
end
```

程序运行情况如下。

```
请依次输入 a, b, c: 1,-5,6
方程的解 x1=      3.00000
方程的解 x2=      2.00000
```

3.4　选择结构程序设计

选择结构又称分支结构，是指在程序执行过程中，程序的处理步骤出现了分支，需要根据某一特定的条件选择其中的一个分支执行，语句执行不是取决于两个语句在程序中的先后顺序，而是取决于条件表达式的值，具有这种结构的程序称为选择结构程序。选择结构有单选择、双选择和多选择三种形式。

IDL 提供了 IF 语句、CASE 语句和 SWITCH 语句提供了三种用于选择结构控制的语句。

3.4.1 IF 语句

IF 语句用来判断给定的条件是否满足，根据表达式的判断结果(真或假)决定执行给出的两种操作之一。IDL 提供了四种形式的 IF 语句。

① IF 表达式 THEN 语句

② IF 表达式 THEN 语句 1 ELSE 语句 2

③ IF 表达式 THEN BEGIN
  语句 n
ENDIF

④ IF 表达式 THEN BEGIN
  语句 m
ENDIF ELSE BEGIN
  语句 n
ENDELSE

说明：在 IF 语句中，如果仅需判断一种条件且仅有单个操作语句，采用第一种形式；如果根据表达式的值选择执行单个操作语句，采用第二种形式；如果选择条件下有多个操作语句，必须使用“BEGIN”，“IF”与“ENDIF”、“ELSE”与“ENDELSE”必须配对使用。

例 3.2　用 if 语句实现求方程 $ax^2+bx+c=0$ 的根，其中 a, b, c 由键盘输入。

```
pro Thirddoif
  read,a,b,c, prompt='请依次输入 a, b, c: '
  if a eq 0 then begin
   if b eq 0 then print,'未知项系数均为 0，输入异常！'  else begin
     x1=-c/b
     print,'方程的解 x=',x1
   endelse
  endif else begin
   delta=b*b-4.*a*c
   if delta eq 0 then begin
```

```
      x1=-b/(2.0*a)
      print,'方程有两个相同的实数解 x1=x2=',x1
    endif
    if delta gt 0 then begin
       x1=(-b+sqrt(delta))/(2.0*a)
       x2=(-b-sqrt(delta))/(2.0*a)
       print,'方程的解 x1=',x1
       print,'方程的解 x2=',x2
    endif
    if delta lt 0 then print,'方程无实数解！'
  endelse
end
```

运行示例 1 如下。

```
请依次输入 a, b, c: 1,-5,6
方程的解 x1=      3.00000
方程的解 x2=      2.00000
```

运行示例 2 如下。

```
请依次输入 a, b, c: 1,4,4
方程有两个相同的实数解 x1=x2=      -2.00000
```

运行示例 3 如下。

```
请依次输入 a, b, c: 1,1,4
方程无实数解！
```

运行示例 4 如下。

```
请依次输入 a, b, c: 0,0,1
未知项系数均为 0，输入异常！
```

运行示例 5 如下。

```
请依次输入 a, b, c: 0,1,2
方程的解 x=      -2.00000
```

3.4.2　CASE 语句

CASE 语句是多分支选择语句。IF 语句只有两个分支可供选择，而实际问题常常需要用到多分支的选择。虽然多分支选择度可以用嵌套的 IF 语句来处理，但如果分支较多，则嵌套的 IF 语句层次多，程序冗长，而且可读性降低。IDL 提供了 CASE 语句直接处理多分支选择。CASE 语句的一般形式如下。

CASE 表达式 OF

　表达式 1: 语句或者表达式 1: BEGIN
　　语句 m
END
……
　表达式 n: 语句或者表达式 n: BEGIN
　　语句 n
END
ELSE:语句或者 ELSE: BEGIN
　　语句 p
END
ENDCASE

说明: 在 CASE 语句执行过程中, 如果表达式的值与第几个表达式的值相等, 只执行与它相应的语句或多个操作语句, 转向执行"ENDCASE"后面的语句, 否则只执行"ELSE"对应的语句或多个操作语句, 转向执行"ENDCASE"后面的语句。"ELSE…END"可以省略, 但若省略, 在条件不匹配时用"CASE"语句会出现语法错误, 一般在使用"CASE"语句时, 都需要加上"ELSE"来确保程序正确执行。在 CASE 语句中, "CASE"与"ENDCASE"必须配对使用, 如果选择条件下有多个操作语句, 必须使用"BEGIN…END"。

例 3.3　用 case 语句实现求方程 $ax^2+bx+c=0$ 的根, 其中 a, b, c 由键盘输入, 假设 $a\neq 0$。

```
pro Thirddocase
    read,a,b,c,prompt='请依次输入 a, b, c: '
    delta=b*b-4.*a*c
    case 1 of
      delta eq 0 : begin
        x1=-b/(2.0*a)
        print,'方程有两个相同的实数解 x1=x2=',x1
      end
      delta gt 0 : begin
        x1=(-b+sqrt(delta))/(2.0*a)
        x2=(-b-sqrt(delta))/(2.0*a)
        print,'方程的解 x1=',x1
        print,'方程的解 x2=',x2
      end
      else:print,'方程无实数解! '
```

```
    endcase
end
```

3.4.3　SWITCH 语句

SWITCH 语句与 CASE 语句一样，是多分支选择语句，但它与 CASE 语句的不同之处在于 SWITCH 遇到表达式的值与第几个表达式的值相等时，会依次执行后面的情况直至 ENDSWITCH。SWITCH 语句的一般形式如下。

SWITCH 表达式 OF
　表达式 1: 语句或者表达式 1: BEGIN
　　语句 m
END
……
　表达式 n: 语句或者表达式 n: BEGIN
　　语句 n
END
ELSE: 语句或者 ELSE: BEGIN
　　语句 p
END
ENDSWITCH

说明：在 SWITCH 语句执行过程中，可能有多种条件组被执行。“ELSE…END”可以省略，但若省略，在条件不匹配时不执行任何语句。SWITCH 语句中“SWITCH”与“ENDSWITCH”必须配对使用，如果选择条件下有多个操作语句，必须使用“BEGIN…END”，如果在“BEGIN…END”中使用“BREAK”，SWITCH 语句将与 CASE 语句一样实现分支选择。

例 3.4　用 switch 语句实现求方程 $ax^2+bx+c=0$ 的根，其中 a, b, c 由键盘输入，假设 $a\neq 0$。

```
pro Thirddoswitch
    read,a,b,c,prompt='请依次输入 a, b, c: '
    delta=b*b-4.*a*c
    switch 1 of
      delta eq 0: begin
        x1=-b/(2.0*a)
        print,'方程有两个相同的实数解 x1=x2=',x1
        break ;请注意此句的使用
      end
```

```
      delta gt 0: begin
        x1=(-b+sqrt(delta))/(2.0*a)
        x2=(-b-sqrt(delta))/(2.0*a)
        print,'方程的解 x1=',x1
        print,'方程的解 x2=',x2
        break;请注意此句的使用
      end
      else:print,'方程无实数解！'
    endswitch
end
```

程序运行情况如下。

```
请依次输入 a, b, c: 1,4,3
方程的解 x1=      -1.00000
方程的解 x2=      -3.00000
```

请注意 Thirddoswitch 程序中的“break”的使用，如果将“break”删除，运行情况如下。

```
请依次输入 a, b, c: 1,4,3
方程的解 x1=      -1.00000
方程的解 x2=      -3.00000
方程无实数解！
```

IDL 支持选择语句嵌套使用，上述三种选择语句均可以实现相同的功能，且不同的选择语句可以在其他选择语句中嵌套使用，从而满足复杂程序设计的需要。

3.5　循环结构程序设计

循环结构是指在程序执行过程中，程序中的某个或某些语句需要反复执行，直到某条件为假(或为真)时才可终止循环。具有这种结构的程序称为循环结构程序。

FOR 语句、WHILE 语句和 REPEAT 语句是 IDL 常用的循环结构控制语句。IDL 8.0 以上版本新增了 FOREACH 语句。

3.5.1　FOR 语句

FOR 循环多用于已知循环次数的情况。IDL 提供两种形式的 FOR 语句。

① FOR 变量=循环初始值，循环终止值，增量 DO 语句

② FOR 变量=循环初始值，循环终止值，增量 DO BEGIN

语句 n

ENDFOR。

说明：FOR 语句中的变量用于控制循环的次数。增量在默认条件下为 1，可以省略，也可以设定增量，若增量为正值，则循环终止值不能小于循环初始值，变量由小到大变化；若增量为负值，则循环终止值不能大于循环初始值，变量由大到小变化。在 FOR 语句执行过程中，首先给变量赋初始值，然后与循环终止值进行比较，若不满足条件，则退出循环；若满足条件，则执行操作语句，然后变量根据增值增加(增量为正值)，循环执行上述过程。如果 FOR 语句中有多个操作语句，必须使用“BEGIN”，“FOR”与“ENDFOR”必须配对使用。FOR 语句示例程序如下。

```
pro Thirddofor
  a=indgen(6)+5
  print,'当前数组值：',a
  index=intarr(6)
  print,'数组下标初始值：',index
  for i=0,5 do index[i]=i
  print,'for 循环默认设置输出数组'
  print,'输出数组下标：',index,'数组值：',a[index]
  for i=5,0,-1 do index[i]=5-i
  print,'for 循环设置增量-1 输出数组'
  print,'输出数组下标：',index,'数组值：',a[index]
  print,'for 循环设置增量 2 输出指定数组元素'
  for i=0,5,2 do begin
    index=i
    print,'指定数组下标：',index,'指定数组元素值：',a[index]
  endfor
end
```

程序运行情况下。

```
当前数组值：        5       6       7       8       9      10
数组下标初始值：        0       0       0       0       0       0
for 循环默认设置输出数组
输出数组下标：        0       1       2       3       4       5
```

```
数组值:
        5       6       7       8       9      10
for 循环设置增量-1 输出数组
输出数组下标:        5       4       3       2       1       0
数组值:
       10       9       8       7       6       5
for 循环设置增量 2 输出指定数组元素
指定数组下标:        0 指定数组元素值:       5
指定数组下标:        2 指定数组元素值:       7
指定数组下标:        4 指定数组元素值:       9
```

3.5.2　FOREACH 语句

FOREACH 循环是 IDL 8.0 以上版本新引进的循环结构，用于遍历数组或者链表集合。IDL 提供两种形式的 FOREACH 语句。

① FOREACH 元素变量，集合变量，索引 DO 语句。

② FOREACH 元素变量，集合变量，索引 DO BEGIN

语句 m

ENDFOREACH。

说明：FOREACH 语句中元素变量用于表示循环过程集合变量中的元素，直至集合中的元素遍历结束。索引为可选变量，用于表示元素在集合中的位置。如果 FOREACH 语句中有多个操作语句，必须使用“BEGIN”，“FOREACH”与“ENDFOREACH”必须配对使用。

例 3.5　用 foreach 语句实现输出所有数组元素。

```
pro Thirddoforeach
  a=indgen(3)+5
  print,'当前数组值: ',a
  foreach ai,a,index do begin
    print,'数组下标: ',index,' 数组元素值: ',ai
  endforeach
end
```

程序运行情况如下。

```
当前数组值:        5       6       7
数组下标:        0 数组元素值:       5
数组下标:        1 数组元素值:       6
数组下标:        2 数组元素值:       7
```

3.5.3 WHILE 语句

WHILE 循环多用于未知循环次数的情况。IDL 提供了两种形式的 WHILE 语句。

① WHILE 表达式 DO 语句。

② WHILE 表达式 DO BEGIN

语句 m

ENDWHILE。

说明：WHILE 语句执行时先判断表达式的值，若表达式值为假，则结束循环，执行 ENDWHILE 后面的语句；若表达式为真，则执行操作语句，然后循环执行上述过程。如果 WHILE 语句中有多个操作语句，必须使用“BEGIN”、“WHILE”与“ENDWHILE”必须配对使用。使用 WHILE 循环语句时，一定要注意避免死循环。若出现死循环，则在循环体内必须包含“BREAK”或者“GOTO”语句。

例 3.6 用 while 语句实现 1+3+5+…+55 并输出结果。

```
pro Thirddowhile
  sum=0
  i=1
  while i le 55 do begin
    sum=sum+i
    i=i+2
  endwhile
  print,'1+3+5+...+55=',sum
end
```

程序运行情况如下。

```
1+3+5+...+55=784
```

3.5.4 REPEAT 语句

REPEAT 循环与 WHILE 循环一样，多用于未知循环次数的情况，不同的是 REPEAT 循环至少执行一次。IDL 提供两种形式的 REPEAT 语句。

① REPEAT 语句 UNTIL 表达式。

② REPEAT BEGIN。

语句 m

ENDREP 表达式。

说明：REPEAT 语句首先执行操作语句，然后判断表达式的值，若表达式值为真，则结束循环，执行 ENDREP 后面的语句；若表达式为假，则继续执行操作语句，然后循环执行上述过程。如果REPEAT语句中有多个操作语句，必须使用“BEGIN”，“REPEAT”与“ENDREP”必须配对使用。使用REPEAT循环语句时，一定要注意避免死循环。若出现死循环，则在循环体内必须包含“BREAK”或者“GOTO”语句。

例3.7 用repeat语句实现从键盘任意输入两个数之和，然后询问是否重复上述步骤，输入Y继续执行，输入N退出程序。

```
pro Thirddorepeat
  yn=''
  repeat begin
    read,a,b,prompt='请依次输入数 a 与数 b : '
    print,'a + b = ',a+b
    read,prompt='是否继续？(N退出计算,其他继续执行计算)！ ',yn
  endrep until strupcase(yn) eq 'N'
end
```

程序运行情况如下。

```
请依次输入数 a 与数 b : 3,4
a + b =       7.00000
是否继续？(N退出计算，其他继续执行计算)！ n
```

IDL支持循环语句嵌套使用，使用多重循环可使程序设计方便、灵活。

3.6 过程与函数

结构化程序设计采用自顶向下、逐步细化的方法将一个复杂问题分解。通常，一个较复杂的程序不可能完全由一个人从头至尾地实现，更不可能把所有内容都放在一个主过程或主函数中，而是将大程序分解为若干个程序模块，每个模块实现一部分功能。在IDL中，这些功能模块只能是过程或函数，被调用的模块称为子过程或子函数。

3.6.1 过程

过程是指由一个或多个IDL语句序列构成的能够进行编译的规范格式的集合。IDL中的过程必须以“PRO”开始，后接过程名称，中间有空格，若过程有参数(para)或关键字(keyw)，以“,”分隔，最后以“END”结束。IDL过程格式如下。

```
pro name,para1,…,paran,keyw1=keyw1,…,keywn=keywn
  语句序列
end
```

说明：过程如果以文件的形式保存，则保存过程的文件名必须与“PRO”后面的过程名称一致，如果有多个过程或函数，一般以最后一个过程或函数为主过程或主函数，文件名不区分大小写，扩展名为“pro”。

3.6.2 函数

函数与过程类似，格式略有不同。IDL 中的函数必须以“FUNCTION”开始，后接函数名称，中间有空格，若函数有参数(para)或关键字(keyw)，以“,”分隔，最后以“END”结束。函数与过程最大的差别就是函数需要有包含返回值的“RETURN”语句，返回函数执行结果。IDL 函数格式如下。

```
function name,para1,…,paran,keyw1=keyw1,…,keywn=keywn
  语句序列
  return,表达式
end
```

说明：函数如果以文件形式保存，规则与过程一致。

例 3.8 用过程实现根据输入参数求和并根据关键字判断是否输出。

```
function Thirddoparaandkey,a,b,isprint=vprint
  c=a+b
  print,'输入参数 a: ',a
  print,'输入参数 b: ',b
  if keyword_set(vprint) then begin
    print,'输入关键字 isprint: ',vprint
    print,'a+b='+strtrim(a,2)+'+'+strtrim(b,2)+'=',c
  endif
  return,c
end
```

程序运行情况如下。

```
IDL> result=thirddoparaandkey(3,4,/isprint)
输入参数 a:        3
输入参数 b:        4
输入关键字 isprint:        1
a+b=3+4=       7
```

3.7　参数与关键字

IDL 的过程和函数用两种类型进行参数传递，即参数和关键字。参数一般用来传递自变量，这些自变量按顺序传递。关键字是可选自变量，传递顺序不受调用顺序影响。

3.7.1　参数

参数用于过程或函数中变量或者表达式的传递。以函数为例，参数格式如下。

```
function name, para1,…,paran
```

说明：参数在过程或函数名称之后，用“,”隔开，如果有多个参数用“,”依次隔开。程序调用时，参数调用依赖于参数的位置，参数的个数、类型和顺序要注意与参数定义时保持一致。参数不一定是必须的，部分参数是可选的，在程序设计时，可选参数可以考虑用可选关键字替代。

如例 3.8 所示，第一个参数 a 和第二个参数 b 都是输入变量，由于示例是实现两数加法功能，满足加法交换律，因此对处理结果没有影响。如果顺序不同，参数 a 与参数 b 的值也不同，如分别调用 result=thirddoparaandkey(3,4)与 result=thirddoparaandkey(4,3)。

3.7.2　关键字

关键字用于过程或函数中可选择的变量或者表达式的传递。它不但支持变量的传入，而且支持返回变量值。以函数为例，关键字格式如下。

```
function name, para1,…,paran,keyw1=keyw1,…,keywn=keywn
```

说明：关键字一般位于参数之后，如果有多个关键字，用“,”依次隔开。关键字“=”左边，为关键字名称，是过程或函数调用时直接使用的名称，关键字“=”右边是关键字所赋的值，也是在过程或函数内部语句使用的变量。关键字可以通过在关键字名称前加“/”(如/keyw1)调用，或者通过关键字表达式(如 keyw1=1)调用，二者实现的效果是一样的。关键字在程序中的调用不依靠其位置，而是依靠其名称来确定，因此它在调用中的位置不受限制。

如例 3.8 所示，关键字是可选变量，用于控制是否输出运行结果，关键字在程序调用中可以是任意位置，不影响运行结果，如分别调用 result= thirddoparaandkey(/isprint,4,3)和 result=thirddoparaandkey(4,3, isprint=1)。

IDL 支持关键字的继承，又称特殊关键字，即在设计程序时，调用已经设计好的程序，原有关键字仍然有效，这与面向对象程序设计中的继承相似。IDL

关键字的继承允许使用两个特殊关键字_EXTRA 与_REF_EXTRA，其格式分别如下。

_EXTRA=变量

_REF_EXTRA=变量

说明：_EXTRA 使用值传递，_REF_EXTRA 使用地址传递。

特殊关键字_EXTRA 测试程序如下所示。

```
pro Thirddoextra,a,b,_extra=e
  ;使用_extra 关键字继承 thirddoparaandkey 中所有的关键字
  result=thirddoparaandkey(a,b,_extra=e)
end
```

程序运行情况如下。

```
IDL> Thirddoextra,3,4,/isprint
输入参数 a:        3
输入参数 b:        4
输入关键字 isprint:        1
a+b=3+4=       7
```

3.7.3 参数与关键字传递

程序在相互调用过程中，参数和关键字的传递方式是数据传输和交换的关键。正确使用和掌握参数与关键字的传递方式是程序设计的关键。参数和关键字的传递可以分为按值传递和按地址传递两种方式。

参数和关键字按值传递是指在调用程序时，仅把参数和关键字的值传递给形式参数(过程定义时变量的名称或函数定义时等号左边的变量名称称为形式参数，简称形参)。在程序运行过程中，对所有参数和关键字的操作在程序调用结束后不影响参数和关键字的原值。按值传递的数据有常数、数组元素和结构体成员等。

参数和关键字按地址传递是指在调用程序时，把参数和关键字的地址传递给形参。程序运行过程中，对所有参数和关键字的操作在程序调用结束后影响参数和关键字的原值。按地址传递的数据有变量、数组、结构体和指针等。

数组按值传递与地址传递测试程序如下。

```
pro getoppsitenumber,inputpara
  if n_elements(inputpara) ne 0 then begin
     inputpara=-inputpara   ;实现求相反数
     print,'被调用函数中参数处理结果：',inputpara
  end else print,'参数未设置！'
```

```
end
pro Thirddopass
  a=[2,5]
  print,'数组 a 原值: ',a
  getoppsitenumber,a[*]
  print,'数组 a 值传递处理后值: ',a
  getoppsitenumber,a
  print,'数组 a 地址传递处理后值: ',a
end
```

程序调用 getoppsitenumber 后均实现输出输入参数的相反数，其中值传递处理后的数组 a 值不变，地址传递后的数组 a 值整体改变，运行情况如下。

```
数组 a 原值:          2        5
被调用函数中参数处理结果:        -2        -5
数组 a 值传递处理后值:         2        5
被调用函数中参数处理结果:        -2        -5
数组 a 地址传递处理后值:        -2        -5
```

3.7.4　参数与关键字检测

在程序设计过程中，为了保证程序的顺利运行，常常需要对参数和关键字进行检测，并进行初始化或处理。IDL 提供用于参数与关键字检测的程序，如表 3-1 所示。

表 3-1　IDL 提供用于参数与关键字检测的程序列表

名称	说明
N_PARAMS()	返回参数的个数，注意不包括关键字的个数
ARG_PRESENT()	检测参数变量是否存在，如果参数变量存在且按地址传递，则返回真(1)
N_ELEMENTS()	返回变量或数组中元素的个数，若为 0 表示没有定义
KEYWORD_SET()	检测关键字变量是否设置，如果关键字变量设置且值不为 0，则返回真(1)
SIZE()	返回变量的类型和大小等信息
MESSAGE	显示指定字符的提示信息，并且中断运行，如果选择设置 CONTINUE 关键字，显示信息后程序继续运行

参数与关键字检测测试程序如下。

```
function addsample,a,b,isprint=vprint
npara=n_params()
```

```
  ikey=keyword_set(vprint)
  print,'当前输入参数个数：',npara
  if ~ikey then begin
    message,'关键字 isprint 值为：'+string(ikey)+'，表示未设定
',/continue
    vprint=1
  endif else message,'关键字 isprint 值为：'+ string(ikey)+'，
表示已设定',/continue
  if npara ne 2 then begin
    message,'当前输入参数个数为：'+strtrim(npara,2)+'，异常！
' ,/continue
    return,!values.f_nan
  endif else begin
  c=!values.f_nan
    ti=arg_present (a)
    if ti eq 0 then message,'参数 a 检测值为：'+string(ti)+'，
表示值传递！' ,/continue  else message,'参数 a 检测值为：
'+string(ti)+'，表示地址传递！',/continue
    ti=arg_present (b)
    if ti eq 0 then message,'参数 b 检测值为：'+string(ti)+'，
表示值传递！' ,/continue  else message,'参数 b 检测值为：
'+string(ti)+'，表示地址传递！',/continue
    if n_elements(a) ne n_elements(b) then begin
     message,'两个变量数据元素数目不相等！' ,/continue
     return,c
    endif else begin
     c=a+b
     if vprint then print,'a+b=',c
     return,c
    endelse
  endelse
  end
  pro Thirddocheckparaandkey
  ta=indgen(4)+4
  tb=indgen(2,2)+4
```

```
print,'无输入参数与关键字测试：'
res=addsample()
print,'有输入参数(值传递)与无关键字测试：'
res=addsample(ta[*],tb[*])
print,'有输入参数(值传递)与有关键字测试：'
res=addsample(ta[*],tb[*],/isprint)
print,'有输入参数(地址传递)与有关键字测试：'
res=addsample(ta,tb,isprint=0)
print,'有输入参数(地址传递)与有关键字测试：'
res=addsample(ta,tb,isprint=1)
end
```

程序调用 addsample 后无论是否设置关键字 isprint 均实现输出输入两个变量之和，运行情况如下。

```
无输入参数与关键字测试：
当前输入参数个数：            0
ADDSAMPLE：关键字 isprint 值为：         0，表示未设定
ADDSAMPLE：当前输入参数个数为：0，异常！
有输入参数(值传递)与无关键字测试：
当前输入参数个数：            2
ADDSAMPLE：关键字 isprint 值为：         0，表示未设定
ADDSAMPLE：参数 a 检测值为：         0，表示值传递！
ADDSAMPLE：参数 b 检测值为：         0，表示值传递！
a+b=       8       10       12       14
有输入参数(值传递)与有关键字测试：
当前输入参数个数：            2
ADDSAMPLE：关键字 isprint 值为：         1，表示已设定
ADDSAMPLE：参数 a 检测值为：         0，表示值传递！
ADDSAMPLE：参数 b 检测值为：         0，表示值传递！
a+b=       8       10       12       14
有输入参数(地址传递)与有关键字测试：
当前输入参数个数：            2
ADDSAMPLE：关键字 isprint 值为：         0，表示未设定
ADDSAMPLE：参数 a 检测值为：         1，表示地址传递！
ADDSAMPLE：参数 b 检测值为：         1，表示地址传递！
a+b=       8       10       12       14
```

```
有输入参数(地址传递)与有关键字测试:
当前输入参数个数:           2
ADDSAMPLE: 关键字 isprint 值为:          1, 表示已设定
ADDSAMPLE: 参数 a 检测值为:          1, 表示地址传递!
ADDSAMPLE: 参数 b 检测值为:          1, 表示地址传递!
a+b=       8       10       12       14
```

3.8 程序调用

在一个程序文件中可以包含若干个过程与函数，这些过程与函数之间可以相互调用，从而实现功能强大的程序。IDL 提供了命令行程序、包含文件、批处理文件、日志文件、函数、过程、过程文件和主程序等多种操作方式。

3.8.1 程序调用的形式与方式

过程一般调用格式如下。

过程名，[参数列表]，[关键字列表]

如果程序调用的是无参过程，则参数列表与关键字列表可以没有。如果参数列表包含多个参数，各参数用“,”隔开；如果关键字列表包含多个关键字，各关键字表达式用“,”隔开。参数的顺序必须是确定的，关键字的位置是可以任意设定的。

函数一般调用格式如下。

变量=函数名([参数列表]，[关键字列表])

如果程序调用的是无参函数，则参数列表与关键字列表可以没有，但括号不能省略。如果参数列表中包含多个参数，各参数间用“,”隔开；如果关键字列表包含多个关键字，各关键字表达式间用“,”隔开。参数的顺序必须是确定的，关键字的位置可以任意设定。

根据过程与函数在语句中的作用，可以有如下三种调用方式。

(1) 过程语句

把过程调用单独作为一个语句，并不要求过程返回一个值，只是要求过程完成一定的操作，如 print,'IDL'。

(2) 函数表达式

如果函数出现在一个表达式中，这时需要函数返回一个确定的值参加表达式的运算，如 a=max([3,7,5])。

(3) 函数参数

函数的调用作为一个过程或函数的参数或关键字，如 print,max([3,7,5])。

除了上述调用执行方式，IDL 提供了 EXECUTE 函数、CALL_FUNCTION 函数和 CALL_PROCEDURE 过程用于执行过程或函数。例如，求数组[3,7,5]中最大元素并存放在变量 a 中的示例语句如下。

```
IDL>a=call_function('max',[3,7,5])
IDL> void=execute('a=max([3,7,5])')
```

3.8.2 程序的嵌套调用

程序的嵌套调用是指某个过程或函数调用另一个过程或函数，而被调用过程或函数又可以调用另一个过程或函数，依次进行有限次调用，这种调用关系称为嵌套调用。IDL 对程序嵌套调用的层数没有限制。

嵌套调用测试程序如下。

```
function getsum,inputpara
  na=n_elements(inputpara)
  sum=0.0
  for i=0,na-1 do sum=sum+inputpara[i]
  print,'调用 getsum 函数，用于求和，输入数组和为:',sum
  return,sum
end
function getaverage,inputpara
  na=n_elements(inputpara)
  sum=getsum(inputpara)
  avg=sum/na
  print,'调用 getaverage 函数，用于求均值，输入数组均值为:',avg
  return,avg
end
pro Thirddonestcall
  a=indgen(5)+5
  print,'输入数组 a 的值为: ',a
  avg=getaverage(a)
  print,'主函数嵌套调用函数后所求均值为: ',avg
end
```

程序运行情况如下。

```
IDL> Thirddonestcall
输入数组 a 的值为:         5         6         7         8         9
调用 getsum 函数，用于求和，输入数组和为:      35.0000
```

调用 getaverage 函数，用于求均值，输入数组均值为：　　7.00000
主函数嵌套调用函数后所求均值为：　　7.00000

3.8.3 程序的递归调用

程序的递归调用是指某个过程或函数在调用过程中又出现直接或间接地调用该函数本身。这种调用自身的关系称为递归调用。IDL 允许程序的递归调用。

递归调用都是无终止的自身调用。显然，程序不应该出现这种无终止的递归调用，而应该出现有限次、有终止的递归调用。这可以通过 if 语句来控制，只有在某一条件成立时才继续执行递归调用，否则就不再继续。

递归调用测试程序如下。

```
function fac,n
  f=-1
  if n lt 0 then begin
    print,'input data less than 0'
  f=-1
  endif else begin
    if (n eq 0 || n eq 1) THEN f=1 else begin
      f=fac(n-1)*n
    endelse
  endelse
  print,'第'+strtrim(string(n),2)+'次调用 fac 函数,计算值为:
',f
  return,f
end
pro Thirddorecall
  s=fac(5)
  print,'主函数递归调用函数后所求 5 的阶乘为：',s
end
```

程序运行情况如下。

```
IDL> Thirddorecall
第 1 次调用 fac 函数，计算值为：        1
第 2 次调用 fac 函数，计算值为：        2
第 3 次调用 fac 函数，计算值为：        6
第 4 次调用 fac 函数，计算值为：       24
第 5 次调用 fac 函数，计算值为：      120
```

主函数递归调用函数后所求 5 的阶乘为:　　120

3.9　全局变量与局部变量

根据数据在程序执行中的作用范围，变量可以分为全局变量和局部变量。

3.9.1　局部变量

局部变量是指在程序中只在特定过程或函数中访问的变量。局部变量的作用域是创建该变量的程序。在程序设计过程中，需要降低不同模块间的互连程度(即增强模块独立性)，因此需要使用局部变量。

在 IDL 中，局部变量是指在程序中定义或创建的变量不能为其他过程或函数共用的变量。局部变量仅在其所在的过程或函数内部有效，该过程或函数执行结束后自动删除，释放所占的存储空间。如果程序存在局部变量重名，局部变量也仅在其所在的过程或函数内部有效，执行完成后，上一层重名的变量自动恢复。

局部变量测试程序如下。

```
pro dolocal
  s='子过程局部变量设置字符！'
  ;自定义系统变量为说明不是子程序创建的变量都是局部变量
  defsysv,'!sys_s','子过程自定义系统变量设置字符！'
  print,'子过程输出变量 s 为：',s
  print,'子过程输出变量 sys_s 为：',!sys_s
end
pro Thirddolocal
  s='主程序变量设置字符！'
  print,'调用过程 dolocal 前变量 s 为：',s
  dolocal
  print,'调用过程 dolocal 后变量 s 为：',s
  print,'主程序输出变量 sys_s 为：',!sys_s
end
```

程序运行情况如下。

```
IDL> Thirddolocal
调用过程 dolocal 前变量 s 为：主程序变量设置字符!
子过程输出变量 s 为：子过程局部变量设置字符!
子过程输出变量 sys_s 为：子过程自定义系统变量设置字符!
```

调用过程 dolocal 后变量 s 为：主程序变量设置字符!

主程序输出变量 sys_s 为：子过程自定义系统变量设置字符!

3.9.2 全局变量

全局变量是指在程序中创建或系统创建的变量能为其他过程或函数所共用的变量。全局变量的作用域是整个程序。IDL 提供了系统变量和公共变量两种类型的全局变量，其中系统变量参阅 2.2.3 节系统变量，定义公共变量使用 COMMON 语句，其用法如下。

```
COMMON Block_Name,Variable1,…,Variablen
```

说明：公共变量块可以定义一个或多个公共变量，但公共变量块名称不可缺，且公共变量块与 COMMON 之间用空格隔开。一旦公共变量块定义后，公共变量的个数不能再改变，但其数据类型和数值可以改变。公共变量一旦定义，就可以在任意程序中引用，但必须先声明，后使用。声明时可以只声明公共变量块，也可以声明部分变量名称，如果只声明公共变量块，则可以使用所有公共变量，如果声明部分变量名称，则只可以使用声明的部分变量。公共变量块可以通过重启 IDL 程序或在命令行中使用.RESET_SESSION 命令删除。

COMMON 语句测试程序如下。

```
pro doaddextend
 common finfo,filename,data
 filename=filename+'.pro'
end
pro doclear
 common finfo
 filename=''
 data=0
end
pro doprintdata
 common finfo,filename
 print,'调用 doprintdata 后 data 值：',data
end
pro Thirddocommon
  common finfo,filename,data
  filename='F:\IDLprogram\Third\thirddocommon'
  data=[4,8]
  print,'filename 初始值：',filename
```

```
  print,'data 初始值: ',data
  doaddextend
  print,'调用 doaddextend 后 filename 值: ',filename
  print,'调用 doaddextend 后 data 值: ',data
  doclear
  print,'调用 doclear 后 filename 值: ',filename
  print,'调用 doclear 后 data 值: ',data
  ;doprintdata 用于测试部分全局变量的设置
  doprintdata
end
```

程序运行情况如下。

```
IDL> Thirddocommon
filename 初始值: F:\IDLprogram\Third\thirddocommon
data 初始值:          4       8
调用doaddextend后filename值:F:\IDLprogram\Third\ thirddo
common.pro
调用 doaddextend 后 data 值:          4       8
调用 doclear 后 filename 值:
调用 doclear 后 data 值:          0
% PRINT: Variable is undefined: DATA.
% Execution halted at: DOPRINTDATA  30 ..\thirddocommon.pr o
%                      THIRDDOCOMMON   45 ..\thirddocommon.pro
%                      $MAIN$
```

除系统变量，设置全局变量的作用是增加程序间数据联系的通道，但建议在非必要时不使用全局变量，因为全局变量在整个程序运行过程中有效，而不是在需要时才开辟存储单元。全局变量降低模块的独立性，因为程序在执行时依赖其所在的外部变量(在程序之外定义的变量)。此外，过多全局变量的使用，会降低程序的清晰性，人们往往难以清楚地判断出瞬间每个外部变量的值，任何外部变量值的改变都可能影响程序的执行结果。

3.10　程序实例分析

例 3.9　“鸡兔同笼”问题：有若干只鸡兔同在一个笼子里，从上面数有 35 个头，从下面数有 94 只脚，编程求出问笼中各有多少只鸡和兔。

分析：假设有 x 只兔，则有$(35-x)$只鸡，根据共有 94 只脚可以建立如下方程：$4x+2(35-x)=94$。程序如下。

```
pro crsolution,heads,legs
   print,heads,'个头',legs,'只脚的鸡兔同笼问题的解如下：'
  for i=0,legs/4 do begin
    if 4*i+2*(35-i) eq legs then begin
      print,35-i,'只鸡，',i,'只兔'
      break
    endif
  endfor
  if i gt fix(legs/4) then print,'当前鸡兔同笼问题无解！'
end
pro thirddocrsolution
  crsolution,35,94
  crsolution,35,144
end
```

程序运行情况如下。

```
IDL>thirddocrsolution
      35 个头       94 只脚的鸡兔同笼问题的解如下：
      23 只鸡，      12 只兔
      35 个头      144 只脚的鸡兔同笼问题的解如下：
当前鸡兔同笼问题无解！
```

类似的还有“百钱买百鸡”等问题，读者可以自己尝试编写相应程序。

例 3.10 判别任一给定年份是否为闰年。

分析：判断一年是否为闰年必须满足能被 4 整除，但不能被 100 整除或者既能被 4 整除又能被 400 整除。程序如下。

```
pro leapyear,year
if n_elements(year) eq 0 then begin
  print,'待判断年份不存在，请确认！'
  return
endif
leap=0
if (year mod 4 eq 0) then begin
  if (year mod 100 eq 0) then begin
    if year mod 400 eq 0 then  leap=1
```

```
  endif else leap=1
endif
if leap then print,year,'年是闰年! ' else print,year,'年不
是闰年!'
end
pro thirddoleapyearsample
  year=1900
  leapyear,year
  year=2000
  leapyear,year
  year=1992
  leapyear,year
  year=2005
  leapyear,year
end
```

程序运行情况如下。

```
IDL> doleapyearsample
    1900 年不是闰年!
    2000 年是闰年!
    1992 年是闰年!
    2005 年不是闰年!
```

上述示例程序用到三层嵌套的 IF 语句，读者可以考虑使用逻辑表达式来简化程序，其中判断闰年的逻辑表达式可以表示为(year mod 4 eq 0 && year mod 100 ne 0) || (year mod 400 eq 0)。

例 3.11　分别用起泡排序法和选择排序法由小到大对[1,3,6,2,5]进行排序。

分析：起泡排序法的思路是依次将相邻两个数进行比较，若为逆序，则将两个元素交换，直至第 $n-1$ 个记录和第 n 个记录进行比较为止。上述过程为第一趟起泡排序，数组的最大值被调整至最后一位上，然后进行第二趟起泡排序，对其前 $n-1$ 个记录进行相同操作，其结果为第二大的元素被调整至第 $n-1$ 的位置上，依此类推直至数据元素没有调整，最坏的情况需要操作 $n-1$ 趟。起泡排序法程序如下。

```
pro bubblesort,data
dn=n_elements(data)
if dn eq 0 then begin
```

```
    print,'待起泡排序数组不存在，请确认！'
    return
  endif
  for icount=0,dn-2 do begin
  tag=0
    for i=0,dn-2-icount do begin
      if (data[i] gt data[i+1]) then begin
        t=data[i]
        data[i]=data[i+1]
        data[i+1]=t
        tag=1
      endif
       print,'第'+strtrim(string(icount+1),2)+'趟中间处理结果:
',data[0:dn-icount-1]
    endfor
    print,'第'+strtrim(string(icount+1),2)+'趟排序后待排元素:
',data[0:dn-icount-2]
    if tag eq 0 then break
  endfor
   print,'起泡排序法排序结果：    ',data
  end
```

程序运行情况如下。

```
IDL> bubblesort,[1,3,6,2,5]
```

第 1 趟中间处理结果:	**1**	**3**	6	2	5
第 1 趟中间处理结果:	1	**3**	**6**	2	5
第 1 趟中间处理结果:	1	3	**2**	**6**	5
第 1 趟中间处理结果:	1	3	2	**5**	**6**
第 1 趟排序后待排元素:	1	3	2	5	
第 2 趟中间处理结果:	**1**	**3**	2	5	
第 2 趟中间处理结果:	1	**2**	**3**	5	
第 2 趟中间处理结果:	1	2	**3**	**5**	
第 2 趟排序后待排元素:	1	2	3		
第 3 趟中间处理结果:	**1**	**2**	3		
第 3 趟中间处理结果:	1	**2**	**3**		
第 3 趟排序后待排元素:	1	2			

起泡排序法排序结果：1　　　2　　　3　　　5　　　6

选择排序法的思路每一趟在 $n-i+1(i=1,2,\cdots,n-1)$个元素中选择最小的元素作为数组的第 i 个元素，依次类推，直至第 $n-1$ 趟。选择排序法程序如下。

```
pro selectsort,data
  dn=n_elements(data)
  if dn eq 0 then begin
     print,'待选择排序数组不存在，请确认！'
     return
  endif
  for i=0,dn-2 do begin
    k=i
    for j=i+1,dn-1 do begin
      if (data[j] lt data[k]) then begin
       k=j
      endif
    endfor
      if (k ne i) then begin
        t=data[i]
        data[i]=data[k]
        data[k]=t
      endif
     print,' 第 '+strtrim(string(i+1),2)+' 趟 处 理 结 果 :
',data[i:*]
     print,'第'+strtrim(string(i+1),2)+'趟排序后待排序元素:
',data[i+1:*]
  endfor
  print,'选择排序法排序结果：',data
end
```

程序运行情况如下。

```
IDL> selectsort,[1,3,6,2,5]
第 1 趟处理结果:          1    3    6    2    5
第 1 趟排序后待排序元素:   3    6    2    5
第 2 趟处理结果:          2    6    3    5
第 2 趟排序后待排序元素:   6    3    5
第 3 趟处理结果:          3    6    5
```

第 3 趟排序后待排序元素：　6　5
第 4 趟处理结果：　**5**　6
第 4 趟排序后待排序元素：　6
选择排序法排序结果：　1　2　3　5　6

在 IDL 中，除上述自定义的起泡排序和选择排序程序，IDL 自带 SORT 函数，用于实现数据从小到大排序，但不直接支持从大到小排序，请读者思考如何利用 IDL 自带的 SORT 函数实现数据从大到小排序。起泡排序、选择排序和 IDL 自带的 SORT 函数实现数据从大到小排序的测试程序请参考 thirddosort，读者可以自行运行并分析处理结果。

例 3.12　随机生成二维数组，编程求出其中最大元素的值及其所在的行列号。

分析：使用 randomu 函数随机生成二维数组，按照先列后行的顺序遍历整个数组，找出数组中最大的数据元素。程序如下。

```
pro getmaxdata,data
if n_elements(data) eq 0 then begin
  print,'待处理数据不存在，请确认！'
  return
endif
datainfo=size(data)
if datainfo[0] ne 2 then begin
  print,'待处理数据非二维数组，请确认！'
endif
col=datainfo[1]
row=datainfo[2]
mdata=data[0,0]
gcol=0
grow=0
for i=0,row-1 do begin
  for j=0,col-1 do begin
    if data[j,i] gt mdata then begin
      mdata=data[j,i]
      gcol=j
      grow=i
    endif
  endfor
```

```
endfor
print,'最大值为：',data[gcol,grow],'，所在列：',gcol,'，所在行：',grow
end
```

在 IDL 中，除上述自定义求数组最大值，IDL 自带了 MAX 函数，用于实现数据取最大值，通过 ARRAY_INDICES 函数输出行列号。程序如下。

```
pro thirddogetmaxdata
seed=1001
data=fix(randomu(seed,5,5)*100)
print,data
getmaxdata,data
mx=max(data,location)
index=array_indices(data,location)
print,'IDL 函数获取最大值为：',mx,'，所在列：',index[0],'，所在行：',index[1]
end
```

程序运行情况如下。

```
IDL> thirddogetmaxdata
      89      94      46      61      74
      11      26      21      24      27
      47      33      11      16      60
      15      82      45      69      76
      97      92      35      59      65
最大值为：      97，所在列：       0，所在行：       4
IDL 函数获取最大值为：      97，所在列：       0，所在行：       4
```

如果出现数组中有存在多个最大值，上述程序均输出最大值第一次出现时对应的行列号。请读者思考如何改写程序，实现如果有多个最大值，输出所有最大值对应的行列号。

第 4 章　面向对象的程序设计

至此，我们主要介绍的是 IDL 在面向过程的程序设计中的应用。面向过程的程序设计使结构化的技术得到提升。对于规模较小的程序，用户可以直接编写面向过程的程序，详细描述每个数据结构及对其的操作过程。当程序规模较大且复杂时，结构化程序设计方法就显得力不从心了。为解决软件设计危机，20 世界 80 年代面向对象的程序设计(object oriented programming，OOP)被提出，面向对象的程序设计语言应运而生。IDL 是一种既支持面向过程，又支持面向对象的程序设计语言。

4.1　面向对象的程序设计概述

面向对象方法学的出发点和基本原则是尽可能模拟人类习惯的思维方式，使开发软件的方法和过程尽可能接近人类认识世界和解决问题的方法与过程，也就是使描述的问题空间(也称为问题域)与实现解法的解空间(也称为求解域)在结构上尽可能一致。传统结构化程序设计以功能为中心，主要任务是编写完成不同功能的过程(过程或函数)，而面向对象程序的设计是以数据为中心，主要任务是编写包含多种功能的类。

面向对象的程序设计是把一个复杂的问题分解成多个能够完成独立功能的对象(类)，然后把这些对象组合起来解决复杂的问题。它是软件工程理论中结构化程序设计、数据抽象、信息隐藏、知识表示及并行处理等各种理论的积累与发展。1980 年，Booch 提出面向对象的设计概念，之后面向对象的分析开始出现。进入 20 世纪末，由于 Windows 系统的广泛使用，软件开发工具都支持面向对象的程序设计，推动了面向对象程序设计的发展。

4.1.1　面向对象的概念

1. 对象

在应用领域中有意义的、与所要解决的问题有关系的任何事物都可以作为对象。它既可以是物理实体的抽象，也可以是人为的概念，或者是任何有明确边界和意义的东西。例如，人和计算机都是真实的事物，而思想和程序等都是抽象的事物。由于客观世界中的实体通常都既具有静态的属性(如人的身高、体重等)，又具有动态的行为(如人的工作、休息等)。在计算机科学研究中，将这些现实世界中的事物称为对象。对象是包含现实世界中事物特征的抽象实体，反映系统为之保存的信息和与之交互的方法。面向对象方法学中的对象是由描述该对象属性的数据及可以对这些数据施加的所有操作封装在一起构成的统一体。

2. 类

为了描述属性和行为相同的一类对象，引入类(Class)的概念。类是具有相同数据结构(属性)和相同操作功能(行为)的对象的集合，规定了这些对象的公共属性和行为方法。例如，图形工作站、服务器、笔记本电脑，虽然它们的品牌、性能等各异，但基本特征是相似的，都可以用于运算，因此可以用“计算机”类来定义。

3. 实例

实例就是有某个特定类描述的一个具体对象。类是对具有相同属性和行为的一组相似对象的抽象，类在现实世界中并不能真正存在。谁也没有见过抽象的“计算机”，只有一台台具体的计算机。

当使用“对象”这个术语时，既可以指一个具体的对象，也可以泛指一般的对象，但是当使用“实例”这个术语时，必然指一个具体的对象。

4. 消息

消息是要求某个对象执行在定义它的那个类中定义的某个操作的规格说明。通过消息可以实现对象间的通信。通常，一个消息由 3 部分组成，即接收消息的对象、消息名称、零个或多个参数。

5. 方法

方法也称为成员函数，是对象所能执行的操作，也就是类中定义的服务。方法描述了对象执行操作的算法，响应消息的方法。

6. 属性

属性是类中定义的数据，是对客观世界实体具有的性质的抽象。类的每个实例都有自己特有的属性值。

4.1.2　面向对象程序设计的特征

面向对象的程序设计方法具有 4 个基本特征，即抽象、封装、继承和多态性。

抽象(Abstract)就是忽略一个问题中与当前目标无关的方面，以便将注意力放在与当前目标有关的方面。抽象并不打算解决全部问题，而是选择其中的一部分，暂时不考虑一些细节问题。抽象包括过程抽象和数据抽象。过程抽象是指任何一个明确定义功能的操作都可以被使用者作为单个的实体看待，尽管这个操作实际上可能由一系列更低级的操作完成。数据抽象定义数据类型和施加于该类型对象上的操作。

封装(Encapsulation)是面向对象的程序设计的一个主要特征，是把每个对象的数据(属性)和方法(操作)包装在一个类中。一个对象好像一个不透明的黑盒子，表示对象状态的数据和操作的代码与局部数据都封装在黑盒子里面，从外面是看不见的，更不能从外面直接访问或修改这些数据和代码。在使用一个对象的时候，只需要知道它向外界提供的形式接口，不需知道它的数据结构细节和实现操作的算法。

继承(Inheritance)是子类自动地共享基类中定义的数据和方法的机制。继承具有传递性，子类继承现有类的特性，并且可以修改或增加新的数据和方法，使之适合具体需要，可以很好地解决软件的可重用性问题。

多态性(Polymorphism)是指同一操作作用于不同的对象，可以有不同的解释，并产生不同的执行效果。多态性机制不但可以增加面向对象的软件系统的灵活性，进一步减少信息冗余，而且可以显著提高软件的可重用性和可扩展性。

通过使用面向对象的程序设计的抽象、封装、继承和多态性等机制，程序更易于维护、更新和升级。利用代码的可重用性，编程人员可以在程序中大量使用成熟的类库，从而缩短开发周期，提高编程人员的工作效率和程序的可靠性。

4.2 IDL 类

IDL 面向对象的编程实质上就是面向类的编程，只有定义和实现类，才能创建对象，通过对象使用定义的成员。

4.2.1 类的创建和调用

IDL 类将对象的属性抽象为数据成员(成员变量)，对象的行为抽象为成员过程或成员函数(方法)，并对它们进行封装。IDL 创建类的基本形式如下。

```
pro 类名_define
  struct={ 类名,成员变量 1:值 1,…,成员变量 n:值 n }
end
pro 类名::方法名[,参数 1,…,参数 n][,关键字 1=keyw1,…,关键字
```

```
n=keywn]
    语句序列
  end
  function 类名::方法名[,参数 1,…,参数 n] [,关键字 1=keyw1,…,关键字 n=keywn]
    语句序列
    return,表达式
  end
```

说明：类的定义由关键字“pro”开始，过程名由用户定义的类名、下划线“_”和“define”共同组成。类名和过程名的关系必须严格按照上述格式。类定义过程内部包含一个命名结构体，结构体名称为类名，结构体成员变量即为类成员变量，n 表示类中成员的初始值。需要注意的是，IDL 类的成员变量为私有变量，不允许外界存取，但可以通过增加方法，向外界提供类中的成员变量，通过成员操作符“.”访问。

方法的创建形式与一般过程或函数的定义形式基本相同，由关键字“pro”或“function”开始，过程或方法名必须由类名、作用域限定符“::”和方法名组成。方法创建后，可以通过成员操作符(又称方法调用符)“.”或方法调用符“->”访问。IDL 在设计方法时，可以提供一个特殊的隐式引用变量“self”，用于指向对象本身。

例 4.1　创建一个时间(Time)类。

```
pro Time_define
  struct={Time,hour:0,minute:0,second:0}
end
pro Time::SetTime,hour,minute,second
  if n_elements(hour) then self.hour=0>hour<24
  if n_elements(minute) then self.minute=0>minute<60
  if n_elements(second) then self.second=0>second<60
end
function Time::GetTime
  return,[self.hour,self.minute,self.second]
end
pro Time::ShowTime
  print,format='(" 小 时 : ",I-2," 分 钟 : ",I-2," 秒 :
",I-2)',self.hour,self.minute,self.second
end
```

时间(Time)类包含 hour、minute、second 三个成员变量，它们只能在类的方法中被访问或赋值。Time 类包含 SetTime 和 ShowTime 两个成员过程，以及一个 SetTime 成员函数。Time 类一旦创建(如 sTime)，就可以根据需要调用相应的方法。需要注意的是，sTime 可以通过“.”或“->”调用 SetTime、ShowTime 和 SetTime 方法，如 sTime.SetTime 或 sTime->SetTime 都是合法的，但不可以直接调用成员变量，如 sTime.hour 是非法的。如果在方法内部，可以通过“self”来访问成员变量，如 self.hour 是合法的，self->hour 是非法的；“self”也可以访问方法，如 self.ShowTime 或 self->ShowTime 都是合法的。

类和方法创建之后，就可以封装成一个类文件。调用例 4.1 创建的类示例代码如下。

```
IDL>sTime=obj_new('time',16,8,4);目前此语句与 sTime=obj_
;new('time')语句执行效果一样，虽然传递初始输入参数，实际并没有初始化，
;具体内容将下节介绍。
IDL> sTime->ShowTime
小时：0  分钟：0  秒：0
IDL> stime.SetTime,16,08,04
IDL> sTime->ShowTime
小时：16 分钟：8  秒：4
IDL> gettime=stime->GetTime()
IDL> print,gettime
     16       8       4
```

4.2.2 构造函数和析构函数

构造函数(Constructor)是一种特殊的成员函数，提供对成员变量进行初始化的方法，使得在创建对象时能自动地初始化对象。当程序创建一个对象时，系统会自动调用该对象所属类的构造函数。

析构函数(Destructor)也是一种特殊的成员函数，但它的作用与构造函数相反，主要用于释放资源。当一个对象生命期结束时，系统就会自动调用该对象所属类的析构函数。

IDL 与其他高级语言不同，其中构造函数通过 Init 方法实现，析构函数通过 Cleanup 方法实现，可以有返回值。

例 4.2 为时间(Time)类添加构造函数 Init 和析构函数 Cleanup。

```
function Time::init,hour,minute,second
  if n_params() ne 3 then begin
    print,'构造函数调用，初始化输入参数异常，请确认后再试！'
```

```
    return,0
  endif else begin
    self.hour=hour
    self.minute=minute
    self.second=second
    print,'构造函数成功调用！'
    return,1
  endelse
end
pro Time::cleanup
  print,'析构函数调用！'
end
```

当创建一个对象时，系统先根据类定义的成员变量为对象分配内存空间，然后自动调用构造函数进行初始化，当销毁一个对象时，系统自动调用对象的析构函数，然后释放对象所占的内存空间。

需要说明的是，如果定义类时，没有提供构造函数和析构函数，编译系统会自动为类分别添加一个默认的构造函数和析构函数，执行空操作(如例 4.1)。如果用户加上自定义的构造函数或析构函数，则以用户定义的构造函数或析构函数为准，系统不再添加默认的构造函数和析构函数。

将例 4.2 的方法添加到例 4.1 中，封装成一个类文件。调用时间类的示例程序如下。

```
pro Fourtimesample
  nTime=obj_new('time')              ;无参数初始化
  sTime=obj_new('time',16,8,4)                   ;有参数初始化
  sTime->ShowTime                    ;显示时间
  gettime=stime->GetTime()           ;获取时间
  print,gettime[0],gettime[1],gettime[2]         ;输出时间
  sTime->SetTime,80,80,80            ;设置时间(异常值)
  sTime->ShowTime
  obj_destroy,[sTime,nTime]          ;销毁对象
end
```

程序运行情况如下。

```
IDL> Fourtimesample
构造函数调用，初始化输入参数异常，请确认后再试!
构造函数成功调用!
```

```
小时：16 分钟：8  秒：  4
      16       8       4
小时：24 分钟：60 秒：60
析构函数调用!
```

从程序运行结果可以看出，即使没有调用构造函数和析构函数，系统也会默认调用构造函数和析构函数，先调用构造函数，后调用析构函数。

4.3　类的继承

继承是面向对象的程序设计方法的重要特征之一。在 IDL 程序设计中，所谓类的继承就是利用现有的类创建一个新的类。新类根据需要扩展和完善继承现有类的属性和方法，而不必重新设计新的类。

在继承关系中，新创建的类称为被继承类的派生类(Derived Class)或子类，而被继承的类称为新定义类的基类(Base Class)或父类。派生类继承了基类的所有成员，并且一个派生类也可以成为另一个派生类的基类。派生类的创建格式如下。

```
pro 类名_define
struct={类名,inherits 基类名,成员变量 1:值 1,…,成员变量 n:值 n}
end
pro 类名::方法名[,参数 1,…,参数 n] [,关键字 1=keyw1,…,关键字 n=keywn]
   语句序列
end
或
pro 类名::方法名[,参数 1,…,参数 n] [,关键字 1=keyw1,…,关键字 n=keywn]
   self->基类名::方法名[,参数 1,…,参数 n] [,关键字 1=keyw1,…,关键字 n=keywn]
   语句序列
end
function 类名::方法名[,参数 1,…,参数 n] [,关键字 1=keyw1,…,关键字 n=keywn]
   语句序列
   return,表达式
end
```

或

function 类名::方法名[,参数 1,…,参数 n] [,关键字 1=keyw1,…,关键字 n=keywn]

self->基类名::方法名[,参数 1,…,参数 n] [,关键字 1=keyw1,…,关键字 n=keywn]

语句序列

return,表达式

end

说明：派生类的创建与类的创建相似，不同的是在命名结构体内的基类名前必须加上继承说明“inherits”。派生类继承基类所有的成员变量，也可以创建自己的成员变量。

派生类方法继承基类的所有方法，也可以创建自己的方法。如果是继承基类的方法，则需要使用“self->基类名::方法名”继承基类方法，然后接重新定义语句，如果创建自己的方法，则与创建类的方法相同。

例 4.3　分别创建通用类 fshape、派生类 circle 和派生类 cylinder。

通用类 fshape 如下。

```
pro fshape_define
  strcut={fshape,x:0.0,y:0.0,z:0.0}
end
function fshape::init,x,y,z
  if n_elements(x) then self.x=x
  if n_elements(y) then self.y=y
  if n_elements(z) then self.z=z
  return,1
end
pro fshape::getproperty,x=x,y=y,z=z
  if arg_present(x) then x=self.x
  if arg_present(y) then y=self.y
  if arg_present(z) then z=self.z
end
pro fshape::setproperty,x=x,y=y,z=z
  if keyword_set(x) then self.x=x
  if keyword_set(y) then self.y=y
  if keyword_set(z) then self.z=z
end
```

```
function fshape::area
  return,1
end
```

派生类 circle 如下。

```
pro circle_define
  strcut={circle,inherits fshape} ;不增加成员变量
end
function circle::init,radius
if n_params() ne 1 then begin
   print,'circle类创建没有输入半径，创建失败！'
   return,0
endif else begin
  ista=self->fshape::init(radius) ;继承 fshape 类的初始化方法
  return,ista
endelse
end
;;继承 fshape 类的 getproperty 方法和 x 关键字
pro circle::getproperty,radius=radius
  if arg_present(radius) then self->fshape::getproperty,
x=radius;
end
;;继承 fshape 类的 getproperty 方法和 x 关键字，使用_ref_extra
;;继承其他关键字
pro circle::getproperty_e,radius=radius,_ref_extra=e
;用于示例
  if arg_present(radius) then self->fshape::getproperty,
x=radius;
  self->fshape::getproperty,_extra=e ;继承其他关键字
end
;;继承 fshape 类的 setproperty 方法和 x 关键字
pro circle::setproperty,radius=radius
  if keyword_set(radius) then self->fshape::setproperty,
x=radius;
end
;;继承 fshape 类的 setproperty 方法和 x 关键字，使用_ref_extra
```

```
;;继承其他关键字
pro circle::setproperty_e,radius=radius,_ref_extra=e
                                    ;用于示例
  if keyword_set(radius) then self->fshape::setproperty,
x=radius
  self->fshape::setproperty,_extra=e
end
function circle::area  ;重新改写 area 方法
  self->getproperty,radius=r
  return,!pi*r*r
end
```

派生类 cylinder 如下。

```
pro cylinder_define
  strcut={cylinder,inherits circle,height:0.0}
end
function cylinder::init,radius,height
if n_params() ne 2 then begin
   print,'cylinder类创建没有输入半径和高度，创建失败！'
   return,0
endif else begin
  ista=self->circle::init(radius)
  if n_elements(height) then self.height=height
  return,ista
endelse
end
pro cylinder::getproperty,radius=radius,height=height
  if arg_present(radius) then  self->circle::getproperty,
radius=radius
  if arg_present(height) then height=self.height
end
pro cylinder::setproperty,radius=radius,height=height
  if keyword_set(radius) then self->circle::setproperty,
radius=radius
  if keyword_set(height) then self.height=height
end
```

```
function cylinder::area
  circlearea=self->circle::area()
  self->circle::getproperty,radius=r
  return,2* circlearea+2*!pi*r*self.height
end
```

通用类 fshape 包含 3 个成员变量和 4 个方法。派生类 circle 没有自定义成员变量，其变量 radius 继承 shape 类的成员变量 x，初始化也是通过 shape 类的构造函数进行初始化，重新定义了 area 方法。为了示例继承基类成员变量，增加了 getproperty_e 和 setproperty_e 方法。如果不使用 radius 继承 shape 类的成员变量 x，可以通过以下方法继承成员变量。

```
pro circle::getproperty,x=x,y=y,z=z
  if arg_present(x) then self->fshape::getproperty,x=x
  if arg_present(y) then self->fshape::getproperty,y=y
  if arg_present(z) then self->fshape::getproperty,z=z
end
```

派生类 cylinder 继承了 circle 类，增加了成员变量 height，继承并重新扩展了所有方法。需要注意，此处是主要示例派生类继承了基类的所有成员，并且一个派生类也可以成为另一个派生类的基类，cirle 类相对 fshape 类而言是派生类，而相对 cylinder 类而言是基类。在实际使用中，cylinder 类也可以继承 fshape 类，稍微改写就可以实现相同的功能。

类的继承示例程序如下。

```
pro Fourinheritssample
 scir=obj_new('circle',3)
 scir->getproperty,radius=radius
 print,'fshape 类 getproperty 方法获取变量 radius 值为：
',radius
 scir->getproperty_e,radius=radius,x=x,y=y,z=z
 print,'fshape 类 getproperty_e 方法获取变量 radius 值为：
',radius,'基类 shape 变量 x 值为：',x,'基类 shape 变量 y 值为：',y,'
基类 shape 变量 z 值为：',z
 carea=scir->area()
 print,'fshape 类 area 方法获取的面积为：',carea
 scir->setproperty,radius=4
 scir->getproperty_e,radius=radius,x=x,y=y,z=z
 print,'fshape 类 getproperty_e 方法获取变量 radius 值为：
```

```
',radius,'基类 shape 变量 x 值为：',x,'基类 shape 变量 y 值为：',y,'
基类 shape 变量 z 值为：',z
    carea=scir->area()
    print,'fshape 类 area 方法获取的面积为：',carea
    scir->setproperty_e,x=5,y=6,z=6
    scir->getproperty_e,radius=radius,x=x,y=y,z=z
    print,'fshape 类 getproperty_e 方法获取变量 radius 值为：
',radius,'基类 shape 变量 x 值为：',x,'基类 shape 变量 y 值为：',y,'
基类 shape 变量 z 值为：',z
    carea=scir->area()
    print,'fshape 类 area 方法获取的面积为：',carea
    ;;派生类 circle 作为基类示例，注意继承类 cylinder 仅继承了基类的
    ;;成员变量 radius
    scyl=obj_new('cylinder',2,5)
    scyl->getproperty,radius=radius,height=height
    print,'cylinder 类 getproperty 方法获取变量 radius 值为：
',radius,'变量 height 值为：',height
    scyarea=scyl->area()
    print,'cylinder 类 area 方法获取的面积为：',scyarea obj_
destroy,[scir,scyl]
   end
```

程序运行情况如下。

```
   IDL> Fourinheritssample
   fshape 类 getproperty 方法获取变量 radius 值为：       3.00000
   fshape 类 getproperty_e 方法获取变量 radius 值为：       3.00000
基类 shape 变量 x 值为：       3.00000 基类 shape 变量 y 值为：
0.000000 基类 shape 变量 z 值为：       0.000000
   fshape 类 area 方法获取的面积为：       28.2743
   fshape 类 getproperty_e 方法获取变量 radius 值为：       4.00000
基类 shape 变量 x 值为：       4.00000 基类 shape 变量 y 值为：
0.000000 基类 shape 变量 z 值为：       0.000000
   fshape 类 area 方法获取的面积为：       50.2655
   fshape 类 getproperty_e 方法获取变量 radius 值为：       5.00000
基类 shape 变量 x 值为：       5.00000 基类 shape 变量 y 值为：
6.00000 基类 shape 变量 z 值为：       6.00000
```

```
fshape类area方法获取的面积为：        78.5398
cylinder类getproperty方法获取变量radius值为：        2.00000
变量height值为：        5.00000
cylinder类area方法获取的面积为：        87.9646
```

上述程序分别示例了基类和派生类的创建和调用。从运行结果可以看出，派生类继承了基类的成员变量与方法，使用关键字_ref_extra 可以继承基类成员变量，也可以通过制定关键字继承成员变量。通过设置基类与派生类的成员变量值可以看出，继承类的成员变量值的改变将改变基类成员变量值(scir->setproperty, radius=4 执行后对应的 x 值由 0 变为 4)，同样基类变量值的改变也将改变派生类的变量值(scir->setproperty_e, x=5, y=6, z=6 执行后对应 radius 值由 4 变为 5)。由于在 cylinder 类中，没有继承 circle 类对应基类的 x, y 和 z，因此无法对相应变量进行访问和赋值。如果在程序中添加“scyl->getproperty, x=x”则会出错，提示“% Keyword X not allowed in call to: CYLINDER::GETPROPERTY”。

4.4 类的多态性

多态性也是面向对象的程序设计方法的一个重要特征。在类等级的不同层次中可以共享(公用)一个属性、方法的名字，然而不同层次中的每个类却各自按照需求来实现这个方法，或设置与获取这个属性。当对象接收到发送给它的消息时，根据该对象所属的类动态选用在该类中定义的实现算法，或设置和获取属性值。

在例 4.3 中，类 fshape、类 circle 和类 cylinder 均定义了用于计算面积的方法 area()，其中 fshape 类似抽象类，无论什么初始值，均返回 1。类的多态性示例程序如下。

```
pro Fourpolymorphismsample
 sshape=obj_new('fshape',4,4,4)
 area=sshape->area()
 print,'fshape类调用area结果为：',area
 scir=obj_new('circle',4)
 area=scir->area()
 print,'circle类调用area结果为：',area
 scyl=obj_new('cylinder',2,5)
 area=scyl->area()
 print,'cylinder类调用area结果为：',area
 sshape->setproperty,x=2
```

```
 area=sshape->area()
 print,'fshape类调用area结果为: ',area
 area=scir->area()
 print,'circle类调用area结果为: ',area
 scyl=obj_new('cylinder',2,5)
 area=scyl->area()
 print,'cylinder类调用area结果为: ',area
 scir->setproperty,radius=2
 area=sshape->area()
 print,'fshape类调用area结果为: ',area
 area=scir->area()
 print,'circle类调用area结果为: ',area
 area=scyl->area()
 print,'cylinder类调用area结果为: ',area
 scyl->setproperty,radius=4
 area=sshape->area()
 print,'fshape类调用area结果为: ',area
 area=scir->area()
 print,'circle类调用area结果为: ',area
 area=scyl->area()
 print,'cylinder类调用area结果为: ',area
 obj_destroy,[sshape,scir,scyl]
end
```

程序运行情况如下。

```
IDL> Fourpolymorphismsample
fshape类调用area结果为:        1
circle类调用area结果为:       50.2655
cylinder类调用area结果为:       87.9646
fshape类调用area结果为:        1
circle类调用area结果为:       50.2655
cylinder类调用area结果为:       87.9646
fshape类调用area结果为:        1
circle类调用area结果为:       12.5664
cylinder类调用area结果为:       87.9646
fshape类调用area结果为:        1
```

```
circle类调用area结果为：        12.5664
cylinder类调用area结果为：        226.195
```

从上述示例程序运行结果看，尽管 fshape 类、circle 类和 cylinder 类存在继承关系，但由于方法已经改写，因此不同的类调用 area 方法，做出不同的响应，减少信息冗余，可以提高程序的可重用性和可扩展性。此外，示例程序的运行结果表明，对于某一具体对象，其成员变量值的改变不影响其他对象的变量值和方法的处理结果，如语句“scir->setproperty,radius=2”仅对 scir 对象起作用，尽管它是 fshape 类的派生类，是 cylinder 类的基类，其成员变量和方法不受 scir 对象成员变量的影响。

前面主要介绍了面向对象的程序设计的基础知识，通过这些知识的学习，读者可以基于面向对象的编程思想实现自己的算法。IDL 也提供了多种预先设计并封装好的类，用于实现不同的应用需求。限于篇幅，随后的章节介绍部分 IDL 提供的类，未涉及的，读者可以查阅帮助或者相关资料。

第 5 章　输入与输出

所谓输入输出是对计算机而言的。IDL 可以快速、有效地读写不同数据格式的文件，处理不同类型数据，便于后续分析与可视化。本章将详细介绍数据和文件的输入与输出。

5.1　数据输入与输出

IDL 提供的输入输出过程如表 5-1 所示。

表 5-1　输入输出过程

过程	说明
PRINT	格式：PRINT [,Expression1,...,Expressionn][,AM_PM=[string,string]][,DAYS_OF_WEEK=string_array{7 names}][,FORMAT=value][,MONTHS=string_array{12 names}][,/STDIO_NON_FINITE] 功能：按照一定格式输出数据(输出到屏幕)
READ	格式：READ, [Prompt,] Var1,...,Varn [,AM_PM=[string,string]][,DAYS_OF_WEEK=string_array{7 names}][,FORMAT=value][,MONTHS=string_array{12 names}][,PROMPT=str ing] 功能：按照一定格式输入数据(从键盘输入)
READS	格式：READS,Input,Var1,...,Varn[,AM_PM=[string,string]][,DAYS_OF_WEEK=string_array{7 names}][,FORMAT =value][,MONTHS=string_array{12 names}] 功能：从字符串中读取格式化数据

前面章节已经基于 IDL 默认格式使用 PRINT 和 READ 过程实现输入输出数据。IDL 支持格式化数据输入输出，用户可以根据自己的需求设计输入输出格式，由关键字 FORMAT 控制，FORMAT 格式描述如下。

FORMAT='(格式描述)'

说明：由表 5-1 可知，FORMAT 同时适用于输入输出过程，其格式描述可以用[n]FC[+][−][width]表示。格式字符的含义如表 5-2 所示。对于多值处理，格式可以重复使用，如果用多个格式代码，这些代码需要用逗号隔开，使用括号将多个格式代码括起来，表示重复使用格式代码。字符串也可用于格式代码，但必须使用双引号表示。格式代码从左向右使用，若格式代码多于变量，多余的格式代码无效；若格式代码少于变量，用完后从头开始重复使用。

表 5-2　格式输出符号含义

符号	说明
n	表示格式控制符重复次数，默认为 1 次
FC	表示格式控制符，详细说明如表 5-3 所示
+	表示在输出数字前加“+”前缀符号，仅数字格式化输出有效
–	表示数据输出为左对齐方式，IDL 默认输出为右对齐方式
width	表示输出数据的宽度，如果格式宽度大于数据宽度，则根据对齐方式对齐输出，多余位补空格，若数据为字符串，则截断，若为数字，则输出“*”；如果数字输出宽度前加“0”，多余位则补“0”

表 5-3　格式字符含义

格式代码	说明
[n]A[–][w]	表示字符及字符串的格式化控制，“w”表示输入输出宽度，其值应不小于 0，如果不设置，表示所有字符串
:	表示在没有有效的变量时，终止输入输出
$	表示下一个输出数据输出到该输出数据所在的行的后面，仅用于输出
[n]F[+][–][w][.d]	表示单精度浮点型数据的格式化控制，其中宽度“w”有效范围为[0, 255]，默认值：15；小数点位数“d”有效范围[1,w)，默认值：7
[n]D[+][–][w][.d]	表示双精度浮点型数据的格式化控制，其中宽度“w”有效范围为[0，255]，默认值：25；小数点位数“d”有效范围[1,w)，默认值：16
[n]E[+][–][w][.d][Ee]	表示对指数形式(科学格式)数据的格式化控制，其中指数位“e”有效范围为[1，255]，默认值：3(非 Windows 为 2)
[n]G[+][–][w][.d][Ee]	表示根据数据大小自动选择科学格式 E 或者 F 格式控制
[n]B[–][w][.m]	表示整数以二进制形式转换控制，最小非空格数“m”有效范围为[1，255]，如果最小非空格数小于宽度“w”，则多余位补“0”；如果最小非空格数大于宽度，输出指定宽度的“*”
[n]I[+][–][w][.m]	表示数据以十进制形式转换控制
[n]O[–][w][.m]	表示数据以八进制形式转换控制
[n]Z[–][w][.m]	表示数据以十六进制形式转换控制
Q	表示控制获取当前行的字符数
字符串或 nHc1c2…cn	表示用引用字符或 H 直接输出字符控制
Tn	表示数据绝对位置控制
TLn	表示数据从当前位置向左移动控制
TRn 或 nX	表示数据从当前位置向右移动控制

续表

格式代码	说明
[n]C([c0,c1,...,cx])	表示日期转换控制，包含 CMOA、CMOI、CDI、CYI、CHI、CMI、CSI、CSF、CDWA 和 CAPA 等格式控制符
C printf-Style	表示 C 语言风格的格式化输出，以“%”开始
/	表示换行输出，如果要输出/，则用“/”表示

由于格式输入主要用于文件处理，本节以格式输出为例，介绍部分格式代码的使用。示例代码如下。

```
IDL> print,format='(4f+6.1)',[-1.55,0,1.54,1.5678]
  -1.5  +0.0  +1.5  +1.6   ;4 次右对齐输出带正负号的浮点数
IDL> print,format='(4f+-6.1)',[-1.55,0,1.54,1.5678]
-1.5  +0.0  +1.5  +1.6 ;4 次左对齐输出带正负号的浮点数
IDL> print,format='(5(I2,:,"/"))',[-1,0,1.54,1.56,123]
-1/ 0/ 1/ 1/**               ;输出整型数据，用/分隔，最后一数溢出
IDL> print,format='(B,B,/,O,O,Z,Z)',[15,7,15,7,15,7]
          1111             111  ;二进制转换并换行
    17      7      F      7       ;八进制与十六进制
IDL>
print,format='("Hello,",A,/,6HHello,,A)','IDL8.2','IDL8.2'
Hello,IDL8.2   ;("Hello,",A)格式输出
Hello,IDL8.2   ;(6HHello,,A)格式输出
IDL> print,format='(%"Hello,%s")','IDL8.2'
Hello,IDL8.2   ;C 语言格式输出，%s 表示输出字符串
IDL>print,systime(/julian),format='(c(cyi,"年",cmoi,"月
"))'
2016年 5月     ;按年月日输出运行时的日期
IDL> reads,'T2016年 5月',YY,MM,format='(1X,I4,2X,I2)'
IDL> print,YY,MM,format='(I4,"年",I2,"月")'
2016年 5月;按格式输入 T2016年 5月,输出 2016年 5月,一个汉字占
          ;2 个字节
```

5.2　文件输入与输出

所谓文件，一般指存储在外部介质上数据的集合。根据数据的组织形式，文

件可以分为 ASCII 码文件和二进制文件。ASCII 码文件又称文本文件(没有特殊说明，后面 ASCII 码文件均用文本文件替代)，每一个字节存放一个 ASCII 码，代表一个字符。二进制文件是把内存中的数据按照其在内存中的存储形式原样输出到磁盘上。

程序运行时，通常需要将一些数据输出到磁盘上存放起来，在需要时再从磁盘中读取到内存。这些文件的操作包含打开、关闭和读取等。在 IDL 中，读写文本文件或二进制文件时，先将一个逻辑设备号与文件关联，然后通过逻辑设备号进行文件的读写操作。逻辑设备号的范围为–2～128，在 Windows 系统下，0 是标准输入，一般是键盘输入；–1 是标准输出，一般是屏幕输出；–2 是错误信息，一般是屏幕输出；1～99 可以由用户任意指定；100～128 由 IDL 内部进行管理。

IDL 文件的操作由文件操作过程与函数实现。文件操作部分的过程函数列表如表 5-4 所示。

表 5-4　文件操作部分的过程函数列表

分类	函数或过程名	说明
文件打开与关闭	OPENR	打开一个存在的文件，用于只读操作
	OPENW	新建一个文件，用于读写操作
	OPENU	打开一个存在的文件，用于更新操作
	CLOSE	关闭文件
	FREE_LUN	关闭文件
文件读写	READF	读取文本文件
	READU	读取二进制文件
	PRINTF	写入文本文件
	WRITEU	写入二进制文件
	ASSOC	关联变量快速读取文件
	COPY_LUN	两个打开文件之间数据复制
	TRUNCATE_LUN	截断文件内容
文件定位	POINT_LUN	获取或设置文件位置
	SKIP_LUN	设置文件位置
文件信息	EOF	检测是否到文件末尾
	FILE_INFO	获取指定文件的状态信息
	FILE_LINES	获取 ASCII 文件行数

续表

分类	函数或过程名	说明
文件信息	FILE_POLL_INPUT	检测是否成功进行字节读取
	FILE_SAME	判断两个文件或文件夹是否完全一致
	FILE_SEARCH	查找文件或文件夹
	FILE_TEST	检测文件或文件夹是否存在
	FSTAT	获取已经打开文件的信息
文件管理	FILE_COPY	复制文件或文件夹
	FILE_DELETE	删除文件或文件夹
	FILE_MOVE	移动文件或文件夹
	FILE_CHMOD	修改文件或目录权限
	FILE_MKDIR	创建目录
文件名操作	DIALOG_PICKFILE	对话框模式选择文件
	FILE_BASENAME	获取文件名，不包含目录部分
	FILE_DIRNAME	获取文件名的目录部分
	FILE_WHICH	获取文件的完整路径

5.2.1　文件打开与关闭

对文件进行读写处理前应该先打开文件，处理结束后应关闭该文件。用于文件打开与关闭的相关过程与函数主要有 FILE_SEARCH、DIALOG_PICKFILE、OPENR、OPENW、OPENU、CLOSE、FREE_LUN。其用法格式分别如下。

```
Result=FILE_SEARCH(Path_Specification)
Result=FILE_SEARCH(Dir_Specification,Recur_Pattern)
```

说明：FILE_SEARCH 函数实现文件或文件夹查询，其中任意参数可以包含空格，在 Windows 下，文件名应小于 260 个字符；在 Unix 下，文件名应小于 1024 个字符。FILE_SEARCH 支持模糊查询，用“*”和“?”表示，其中“*”表示匹配所有字符，“?”表示匹配一个字符，更复杂的查询用“[]”和“{,}”表示，如果无输入参数，则搜索当前工作目录下的所有文件和文件夹，等同于设置通配符“*”，如果使用“*.*”只能搜索到带扩展名的文件，如果有多个文件或文件夹，则返回文件或文件夹名对应的字符串数组，否则返回空字符串。

由于 FILE_SEARCH 支持的关键字较多，具体可参考 IDL 自带的帮助，下面介绍部分常用的关键字。

关键字 COUNT=variable 用于获取满足查询条件的文件或文件夹个数，并保存到变量 variable 中，如果无满足条件的文件，则返回 0。

关键字 FOLD_CASE 用于控制是否区分文件名大小写查询，默认不区分大小写，如果设置为 0 值，则区分大小写。

关键字 FULLY_QUALIFY_PATH 用于控制是否按完整路径输出文件名，默认输出不包含路径的文件名，如果设置为非 0 值，则返回包含完整路径的文件名。

关键字 TEST_DIRECTORY 用于控制是否只搜索指定的文件夹路径，如果设置非 0 值，则返回符合条件的文件路径。

关键字 TEST_REGULAR 用于控制是否只搜索指定的文件，如果设置为非 0 值，则返回符合条件的文件。

以 F:\IDLprogram 为例，部分示例代码如下。

```
IDL> cd,'F:\IDLprogram' ;设置搜索路径
IDL> print,file_search('*',/test_directory);查找当前路径
下的所有文件夹
Data Default Eight First Five Four Nine Second Seven Six
Ten Third
IDL> print,file_search('s*',/test_directory,fold_case= 0)
    ;区分大小写查询以小写 s 开头的文件夹，此处输出为空
IDL>print,file_search('s*',/test_directory,fold_case=1)
Second Seven Six         ; 不区分大小写查询以 s 开头的文件夹
IDL> print,file_search('[d,s]*',/test_directory)
                              ;此处{}和[]均可
Data Default Second Seven Six;查找以 d 和 s 开头的文件夹
IDL> print,file_search('[d-s]*',/test_directory)
Data Default Eight First Five Four Nine Second Seven Six
     ;d 到 s 开头的文件夹
IDL> print,file_search('s???*',/test_directory, /fully_
qualify_path)
     ;查找以 S 开头至少包含四个字符的文件夹，完整文件名输出
F:\IDLprogram\Second F:\IDLprogram\Seven
;以下示例查询子文件夹下扩展名为 pro 的文件(不含文件夹)，并获取文件数
```

```
IDL>print,file_search('second\*.pro',count=fn,/test_regular)
Second\seconddoobj.pro Second\seconddostruct.pro
IDL> print,fn
           2
IDL> print,file_search('second\*.{pro,sav}')
    ;包含 pro 和 sav 的文件
Second\e.sav Second\seconddoobj.pro Second\seconddostruct.pro
```

文件对话框格式如下。

```
Result=DIALOG_PICKFILE([,DEFAULT_EXTENSION=string][,/DIRECTORY][,DIALOG_PARENT=widget_id][,DISPLAY_NAME=string][,FILE=string][,FILTER=string/stringarray][,/FIX_FILTER][,GET_PATH=variable][,GROUP=widget_id][,/MULTIPLE_FILES][,/MUST_EXIST][,/OVERWRITE_PROMPT][,PATH=string][,/READ|,/WRITE][,RESOURCE_NAME=string][,TITLE=string])
```

说明：DIALOG_PICKFILE 函数以对话框的方式交互地选择一个或多个文件或文件夹，如果有多个文件或文件夹，则返回文件或文件夹名对应的字符串数组；如果没有，则返回空字符串。关键字 DEFAULT_EXTENSION='扩展名'用于给选择的文件加扩展名，若选择的文件已有扩展名，则不追加；关键字 DIRECTORY 用于选择目录；关键字 FILTER 用于过滤待选择文件；关键字 GET_PATH 用于获取所选择的文件的路径；关键字 MULTIPLE_FILES 用于控制是否可以选择多个文件。DIALOG_PICKFILE 对话框如图 5-1 所示，示例代码如下。

图 5-1　DIALOG_PICKFILE 对话框

```
IDL>file=dialog_pickfile(filter='*obj.pro',get_path=dir)
IDL> print,file,dir
F:\IDLprogram\Second\seconddoobj.proF:\IDLprogram\Second\
```

文件读文件格式如下。

```
OPENR/OPENW/OPENU,Unit,File
```

通用关键字如下。

```
[,/APPEND|,/COMPRESS][,BUFSIZE={0|1|value>512}][,/DELETE][,ERROR=variable][,/F77_UNFORMATTED][,/GET_LUN][,/MORE][,/NOEXPAND_PATH][,/STDIO][,/SWAP_ENDIAN][,/SWAP_IF_BIG_ENDIAN][,/SWAP_IF_LITTLE_ENDIAN][,/VAX_FLOAT][,WIDTH=value][,/XDR]
```

UNIX 专用关键字如下。

```
[,/RAWIO]
```

说明：OPENR 过程实现以只读形式打开已经存在的文件。OPENW 过程实现以读写的形式打开文件，如果该文件不存在，则创建该文件，反之，则覆盖旧文件；OPENU 过程实现以更新的形式打开文件。参数 Unit 是指定的逻辑设备号，可由用户指定(1～99)，也可以通过关键字 GET_LUN 设置(100～128)；参数 File 是文件名。关键字 APPEND 指向文件末尾用于追加文件内容；关键字 COMPRESS 用于打开压缩文件；关键字 DELETE 用于删除文件；关键字 ERROR=variable 用于获取打开文件出错信息，保存到变量 variable 中；关键字 GET_LUN 用于申请未被使用的逻辑设备号(100～128)；关键字 SWAP_IF_ BIG_ENDIAN 和 SWAP_IF_ LITTLE_ENDIAN 用于表示字节序交换，其中 SWAP_ IF_BIG_ENDIAN 在大字节序系统下起作用，SWAP_IF_LITTLE_ENDIAN 在小字节序系统下起作用；WIDTH 用于控制文件输出宽度(默认为 80 字节)。

CLOSE 关闭文件格式如下。

```
CLOSE[,Unit1,…,Unitn][,/ALL][,EXIT_STATUS=variable][,/FILE][,/FORCE]
```

说明：CLOSE 过程用于关闭打开文件。参数 Unit 用于关闭逻辑设备号对应的文件。关键字 ALL 用于关闭所有文件(1～128)。关键字 FILE 用于关闭 1～99 对应的文件。关键字 FORCE 用于强制关闭文件。

FREE_LUN 关闭文件格式如下。

```
FREE_LUN [,Unit1,…,Unitn][,EXIT_STATUS=variable][,/FORCE]
```

说明：FREE_LUN 过程用于关闭打开文件。参数 Unit 用于关闭逻辑设备号对应的文件，即由 GET_LUN 过程或文件打开过程关键字 GET_LUN 获取的逻辑设备号(100～128)，关键字 FORCE 用于强制关闭文件。

5.2.2　文件的读写

文件打开之后，就可以对它进行读写操作。用于文件读写相关的过程和函数主要有 READF、READU、PRINTF、WRITEU、EOF 和 POINT_LUN。其格式如下。

```
READF,[Prompt,]Unit,Var1,…,Varn[,AM_PM=[string,string]
][,DAYS_OF_WEEK=string_array{7 names}][,FORMAT=value][,M
ONTHS=string_array{12 names}] [,PROMPT=string]
```

说明：READF 过程用于读文本文件。参数 Unit 是指定的逻辑设备号，参数 Var 用于存储读入的数据。关键字 FORMAT 是指数据输入输出格式。如果读入的变量是字符串变量，则一次读入一行字符。其格式如下。

```
READU,Unit, Var1,…, Varn [,TRANSFER_COUNT=variable]
```

说明：READU 过程用于读二进制文件，参数 Unit 与 Var 和 READF 相同。

```
PRINTF [,Unit,Expression1,…,Expressionn][,AM_PM=[strin
g, string]] [,DAYS_OF_WEEK=string_array{7 names}][,FORMAT=va
lue][,MONTHS=string_array{12 names}][,/STDIO_NON_FINITE]
```

说明：PRINTF 过程用于写文本文件，参数与关键字含义和 READF 相同。

```
WRITEU,Unit,Expr1,…,Exprn [,TRANSFER_COUNT=variable]
```

说明：WRITEU 过程用于写二进制文件，参数与关键字含义和 READF 相同。

```
Result=EOF(Unit)
```

说明：EOF 函数用于判断是否到文件末尾，如果返回 1(真)，表示到文件末尾，反之，返回 0(假)。

```
POINT_LUN, Unit, Position
```

说明：POINT_LUN 过程用于设置或获取文件位置。参数 Unit 用于控制设置或获取当前打开文件位置，如果 Unit 为正值，通过设定参数 Position 偏移量设置文件位置，如 Position 为 0 表示从文件头开始，如果 Unit 为负值，通过设置参数 Position 变量来获取文件的当前位置。

文件综合操作示例程序如下。

```
pro Fivedofile
wdir='F:\IDLprogram\Data\'          ;数据文件存储路径
cols=6l                             ;数据列数
rows=3l                             ;数据行数
dtype=2b                            ;数据类型
data=indgen(cols,rows)              ;生成测试数据
bfile=wdir+'blockdata.bin'          ;纯数据块二进制文件
fbfile=wdir+'fblockdata.bin'        ;自定义格式二进制文件
```

```
print,'测试数据：',string(10b),data ;输出测试数据，10b 表示换行
;;;;纯二进制文件写入，直接指定逻辑设备号 10，有效范围(1-99)10
close,10            ;为使用 10 逻辑设备号做准备(即关闭 10)
openw,10,bfile      ;创建并打开文件，如已经存先删除，然后创建
writeu,10,data                          ;写入数据块
close,10                                ;释放 10 逻辑设备号，关闭文件
;;;;纯二进制文件读取并输出到屏幕，按整数据读取
getdata=intarr(cols,rows)               ;创建变量，用于读取数据
openr,10,bfile                          ;以只读方式打开文件
readu,10,getdata                        ;以二进制形式读取数据
close,10                                ;释放 10 逻辑设备号，关闭文件
print,'读取纯数据二进制文件数据：',string(10b),getdata
;;;;纯二进制文件更新并输出到屏幕，按行读取，从文件末尾追加，使用
;append 关键字，如果其他位置更新，使用 point_lun 设定文件位置
getdata=intarr(6)+5
close,10
openu,10,bfile,/append                  ;以更新方式打开文件
writeu,10,getdata                       ;追加一列，文件位于末尾
point_lun,10,0                          ;设置文件至起始位置
print,'读取追加二进制文件数据：'
while ~eof(10) do begin       ;循环读取并输出每行数据
  readu,10,getdata
  print,getdata
endwhile
close,10             ;释放 10 逻辑设备号，关闭文件
;一个二进制文件如果数据类型、行列数等信息未知则很难解析，以下将示
;例自定义二进制文件读写，自定义格式：数据信息包含 10 个字节，第 1 个
;字节表示数据类型，第 2～5 个字节表示列数，第 6～9 个字节表示行数，
;最后 1 个字节为保留字节(设为 255)，然后存储数据块。
;;;;自定义二进制文件写入，采用系统自动分配逻辑设备号(100～128)
openw,lun,fbfile,/get_lun;创建并打开文件，如已经存先删除，然
                         ;后创建
writeu,lun,dtype,cols,rows,255b,data
                         ;分别写入数据信息和数据块
free_lun,lun         ;释放 lun 逻辑设备号，关闭文件
```

```
;假设已知文件格式，未知具体值(若已知可直接依次读取)读二进制文件
;;;;读取自定义二进制文件，读取过程先解析数据信息，然后读取
close,10
openr,10,fbfile
;;字节解析示例
hinfo=bytarr(10) ;数据信息包含 10 个字节，整体读入，然后解析
readu,10,hinfo
print,'数据信息：',hinfo
print,'字节解析：',hinfo[0],long(hinfo,1),long(hinfo,5)
getdtype=0b        ;创建变量，用于读取数据类型
getcol=0l          ;创建变量，用于读取数据列数
getrow=0l          ;创建变量，用于读取数据行数
;;变量解析示例，此时文件位置在数据信息之后，需恢复至文件起始位置
point_lun,10,0     ;设置文件至起始位置
readu,10,getdtype,getcol,getrow
                   ;依次读入数据信息，文件位于第 9 字节
print,'变量解析：',getdtype,getcol,getrow
getdata=make_array(getcol,getrow,type=getdtype)
point_lun,10,10    ;跳过数据信息，设置文件至数据块位置
readu,10,getdata
print,'读取自定义格式二进制文件数据：',string(10b),getdata
close,10
bfile=wdir+'tblockdata.txt'          ;纯数据文本文件
fbfile=wdir+'ftblockdata.txt'        ;自定义格式文本文件
;;;;纯数据文本文件写入
close,10           ;为使用 10 逻辑设备号做准备(即关闭 10)
openw,10,bfile     ;创建并打开文件，如已经存先删除然后创建
printf,10,data               ;写入数据块
close,10                     ;释放 10 逻辑设备号，关闭文件
;;;;纯数据文本文件格式读取，整体读入并输出
getdata=intarr(cols,rows)    ;创建变量，用于读取数据
openr,10,bfile               ;以只读方式打开文件
readf,10,getdata             ;以格式文本形式读取数据
close,10                     ;释放 10 逻辑设备号，关闭文件
print,'格式读取文本文件数据：',string(10b),getdata
```

```
;;;;纯数据文本文件自由读取，按行读取并输出
close,10
openr,10,bfile
s=''
print,'自由读取文本文件数据：'
lines=0                  ;用于统计行数
while ~eof(10) do begin ;循环读取文本文件
  lines++
  readf,10,s             ;一次读入一行字符串
  print,format='("  第",I-1,"行记录为：",A)',lines,s
endwhile
close,10                 ;释放 10 逻辑设备号，关闭文件
;;;;自定义格式文本文件写入，部分格式输入
;数据信息包含数据的数据类型、行列数描述，然后存储数据值
openw,lun,fbfile,/get_lun
printf,lun,'数据类型=',dtype  ;逐行写入数据信息
printf,lun,format='("列数=",I-6,"行数=",I-6)',cols,rows
printf,lun,data          ;以文本形式写入数据值
free_lun,lun             ;释放 lun 逻辑设备号，关闭文件
;;;;自定义格式文本文件读取，部分格式输入输出
;;自由读取格式文本文件并格式输出
close,10
openr,10,fbfile
s=''
print,'自由读取格式文本文件数据：'
lines=0
while ~eof(10) do begin
  lines++
  readf,10,s
  print,format='("  第",I-1,"行记录为：",A)',lines,s
endwhile
;;格式读取格式文本文件并格式输出
point_lun,10,0           ;设置文件至起始位置
readf,10,s               ;读取并跳过第一行
readf,10,s
```

```
point_lun,-10,curpostion     ;获取文件当前位置
print,'格式文件当前位置为：',curpostion
getcol=0l                    ;创建变量，用于读取数据列数
getrow=0l                    ;创建变量，用于读取数据行数
;此处示例 reads 过程，也可以用字符处理函数获取行列信息
reads,s,getcol,getrow,format='(5X,I6,5X,I6)'
print,'格式文件变量解析：',getcol,getrow
getdata=intarr(cols,rows)
readf,10,getdata
print,'读取自定义格式文本文件数据：',string(10b),getdata
close,10
;;;;混合文件读写示例，数据信息为文本，数据值为二进制
mfbfile=wdir+'mixeddata.mix'
openw,lun,mfbfile,/get_lun
;;以文本按行写入数据信息
printf,lun,'数据类型=',dtype
printf,lun,format='("列数=",I-6,"行数=",I-6)',cols,rows
;;以二进制写入数据值
writeu,lun,data
;;读取二进制数据值，此时文件已位于末尾
point_lun,lun,curpostion     ;设置文件至数据值位置
getdata=intarr(cols,rows)
readu,lun,getdata
print,'混合文件二进制数据：',string(10b),getdata
;;读文本数据信息
point_lun,lun,0              ;设置文件至起始位置
print,'混合文件数据信息：'
for i=0,1 do begin
  readf,lun,s
  print,s
endfor
free_lun,lun
end
```

上述示例分别实现了不同格式的二进制文件的打开、读写、更新和关闭操作，读者可以自行运行程序并查看结果。程序运行后会依次生成五个文件，文件内容

如图 5-2～图 5-6 所示。可以看出，文本文件使用方便，容易理解，但由于在输入时需要将 ASCII 码转换成二进制，在输出时又需要将二进制转换为字符，因此在内存与硬盘频繁交换数据的情况下，推荐使用二进制文件。细心的读者还会发现，使用二进制文件可以节省存储空间，尤其是大数据量的情况下。

blockdata.bin - 记事本
文件(F) 编辑(E) 格式(O) 查看(V) 帮助(H)

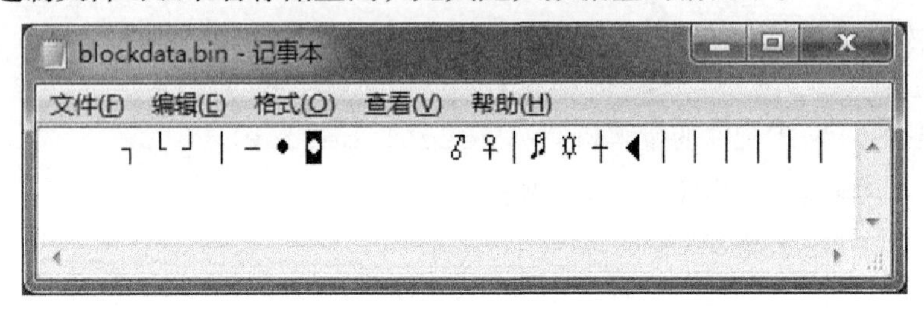

图 5-2　记事本打开纯数据二进制文件

fblockdata.bin - 记事本
文件(F) 编辑(E) 格式(O) 查看(V) 帮助(H)

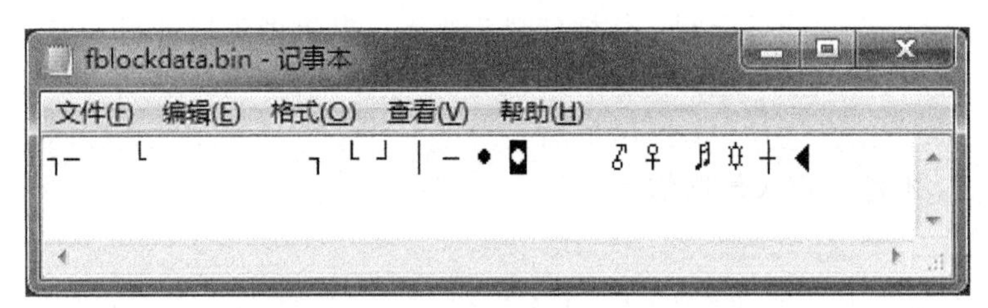

图 5-3　记事本打开有格式二进制文件

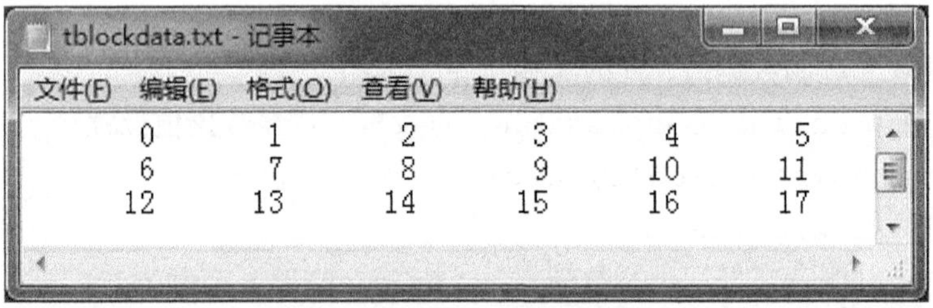

tblockdata.txt - 记事本
文件(F) 编辑(E) 格式(O) 查看(V) 帮助(H)
0 1 2 3 4 5
6 7 8 9 10 11
12 13 14 15 16 17

图 5-4　记事本打开纯数据文本文件

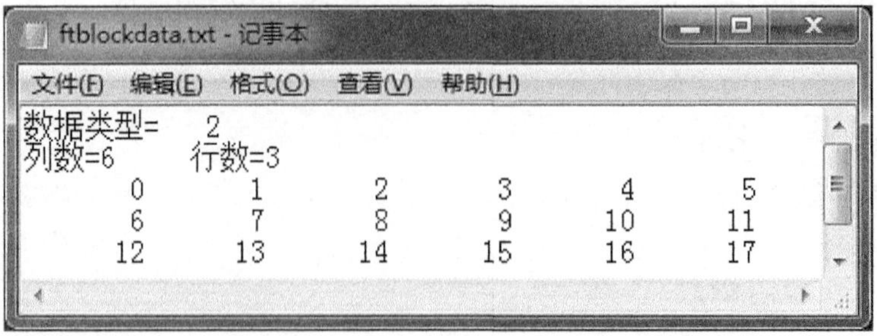

ftblockdata.txt - 记事本
文件(F) 编辑(E) 格式(O) 查看(V) 帮助(H)
数据类型= 2
列数=6 行数=3
0 1 2 3 4 5
6 7 8 9 10 11
12 13 14 15 16 17

图 5-5　记事本打开有格式文本文件

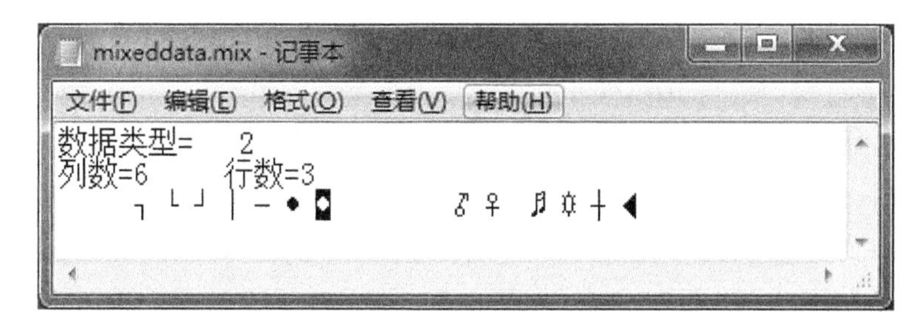

图 5-6　记事本打开混合格式文件

5.3　常用文件格式读写

IDL 支持多种文件格式的读写。

1. 图像文件格式

BMP(bitmap format)、GIF(graphics interchange format)、JPEG(joint photographic experts group format)和 TIFF/GeoTIFF(tagged image file format/georeferenced tagged image file format)等。

2. 矢量文件格式

Shapefile。

3. 科学数据格式

CDF(common data format)、NetCDF(network common data form)和 HDF (hiera rchical data format)等。

4. 其他文件格式

可扩展标记语言(extensible markup language, XML)、MPEG(moving picture experts group)、GRIB/GRIB2(gridded binary)和 Excel 文件等。

具体数据格式说明和使用方法请查看相关网站和帮助，下面以 TIFF 格式、Shapefile 格式、NetCDF 格式、XML 格式和 Excel 格式为例进行介绍。

5.3.1　TIFF 格式

标签图像文件格式(tag image file format, TIFF)是一种广泛应用的文件格式，以“tif”为扩展名，可以存储多波段图像，也可以包含投影信息。其数据格式是一种 3 级体系结构，从高到低依次为文件头、一个或多个称为 IFD 的包含标志指针的目录和数据。

TIFF 文件可以通过 READ_TIFF 读取，WRITE_TIFF 写入，自 IDL 8.2 开始支持 BigTIFF 文件的读写。需要注意，IDL 8.2 以下版本的 TIFF 文件读写程序不能处理 IDL 8.2 及以上版本的 TIFF 文件。TIFF 文件综合操作示例程序如下。

```
pro Fivedotiff
wdir='F:\IDLprogram\Data\'
intifile=wdir+'world_dem.tif'
outtifile=wdir+'world_dem_subrect.tif'
;;查询 tiff 信息，通过 geotiff 获取投影信息
status=query_tiff(intifile,finfo,geotiff=geoinfo)
if status eq 0 then return ;如果是无效的 tiff 文件退出程序
print,'TIFF 文件信息如下：',string(10b),finfo
                                   ;输出 tiff 文件信息
dtype=size(geoinfo,/type) ;获取 geoinfo 数据类型
if dtype ne 8 then print,intifile+'不是 GEOTIFF 文件！' $
else begin                         ;数据类型 8 表示结构体
print,intifile+'是 GEOTIFF 文件，信息如下：'
print,geoinfo
endelse
;;读 tiff 文件，可以通过 sub_rect 读取指定矩形区域图像，通过
;;channels 读取多通道图像，通过 image_index 读取指定的图像
data=read_tiff(intifile)
help,data
;从 250 列，20 行开始读取 70 行、70 列数据，注意列在前，行在后
data=read_tiff(intifile,sub_rect=[250,20,70,70])
help,data
;;写 tiff 文件，可以通过 append 追加图像，通过 short 等数据类型关
;;键字设置图像的数据类型，通过 geotiff 设置投影信息(注意投影信息
;;需要换算，本示例程序仅实现剪裁)
write_tiff,outtifile,data
end
```

程序运行情况如下。

```
IDL> Fivedotiff
TIFF 文件信息如下：
{          1          360          180
```

```
      0       0       1      1  TIFF      8       1        1       1
  0.000000     0.000000
    100.000       100.000
           2
        360              1
}
F:\IDLprogram\Data\world_dem.tif 不是 GEOTIFF 文件!
DATA                  BYTE              = Array[360,180]
DATA                  BYTE              = Array[70,70]
```

5.3.2　Shapefile 格式

矢量 Shapefile 文件是描述空间数据的几何特征和属性的非拓扑实体矢量数据结构的一种格式，由 ESRI(Environmental Systems Research Institute)公司开发。一个 Shapefile 文件至少包含主文件(*.shp)、索引文件(*.shx)和数据表文件(*.dbf)三个文件。

IDL 将 Shapefile 文件操作封装成类，以图 5-7 为例，Shapefile 文件读写示例程序如下。

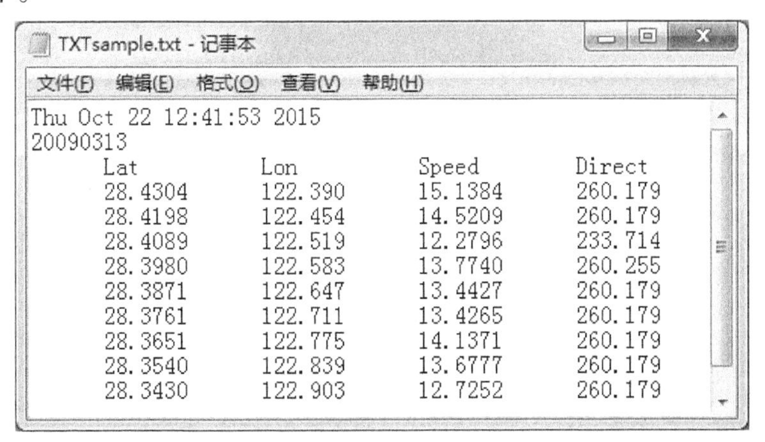

图 5-7　示例 TXT 文件

```
pro write_shp,infile,info,data
;;创建 Shapefile 对象，entity_type 表示矢量类型，3 表示线
mynewshape=obj_new('IDLffShape',infile,/update, entity_type=3)
;;设置属性，属性名不大于 11 个字符，超出部分截断，属性值支持三种数
;;据类型，分别为整型(3)、浮点型(5)和字符型(7)
```

```
mynewshape->addattribute,'Latitude',7,25,precision=0
mynewshape->addattribute,'Longitude',7,25,precision=0
mynewshape->addattribute,'Speed',7,25,precision=0
mynewshape->addattribute,'Direct',7,25,precision=0
mynewshape->addattribute,'Remark',7,50,precision=0
minlat=min(data.lat)
minlon=min(data.lon)
maxlat=max(data.lat)
maxlon=max(data.lon)
;;为实体创建结构体
entnew={idl_shape_entity}
entnew.shape_type=3                ;设置矢量类型
entnew.bounds[0]=minlon            ;设置 X 方向最小值
entnew.bounds[1]=minlat            ;设置 Y 方向最小值
entnew.bounds[2]=0                 ;设置 Z 方向最小值
entnew.bounds[3]=0
entnew.bounds[4]=maxlon            ;设置 X 方向最大值
entnew.bounds[5]=maxlat            ;设置 Y 方向最大值
entnew.bounds[6]=0                 ;设置 Z 方向最大值
entnew.bounds[7]=0
entnew.n_vertices=2
count=size(data,/n_elements)       ;获取记录数
tdata=fltarr(4,count)
for i=0,count-1 do begin
tdata[0,i]=(data.lon)[i]
tdata[1,i]=(data.lat)[i]
tdata[2,i]=(data.lon)[i]+(data.speed)[i]*cos((data.
direct)[i]/180.0*!pi)/150.0
tdata[3,i]=(data.lat)[i]+(data.speed)[i]*sin((data.
direct)[i]/180.0*!pi)/150.0
pvertice=tdata[*,i]
entnew.vertices=ptr_new(pvertice,/no_copy)
;;为属性创建结构体
attrnew=mynewshape->getattributes(/attribute_structure)
```

```
attrnew.attribute_0=(data.lat)[i]
attrnew.attribute_1=(data.lon)[i]
attrnew.attribute_2=(data.speed)[i]
attrnew.attribute_3=(data.direct)[i]
attrnew.attribute_4=info[0]+';'+info[1]
;;将实体添加到 Shapefile 中
mynewshape->putentity,entnew
;;将属性添加到 Shapefile 中
mynewshape->setattributes,i,attrnew
ptr_free,entnew.vertices                     ;释放顶点
endfor
mynewshape->destroyentity,entnew             ;释放实体
obj_destroy,mynewshape                       ;释放 Shapefile 对象
end
pro read_shp,infile
mynewshape=obj_new('IDLffShape',infile)
mynewshape->getproperty,n_entities=nentities
            ;获取实体数量
for i=0,nentities-1 do begin
  entity=mynewshape->getentity(i)            ;获取指定实体
  attr=mynewshape->getattributes(i)          ;获取指定属性
  print,format='("实体",I,"属性信息：",A,"°  ",A,"°
",A,"m/s  ",A,"°  ")',i,attr.attribute_0,attr.attribute_1,
attr.attribute_2,attr.attribute_3
   if ptr_valid(entity.vertices) ne 0 then begin
     print,'X 方向顶点：',reform((*entity.vertices)[0,*])
     print,'Y 方向顶点：',reform((*entity.vertices)[1,*])
   endif
  mynewshape->destroyentity,entity
endfor
print,'文件'+infile+'的辅助信息：',attr.attribute_4
obj_destroy,mynewshape
end
pro read_stxt,infile,info=info,data=data
nlines=file_lines(infile)
```

```
openr,lun,infile,/get_lun
pdate='' & odate='' & ts=''
readf,lun,pdate
readf,lun,odate
readf,lun,ts
record={lat:0.0,lon:0.0,speed:0.0,direct:0.0}
data=replicate(record,nlines-3)
readf,lun,data
free_lun,lun
info=[pdate,odate]
end
pro Fivedoshp
wdir='F:\IDLprogram\Data\'
intxtfile=wdir+'TXTsample.txt'
outshpfile=wdir+'SHPsample.shp'
read_stxt,intxtfile,info=info,data=data
print,'输入文本文件数据信息: ',string(10b),info
print,'输入文本文件数据值: ',string(10b),data
write_shp,outshpfile,info,data
read_shp,outshpfile
end
```

程序运行情况如下。

```
IDL> fivedoshp
输入文本文件数据信息:
 Thu Oct 22 12:41:53 2015 20090313
输入文本文件数据值:
{     28.4304     122.390     15.1384     260.179}
{     28.4198     122.454     14.5209     260.179}
......
{     28.3430     122.903     12.7252     260.179}
{     28.3318     122.967     12.4514     260.179}
实体    0 属性信息: 28.4304° 122.390° 15.1384m/s 260.179°
X 方向顶点:        122.39000       122.37279
Y 方向顶点:        28.430401       28.330957
......
```

实体　　9 属性信息: 28.3318°　122.967°　12.4514m/s 260.179°
X 方向顶点:　　　122.96700　　　122.95284
Y 方向顶点:　　　28.331800　　　28.250008
文件 F:\IDLprogram\Data\SHPsample.shp 的辅助信息:Thu Oct 22 12:41:53 2015;20090313

5.3.3 NetCDF 格式

NetCDF 文件是由美国的 Unidata 项目科学家针对科学数据的特点开发的，以"nc"为扩展名，是一种面向数组型，适用于网络共享的描述和编码标准。一个 NetCDF 文件包含维、变量和属性三种描述类型，其数据格式不是固定的，由使用者根据需求自己定义的。

NetCDF 文件读写相关操作均为"NCDF_*"，以图 5-7 为例，NetCDF 文件读写示例程序如下。

```
pro write_nc,infile,info,data
count=size(data,/n_elements)              ;获取记录数
cdfid=ncdf_create(infile,/clobber)     ;创建 NetCDF 文件
 countid=ncdf_dimdef(cdfid,'Records',count)    ;定义维度
 varLonId=ncdf_vardef(cdfid,'Longitude',[countid])
          ;定义变量
 varLatId=ncdf_vardef(cdfid,'Latitude',[countid])
 varSpeedId=ncdf_vardef(cdfid,'Speed',[countid])
 varDirectId=ncdf_vardef(cdfid,'Direct',[countid])
 ncdf_attput,cdfid,'GenerationTime',info[0],/global
          ;设置全局属性信息
 ncdf_attput,cdfid,'DataTime',info[1],/global
 ncdf_attput,cdfid,varLonId,'units','deg'
          ;设置局部属性信息
 ncdf_attput,cdfid,varLatId,'units','deg'
 ncdf_attput,cdfid,varSpeedId,'units','m/s'
 ncdf_attput,cdfid,varDirectId,'units','deg'
 ncdf_control,cdfid,/endef  ;结束定义模式，进入数据模式
 ncdf_varput,cdfid,varLonId,data.lon ;写入数据
 ncdf_varput,cdfid,varLatId,data.lat
 ncdf_varput,cdfid,varSpeedId,data.speed
 ncdf_varput,cdfid,varDirectId,data.direct
```

```
ncdf_close,cdfid                    ;关闭 NetCDF 文件
end
pro read_nc,infile
ncdfid=ncdf_open(infile)            ;打开 NetCDF 文件
 finfo=ncdf_inquire(ncdfid)         ;查询 NetCDF 文件
 ;;输出维度信息
 for i=0,finfo.ndims-1 do begin
  ncdf_diminq,ncdfid,i,name,dsize
  print,'维度名称：',name,' 数值：' ,dsize
 end
 ;;输出变量和变量对应的属性
 for i=0,finfo.nvars-1 do begin
  var=ncdf_varinq(ncdfid,i)                ;获取变量
  ncdf_varget,ncdfid,i,data                ;获取变量值
  for j=0,var.natts-1 do begin
    attname=ncdf_attname(ncdfid,i,j)  ;获取变量属性名称
    ncdf_attget,ncdfid,i,attname,attvalue ;获取变量属性值
    print,'变量',var.name,'的属性名称：',attname,' 属性值：
',string(attvalue)
  endfor
    print,'变量',var.name,' 数值：',reform(data)
 end
 ;;输出全局属性信息
 for i=0,finfo.ngatts-1 do begin
  attname=ncdf_attname(ncdfid,i,/global)
           ;获取全局属性名称
  ncdf_attget,ncdfid,attname,gvalue,/global
           ;获取全局属性信息
  print,'全局属性名称：',string(attname),'数值：' ,string
(gvalue)
 endfor
end
pro Fivedonc
wdir='F:\IDLprogram\Data\'
intxtfile=wdir+'TXTsample.txt'
```

```
outncfile=wdir+'NCsample.nc'
read_stxt,intxtfile,info=info,data=data
print,'输入文本文件数据信息：',string(10b),info
print,'输入文本文件数据值：',string(10b),data
write_nc,outncfile,info,data
read_nc,outncfile
end
```

程序运行情况如下。

```
IDL> fivedonc
输入文本文件数据信息：
 Thu Oct 22 12:41:53 2015 20090313
输入文本文件数据信息：
 Thu Oct 22 12:41:53 2015 20090313
输入文本文件数据值：
{      28.4304      122.390      15.1384      260.179}
{      28.4198      122.454      14.5209      260.179}
……
{      28.3430      122.903      12.7252      260.179}
{      28.3318      122.967      12.4514      260.179}
维度名称：Records 数值：10
变量 Longitude 的属性名称：units 属性值：deg
变量 Longitude 数值：122.390  122.454  ……  122.839  122.903
变量 Latitude 的属性名称：units 属性值：deg
变量 Latitude 数值：28.4304  28.4198  ……  28.3430  28.3318
变量 Speed 的属性名称：units 属性值：m/s
变量 Speed 数值：15.1384   14.5209  ……12.7252   12.4514
变量 Direct 的属性名称：units 属性值：deg
变量 Direct 数值：260.179  260.179  ……  260.179   260.179
全局属性名称：GenerationTime 数值：Thu Oct 22 12:41:53 2015
全局属性名称：DataTime 数值：20090313
```

5.3.4　XML 格式

XML 文件是一种纯文本文件，以“xml”为扩展名，可以使用一系列简单的标记描述数据，主要用于应用程序之间的数据传输和信息存储与描述。XML 架构的基本构造块是元素和属性。

IDL 将 XML 文件操作封装成类，以图 5-7 为例，XML 文件读写操作示例程序如下。

```
pro write_xml,infile,info,data
 odoc=obj_new('IDLffXMLDOMDocument')          ;创建 XML 对象
 oroote=odoc->createelement('windFiels') ;创建元素
 ovoid=odoc->appendchild(oroote)              ;增加节点
   oe=odoc->createelement('dataInfo')
     ote=odoc->createelement('generationTime')
       otxt=odoc->createtextnode(info[0]) ;创建文本节点
       ovoid=ote->appendchild(otxt)
     ovoid=oe->appendchild(ote)
     ote=odoc->createelement('dataTime')
       otxt=odoc->createtextnode(info[1])
       ovoid=ote->appendchild(otxt)
     ovoid=oe->appendchild(ote)
 ovoid=oroote->appendchild(oe)
 oe=odoc->createelement('dataSets')
  for i=0,9 do begin
     ote=odoc->createelement('geoCoordinate')
       otte=odoc->createelement('latitude')
       otte->setattribute,'units','deg'    ;创建属性并赋值
       otxt=odoc->createtextnode(data[0,i])
       ovoid=otte->appendchild(otxt)
     ovoid=ote->appendchild(otte)
   ovoid=oe->appendchild(ote)
   otte=odoc->createelement('longitude')
       otte->setattribute,'units','deg'
       otxt=odoc->createtextnode(data[1,i])
       ovoid=otte->appendchild(otxt)
     ovoid=ote->appendchild(otte)
   ovoid=oe->appendchild(ote)
     ote=odoc->createelement('Speed')
     ote->setattribute,'units','m/s'
     otxt=odoc->createtextnode(data[2,i])
     ovoid=ote->appendchild(otxt)
```

```
    ovoid=oe->appendchild(ote)
      ote=odoc->createelement('Direction')
      ote->setattribute,'units','deg'
      otxt=odoc->createtextnode(data[3,i])
      ovoid=ote->appendchild(otxt)
    ovoid=oe->appendchild(ote)
   endfor
  ovoid=oroote->appendchild(oe)
  odoc->save,filename=infile,/pretty_print
   obj_destroy,odoc
 end
 pro read_xml,infile,inname
  if n_elements(inname) eq 0 then inname='*'
  odoc=obj_new('IDLffXMLDOMDocument')
  odoc->load,filename=infile
  oroot=odoc->getfirstchild()       ;获取节点的第一个孩子节点
  olists=oroot->getelementsbytagname(inname) ;通过标记查找
  onum=olists->getlength()          ;获取满足条件节点数
  if onum gt 0 then begin  dinfo={name:strarr(onum),
attribute:strarr(onum),content:strarr(onum)}
   for i=0,onum-1 do begin
     ;;获取标记名称
     nobj=olists->item(i)
     dinfo.name[i]=nobj->getnodename()
     ;;获取属性名和属性值
     oatt=nobj->getAttributes()
     anum=oatt->getlength()
     if anum gt 0 then begin
       for j=0,anum-1 do begin
         oatls=oatt->item(j)
         if obj_valid(oatls) then dinfo.attribute[i]+=oatls->
getname()+'='+oatls->getvalue()
       endfor
     endif
     ;;获取元素值
```

```
        otxt=nobj->getfirstchild()
        if obj_valid(otxt) then dinfo.content[i]=otxt-> getno
devalue()
        ;;输出信息
        print,'名称:',dinfo.name[i],' 属性:',dinfo. attribute[i],
'值:',dinfo.content[i]
      endfor
     endif else begin
      print,'根据当前字段'+inname+'查找无记录! '
     endelse
     obj_destroy,odoc
    end
    pro read_txt,infile,info=info,data=data
    openr,lun,infile,/get_lun
    pdate='' &  odate='' & ts=''
    readf,lun,pdate
    readf,lun,odate
    readf,lun,ts
    data=fltarr(4,10)
    readf,lun,data
    free_lun,lun
    info=[pdate,odate]
    data=string(data)
    end
    pro Fivedoxml
    wdir='F:\IDLprogram\Data\'
    intxtfile=wdir+'TXTsample.txt'
    outxmlfile=wdir+'XMLsample.xml'
    read_txt,intxtfile,info=info,data=data
    print,'输入文本文件数据信息: ',string(10b),info
    print,'输入文本文件数据值: ',string(10b),data
    write_xml,outxmlfile,info,data
    read_xml,outxmlfile,'Speed'
    end
```

程序运行情况如下。

```
IDL> fivedoxml
输入文本文件数据信息:
 Thu Oct 22 12:41:53 2015 20090313
输入文本文件数据值:
{      28.4304       122.390       15.1384       260.179}
{      28.4198       122.454       14.5209       260.179}
……
{      28.3430       122.903       12.7252       260.179}
{      28.3318       122.967       12.4514       260.179}
名称:Speed 属性:units=m/s 值:       15.1384
名称:Speed 属性:units=m/s 值:       14.5209
……
名称:Speed 属性:units=m/s 值:       12.7252
名称:Speed 属性:units=m/s 值:       12.4514
```

由于 XML 文件属于文本文件，简单的 XML 读写可以直接通过 ASCII 码文件形式读写，对于复杂的 XML 文件建议使用 IDL 提供的 XML 类进行读写。

5.3.5 Excel 格式

Excel 是 Microsoft Office 的组件之一，其文件名以“xls”或“xlsx”为扩展名。它可以进行各种数据处理、统计分析和辅助决策，广泛应用于众多领域。在无法直接解析 Excel 文件格式情况下，IDL 处理 Excel 可以通过将 Excel 文件转换为其他格式文件处理；基于 COM 组件处理；基于 IDL 提供的 DataMiner 功能模块处理。

DataMiner 是 IDL 通过开放数据库连接(open database connectivity, ODBC)应用程序接口进行数据库操作的 IDL 程序集。基于 ODBC 的应用程序对数据库操作不依赖任何数据库管理系统，所有的数据库操作均由对应的数据库管理系统的驱动程序完成。因此，IDL 可以方便地访问和管理 Oracle、SQL Server、Microsoft Access、Microsoft Excel 等多种数据库管理系统。这里简单介绍数据库操作，更多知识可以参考相关书籍。

IDL 中 DataMiner 支持的操作主要包含数据库操作(数据库连接、数据库系统信息查询)、数据表操作(数据表信息获取，数据表建立、修改和删除)、数据记录操作(数据查询、添加、修改、删除)和执行标准的结构化查询语句(structured query language, SQL)。DataMiner 通过数据库对象 IDLdbDatabase、数据表对象 IDLdbRecordset、DB_EXISTS 函数和 DIALOG_DBCONNECT 函数等实现数据库操作。

下面以基于 IDL 提供的 DataMiner 功能模块处理已存在的 Excel 文件为例，介绍 Excel 文件的数据库操作和数据表记录查询、更新与删除操作。基于 IDL 读写 Excel 文件示例程序如下。

```
function predofordb,filename
if ~filename then begin
   msg=dialog_message('当前没有输入 excel 文件，请确认后再试!',title='提示信息',/error)
   return,0
endif
  ;判断是否支持数据库功能
  if db_exists() eq 0 then begin
   msg=dialog_message('不支持 odbc!',title='提示信息',/er ror)
   return,0
  endif
  ;新建数据库对象
  odatabase=obj_new('idldbdatabase')
  ;检查当前可用数据类型
  sources=odatabase->getdatasources()
  index=where(strlowcase(sources.datasource)  eq 'excel files',count)
  if count eq 0 then begin
   msg=dialog_message('odbc无法读取excel files',title='提示信息',/error)
   obj_destroy,odatabase
   return,0
  endif
  ;连接数据库
  If ~file_test(filename)  then begin
   msg=dialog_message('找不到数据库文件!',title='提示信息',/error)
   obj_destroy,odatabase
   return,0
  endif
  ;连接到指定的数据库文件
```

```
    odatabase->connect,datasource='excel files;dbq='+filename
    ;连接数据库
    odatabase->getproperty,is_connected=connectstat
    obj_destroy,odatabase
    if connectstat eq 0 then begin
      return,0
    endif else begin
      return,1
    endelse
  end
  pro updaterecordset,filename,intablename,sqlstr
  if n_elements(sqlstr) eq 0 then begin
     msg=dialog_message('未输入更新语句，请确认后再试！ ',title='
提示信息',/error)
    return
  endif
    dbstatu=predofordb(filename)
    if dbstatu ne 0 then begin
    odatabase=obj_new('idldbdatabase')
    odatabase->connect,datasource='excel
files;dbq='+filename
    tables=odatabase->gettables()
    ntables=n_elements(tables)
    checkedtname=0
    for i=0,ntables-1 do begin
      tname='[' + tables[i].name+ ']'
      if tname eq intablename then checkedtname=1
    endfor
    if checkedtname eq 0 then begin
    msg=dialog_message('数据库中不存在数据表：'+intablename+',
请确认后再试！ ',title='提示信息',/error)
    return
    endif else begin
      odatabase->executesql,sqlstr
  obj_destroy,odatabase
```

```
     endelse
     endif else msg=dialog_message('数据库连接不成功...',
title='提示信息',/error)
   end
   pro addrecordset,filename,intablename,datasets
     dbstatu=predofordb(filename)
     if dbstatu ne 0 then begin
     odatabase=obj_new('idldbdatabase')
     odatabase->connect,datasource='excel
files;dbq='+filename
     tables=odatabase->gettables()
     ntables=n_elements(tables)
     checkedtname=0
     for i=0,ntables-1 do begin
       tname='[' + tables[i].name+ ']'
       if tname eq intablename then  checkedtname=1
     endfor
     if checkedtname eq 0 then begin
     msg=dialog_message('数据库中不存在数据表: '+intablename+',
请确认后再试! ',title='提示信息',/error)
     return
     endif else begin
       sqlstr='insert into'+ tname + ' values ('+datasets.
(0)+"','"+datasets.(1)+"')"
       odatabase->executesql,sqlstr
       orecordset=obj_new('idldbrecordset',odatabase, table=
intablename)
       if orecordset->movecursor(/last) then begin
          soutdata=orecordset->getrecord()
          if soutdata.(0) eq  datasets.(0) then print,'记录:
'+datasets.(0)+','+datasets.(1)+'已成功添加! ' $
          else print,'记录: '+datasets.(0)+','+datasets.(1)+'
添加失败! '
       endif
     obj_destroy,orecordset
```

```
      obj_destroy,odatabase
      endelse
      endif  else  msg=dialog_message('数据库连接不成功...',
title='提示信息',/error)
    end
    pro getexceldata,filename,intablename,outdata=outdata
      dbstatu=predofordb(filename)
      if dbstatu ne 0 then begin
      ;soutdata={code:01,name:''}
      odatabase=obj_new('idldbdatabase')
      ;连接到指定的数据库文件
      odatabase->connect,datasource='excel
files;dbq='+filename
      ;读取数据库内数据,获取数据表
      tables=odatabase->gettables()
      ntables=n_elements(tables)
      checkedtname=0
      for i=0,ntables-1 do begin
        ;操作指定表,注意表名, 要加“[]”
        tname='[' + tables[i].name+ ']'
        if tname eq intablename then checkedtname=1
      endfor
      if checkedtname eq 0 then begin
      msg=dialog_message('数据库中不存在数据表: '+intablename+',
请确认后再试! ',title='提示信息',/error)
      return
      endif else begin
        orecordset=
    obj_new('idldbrecordset',odatabase,table=intablename)
        ;获取字段信息
        orecordset->getproperty,field_info=fieldinfo
        nfileds=n_elements(fieldinfo)
        ;获取数据表中的记录数目
        if orecordset->movecursor(/first) then begin
    ;      for j=0,nfileds-1 do begin
```

```
;        value=orecordset->getfield(j)
;        soutdata.(j)=value
;      endfor
      ;按记录赋值
      soutdata=orecordset->getrecord()
outdata=soutdata
      while orecordset->movecursor(/next)  do begin
      ;按字段赋值，注意两种方式的使用
        for j=0, nfileds-1 do begin
          value=orecordset->getfield(j)
          soutdata.(j)=value
        endfor
outdata=[outdata,soutdata]
      endwhile
    endif else begin ;数据表无记录
      msg=dialog_message(tname+'数据表无记录',title='提示
信息',/information)
    endelse
  obj_destroy,orecordset
  obj_destroy,odatabase
  endelse
  endif  else  msg=dialog_message('数据库连接不成功...',
title='提示信息',/error)
end
pro fivedoxlsfile
indbfile='f:\idlprogram\data\excelsample.xlsx'
indbtable='[Sheet1$]'
getexceldata,indbfile,indbtable,outdata=outdata
print,'查询原始数据：',outdata
inadddataset={code:'1003',name:'ADDRECORD'}
addrecordset,indbfile,indbtable,inadddataset
getexceldata,indbfile,indbtable,outdata=outdata
print,'添加操作后数据：',outdata
sqlstr='update'+ indbtable + " set name = 'UPDATERECORD'
where code=1003"
```

```
updaterecordset,indbfile,indbtable,sqlstr
getexceldata,indbfile,indbtable,outdata=outdata
print,'更新操作后数据: ',outdata
end
```

程序运行情况如下。

```
IDL> fivedoxlsfile
查询原始数据: {      1001.0000 IDL}{      1002.0000 REMOTE SENSING}
记录: 1003,ADDRECORD 已成功添加!
添加操作后数据: {      1001.0000 IDL}{      1002.0000 REMOTE SENSING}{   1003.0000 ADDRECORD}
更新操作后数据: {      1001.0000 IDL}{      1002.0000 REMOTE SENSING}{   1003.0000 UPDATERECORD}
```

上述示例程序主要使用 IDLdbDatabase 对象和 IDLdbRecordset 对象进行数据库操作。需要注意，IDLdbRecordset 对象受 ODBC 驱动的限制，某些操作支持得不一定很好。例如，在示例中添加数据记录的过程中，IDLdbRecordset 对象提供了 ADDRECORD 方法用于添加数据记录，但在 Excel 文件中用该方法添加记录并不好用(例如语句“orecordset->addrecord, 1003”可以正常添加记录，而语句“orecordset->addrecord, 1003, 'TEST'”则报错)。由于 IDLdbDatabase 对象直接支持 SQL，因此选择使用 SQL 语句实现数据记录添加。读者在实际使用过程中可以针对具体数据库系统选择合适的操作方式，快速实现数据处理。对数据库操作感兴趣的读者可以继续优化与完善 Excel 电子表格数据处理，或者操作其他数据库系统。

第6章　高效程序设计

高效算法不但可以节省大量内存，而且可以大幅度提高程序的运算效率。因此，在程序设计过程中，合理地分配、使用和管理内存的同时，还要考虑使用高效的算法。通过前面章节内容的学习，我们可以利用 IDL 设计并实现具有一定功能的程序。如果想设计出高效的程序，还是具有一定的难度，因为这不仅要求用户熟练掌握 IDL 的语法和用法，同时还需要一定的编程经验。在使用 IDL 编写程序时，应考虑 IDL 自身在时间和空间的优化，充分利用 IDL 的特点。

6.1　时 间 优 化

IDL 适用于数据快速处理与分析的一个重要原因是很多函数基于数组运算，这样很多功能可以通过函数直接实现，避免使用循环操作。需要注意，在 IDL 程序设计过程中，尽可能地避免使用循环语句，尤其在处理大数据时循环语句的操作效率较低。

图像经过傅里叶变换后，通常需要将低频部分移到频谱的中心，这个过程涉及图像平移。由于 IDL 7.1 以上版本已经支持变换后将低频部分平移到频谱的中心，以下部分示例代码仅以二维数据平移为例，通过不同的实现方法实现时间优化。

1. 基于像素平移

对于程序设计初学者而言，最常规的方法是逐像素平移。示例代码如下。

```
function dopixel,data                        ;基于像素平移
datainfo=size(data,/dimensions)              ;获取数据的维度
cols=datainfo[0]                             ;获取数据的列数
rows=datainfo[1]                             ;获取数据的行数
for j=0,rows-1 do begin                      ;按列平移
  for m=0,cols/2-1 do begin                  ;以原点为中心，平移一半
  tem=data[cols-1,j]                         ;记录最后一列数据
  for i=cols-2,0,-1 do begin                 ;逐像素依次平移数据
    data[i+1,j]=data[i,j]
```

```
    endfor
    data[0,j]=tem                          ;最后一列数据移动到第一列
    endfor
  endfor
  for j=0,cols-1 do begin                  ;按行平移
    for m=0,rows/2-1 do begin
    tem=data[j,rows-1]
    for i=rows-2,0,-1 do begin
      data[j,i+1]=data[j,i]
    endfor
    data[j,0]=tem
    endfor
  endfor
  return,data                              ;返回数据
  end
```

2. 基于行列平移

在基于像素平移的基础上，利用 IDL 具有数组操作的优势，可以按行列进行整体平移。示例代码如下。

```
  function docolandrow,data                ;基于行列平移
  datainfo=size(data,/dimensions)
  cols=datainfo[0]
  rows=datainfo[1]
    for m=0,cols/2-1 do begin              ;按整列平移
      tem=data[cols-1,*]
    for i=cols-2,0,-1 do begin
      data[i+1,*]=data[i,*]
    endfor
    data[0,*]=tem
    endfor
    for m=0,rows/2-1 do begin              ;按整行平移
    tem=data[*,rows-1]
    for i=rows-2,0,-1 do begin
      data[*,i+1]=data[*,i]
    endfor
```

```
  data[*,0]=tem
  endfor
return,data
end
```

3. 基于指针行列平移

利用 IDL 具有数组操作的优势结合指针，可以按行列进行整体平移。示例代码如下。

```
function dopointer,data                          ;基于指针行列平移
datainfo=size(data,/dimensions)
cols=datainfo[0]
rows=datainfo[1]
outdata=ptr_new(data,/no_copy)                   ;创建指针
  for m=0,cols/2-1 do begin
   tem=(*outdata)[cols-1,*]
  for i=cols-2,0,-1 do begin
    (*outdata)[i+1,*]=(*outdata)[i,*]            ;指针子数组移动
  endfor
  (*outdata)[0,*]=tem
  endfor
  for m=0,rows/2-1 do begin
   tem=(*outdata)[*,rows-1]
  for i=rows-2,0,-1 do begin
    (*outdata)[*,i+1]=(*outdata)[*,i]
  endfor
  (*outdata)[*,0]=tem
  endfor
data=*outdata
ptr_free,outdata                                 ;销毁指针
return,data
end
```

4. 基于增加存储空间平移

在内存充分的条件下，可以通过增加存储空间来提高处理速度。利用 IDL 具有数组操作的优势，结合增加存储空间，可以按行列进行整体平移。示例代

码如下。

```
function doarray,data                ;基于增加存储空间平移
datainfo=size(data,/dimensions)
cols=datainfo[0]
rows=datainfo[1]
outdata=data
for i=0,cols-1 do begin
  t=i+cols/2
  if t gt cols-1 then t=t-cols
  outdata[t,*]=data[i,*]
endfor
data=outdata                         ;保存列平移结果
for i=0,rows-1 do begin
  t=i+rows/2
  if t gt rows-1 then t=t-rows
  outdata[*,t]=data[*,i]
endfor
return,outdata
end
```

5. 基于数组下标平移

在内存充分的条件下，可以通过增加存储空间和减少循环语句来提高处理速度。利用 IDL 具有数组操作的优势结合增加存储空间，可以按行列进行整体平移。示例代码如下。

```
function doarrayindex,data       ;基于数组下标平移
datainfo=size(data,/dimensions)
cols=datainfo[0]
rows=datainfo[1]
outdata=data
outdata[*,0:rows/2-1]=data[*,round(rows/2.):*]
                                     ;注意下标的表示
outdata[*,rows/2:*]=data[*,0:round(rows/2.)-1]
data=outdata
outdata[0:cols/2-1,*]=data[round(cols/2.):*,*]
outdata[cols/2:*,*]=data[0:round(cols/2.)-1,*]
```

```
return,outdata
end
```

6. 基于函数平移

利用 IDL 优化函数直接平移处理。示例代码如下。

```
function dofunction,data          ;基于函数平移
datainfo=size(data,/dimensions)
cols=datainfo[0]
rows=datainfo[1]
data=shift(data,cols/2,rows/2)
return,data
end
```

分别使用以上六种方法，以 512×512 像素为例，测试代码如下。

```
pro Sixdotesttime
cols=512
rows=512
file='F:\IDLprogram\Data\imagery_vv.tif'
idata=read_tiff(file,sub_rect=[0,0,cols,rows])
idata=fft(idata)                    ;FFT 变换，新版本支持 CENTER
idata=alog10(abs(idata)^2)          ;频谱转换
data=idata
starttime=systime(1)
tdata=dopixel(data)
print,'基于像素平移耗时：',systime(1)-starttime
data=idata
starttime=systime(1)
tdata=docolandrow(data)
print,'基于行列平移耗时：',systime(1)-starttime
data=idata
starttime=systime(1)
tdata=dopointer(data)
print,'基于指针行列平移耗时：',systime(1)-starttime
data=idata
starttime=systime(1)
tdata=doarray(data)
```

```
print,'基于增加存储空间平移耗时：',systime(1)-starttime
data=idata
starttime=systime(1)
tdata=doarrayindex(data)
print,'基于数组下标平移耗时：',systime(1)-starttime
data=idata
starttime=systime(1)
tdata=dofunction(data)
print,'基于函数平移耗时：',systime(1)-starttime
end
```

程序运行情况如下。

```
IDL> Sixdotesttime
基于像素平移耗时：      25.615000
基于行列平移耗时：      1.8279998
基于指针行列平移耗时：      1.8659999
基于增加存储空间平移耗时：      0.0090000629
基于数组下标平移耗时：      0.0039999485
基于函数平移耗时：    0.00099992752
```

从上面的运行结果可以看出，不同程序实现相同功能的处理时间各不相同。例如，IDL 内置平移函数的处理速度是基于像素平移算法的 2.56 万倍，且随着处理的数据的增加，运算速度的差距会越大，如果是 2048×2048 像素，则上述处理速度比达到 9 万倍。

如果调试的程序比较复杂，不能快速发现程序需要优化的部分，可以借助 IDL 的 PROFILER 过程进行时间分析。以 Sixdotesttime 为例，分别在程序的开始添加如下语句。

```
profiler                    ;默认统计用户自定义过程和函数
profiler,/system            ;统计系统过程和函数
```

在程序结束前添加如下语句。

```
profiler,/report            ;输出统计结果
```

程序将在原有基础上输出如下信息。

```
Module  Type  Count  Only(s)  Avg.(s)  Time(s)  Avg.(s)
ABS     (S)  1    0.000597  0.000597   0.000597  0.000597
ALOG10   (S)  1   0.001012  0.001012   0.001012  0.001012
DOARRAY  (U)  1   0.008946  0.008946   0.008946  0.008946
DOARRAYINDEX (U) 1  0.004029  0.004029  0.004036  0.004036
```

```
DOCOLANDROW (U) 1  1.827754  1.827754  1.827754  1.827754
DOFUNCTION (U)  1  0.000101  0.000101  0.000612  0.000612
DOPIXEL (U) 1  25.644277  25.644277  25.644277  25.644277
DOPOINTER (U)  1  1.862192  1.862192  1.862306  1.862306
FFT      (S) 1   0.015504  0.015504   0.015504  0.015504
PRINT     (S)  6  0.000237  0.000039  0.000237  0.000039
PTR_FREE    (S)  1  0.000109  0.000109  0.000109  0.000109
PTR_NEW   (S)  1  0.000004  0.000004  0.000004  0.000004
READ_TIFF (S)  1  0.003783  0.003783  0.003783  0.003783
ROUND  (S)   4  0.000008  0.000002  0.000008  0.000002
SHIFT   (S)  1  0.000512  0.000512  0.000512  0.000512
SYSTIME  (S)  12  0.000034  0.000003  0.000034  0.000003
```

根据 PROFILER 函数输出结果可以对待分析的功能运行时间进行分析，以便进一步优化程序。

上面主要是从常规算法层面说明时间优化。在程序设计过程中，我们还可以从处理过程入手，采用并行计算进行时间优化。本书最后一章简单介绍基于 IDL_IDLBridge 的并行计算。

6.2 空间优化

在程序设计过程中，尤其是在大数据处理情况下，内存空间的优化是一个重要方面。在 IDL 中，内存空间可以从内存的申请、使用和释放来优化。

1. 内存的申请

在程序设计过程中，根据需要申请合理的数据类型变量，变量的使用越少越好，不用或少用全局变量，部分可用指针变量代替。例如，对一图像做掩膜处理，所用的掩膜变量采用字节型就可以满足要求。

在程序调试过程中，通常会遇到如下提示。

```
% Unable to allocate memory: to make array.
  Not enough space
```

这种提示一般在一次申请一个大且连续的存储空间时出现，说明无法提供足够的内存进行数组创建。由于系统的内存是有限的，对于 32 位操作系统而言，一般一次最大可以申请 1～2G 连续的内存，在申请超过 2G 内存或内存中存在碎片时(即使 Windows 下的资源管理器中内存显示可用的有 1G，IDL 也是申请不了 1G

内存)均可能会出现上述提示。对于 64 位操作系统而言,内存不受 4G 限制(在 128G 内存的图形工作站上可以实现 data=dindgen(36000,18000,20)语句，大约 96.6G)。因此，在操作系统和系统内存确定的情况下，需要考虑内存分块处理和清理。

2. 内存的使用

由于 IDL 管理数组比管理变量更方便快捷，因此在程序设计过程中多使用数组，少使用变量。在 IDL 中，数组是按行存储，因此按照数组在内存中的存储顺序对数组进行处理，将会提高处理速度。

以前面基于行列平移傅里叶变换结果为例，测试按行变换和列变换的顺序进行。示例代码如下。

```
function doacolandrow,data              ;基于行列平移
datainfo=size(data,/dimensions)
cols=datainfo[0]
rows=datainfo[1]
stime=systime(1)
  for m=0,cols/2-1 do begin             ;按整列平移
  tem=data[cols-1,*]
  for i=cols-2,0,-1 do begin
    data[i+1,*]=data[i,*]
  endfor
  data[0,*]=tem
  endfor
print,'按列平移耗时: ',systime(1)-stime
stime=systime(1)
  for m=0,rows/2-1 do begin             ;按整行平移
  tem=data[*,rows-1]
  for i=rows-2,0,-1 do begin
    data[*,i+1]=data[*,i]
  endfor
  data[*,0]=tem
  endfor
print,'按行平移耗时: ',systime(1)-stime
return,data
end
pro Sixdotestarray
```

```
cols=2048;*1.5
rows=2048;*1.5
file='F:\IDLprogram\Data\imagery_vv.tif'
data=read_tiff(file,sub_rect=[0,0,cols,rows])
data=fft(data)
data=alog10(abs(data)^2)
starttime=systime(1)
data=doacolandrow(data)
print,'基于行列平移耗时：',systime(1)-starttime
delvar,data                              ;删除变量 data
end
```

程序运行情况如下。

```
IDL> Sixdotestarray
按列平移耗时：        106.67300
按行平移耗时：        18.408000
基于行列平移耗时：        125.08100
```

从上面的运行结果可以看出，按列平移的耗时是按行平移耗时的 5 倍多，说明按行处理时间优于按列处理。由于基于行列平移傅里叶变换结果涉及按行与按列两个方向平移，且测试数据行列数相等，程序可以用于测试按行列处理时间。在实际使用过程中，结合需求，按照数据存储的顺序进行数据处理可以提高处理速度。

3. 内存的释放

在 IDL 程序中，变量所占的内存可以通过 DELVAR 过程、TEMPORARY 函数和!Null 进行内存释放处理，避免出现内存不足问题。DELVAR 可以直接删除不需要的变量并释放内存，但只能在主程序中使用；!Null 用于对不需要的变量直接赋值，释放内存。

TEMPORARY 函数主要用于赋值运算，返回单个变量的临时备份，节省存储空间。以整型二维数组 data[2048,2048]为例，分别执行以下语句。

语句 1：data=data+1

语句 2：data=temporary(data)+1

实现数组元素加 1 运算，但语句 2 比语句 1 少用一半的存储空间。需要注意以下问题。

① 如果运算涉及数据类型转换，TEMPORARY 函数将不起内存释放作用。以前面傅里叶变换语句为例，由于输入数据为字节型 data[2048,2048]，而变换结

果为复数型，因此使用语句 data=fft(temporary(data))并不能减少内存。

② 如果不涉及数据类型转换，TEMPORARY 函数仅适用于赋值运算右边出现一次情况，如果出现多个运算符作用于数组，只能拆分成多个语句执行，否则程序出错。例如，执行以下语句。

```
IDL> data=indgen(128,128)
IDL> data=temporary(data)/(max(data))
% MAX: Variable is undefined: DATA.
% Execution halted at: $MAIN$
```

因此，要正确实现节省内存与提高处理效率，上述语句可以写成如下语句。

```
data=indgen(3,2)& maxd=max(data) & data=temporary(data)*
(1.0/maxd)
```

③ 当数组被子数组替代时，TEMPORARY 函数使用范围不同，实现效果也不一样。分别执行以下语句。

语句 1: subdata=temporary(data[0:31,0:31])

语句 2: subdata=(temporary(data))[0:31,0:31]

语句 1 子数组 data[0:31,0:31]通过值传递到 TEMPORARY 函数时并不能实现更改，而语句 2 通过地址传递到 TEMPORARY 函数时，子数组从返回的数组中抽取出来，实现内存空间优化。

第7章　图形用户界面设计

图形用户界面(graphical user interface，GUI)是指采用图形方式显示的计算机操作用户界面。IDL中图形用户界面需要通过代码来实现，程序界面结合鼠标或键盘事件的触发与响应处理共同构成一个完整的应用程序。IDL 7.0以前的版本支持基于GUIbuilder的用户图形界面设计，之后的版本放弃了基于GUIbuilder的用户图形界面设计。本章主要介绍IDL部分常用的组件。

7.1　常 用 组 件

7.1.1　BASE组件

BASE组件(WIDGET_BASE)，又称为容器组件。在IDL中，任何界面都必须以Base组件作为基础界面，创建BASE组件的格式如下。

```
Result=WIDGET_BASE([Parent] [,/Keywords])
```

说明：返回值Result表示该组件的身份标识(ID)；Parent表示创建该组件的上一级组件ID，创建顶级Base组件时，省略该参数；Keywords表示可选关键字，其中部分关键字的用法与随后介绍的其他组件用法相同。

常用的关键字如下。

1. 窗口创建相关关键字

CONTEXT_MENU：用于在该组件上创建一快捷菜单。

EXCLUSIVE：用于创建单选按钮组件(RadioButtion)。

FLOATING：用于创建浮动窗口，可以移动。

GROUP_LEADER：用于给出该组件的上一级组件，主要用于创建模式框窗口，需要注意在创建模式框窗口时必须使用该关键字。

MBAR：用于创建菜单栏，创建方式为MBAR=MENUID，MENUID是菜单栏组件ID。

MODAL：用于创建模式框窗口，当模式框窗口被激活时，其他组件均被锁定，直到该窗口关闭。

NONEXCLUSIVE：用于创建复选按钮组件(CheckBox)。

TLB_FRAME_ATTR：用于创建不同类型的窗口，用不同的数值表示窗口是否可以最大/最小化，是否可以改变大小，是否显示菜单，是否显示标题栏，是否可以移动等。具体含义如下。

1：设置窗口不显示最大/小化按钮，无法进行大小更改、最大化和最小化操作。

2：设置窗口不显示菜单。

4：设置窗口不显示标题栏。

8：设置窗口不显示关闭按钮，无法进行关闭操作。

16：设置窗口不能进行移动操作。

该关键字只能用于顶级 BASE，其数值可以累加，如 17=1+16，表示创建的窗口无最大/小化按钮，无法进行大小更改、最大化、最小化和移动操作。

TOOLBAR：用于创建具有位图的工具栏。

2. 事件相关关键字

CONTEXT_EVENTS：产生一个弹出快捷菜单事件，当在该组件上点击鼠标右键时触发。

EVENT_FUNC：用于设置对事件的响应函数，当操作该组件时触发。

EVENT_PRO：用于设置对事件的响应过程，当操作该组件时触发。

KILL_NOTIFY：用于设置组件释放事件的响应过程，当组件释放时触发。

MAP：用于设置控件是否可见，其中设置 0 表示该组件不可见，设置非 0 表示该组件可见。

SENSITIVE：用于设置组件是否可操作，其中设置 0 表示该组件不可操作，设置非 0 表示该组件可以操作。

TLB_ICONIFY_EVENTS：产生一个事件，在该组件被最小化或者还原时触发。

TLB_KILL_REQUEST_EVENTS：产生一个事件，在该组件被关闭时触发。

TLB_MOVE_EVENTS：产生一个事件，在该组件被移动时触发。

TLB_SIZE_EVENTS：产生一个事件，在该组件被改变大小时触发。

TRACKING_EVENTS：用于设置组件的跟踪事件，鼠标进入或退出组件所在的区域时触发。

3. 布局关键字

ALIGN_BOTTOM：用于设置组件底部对齐。

ALIGN_CENTER：用于设置组件居中对齐。

ALIGN_LEFT：用于设置组件左对齐。

ALIGN_RIGHT：用于设置组件右对齐。

ALIGN_TOP：用于设置组件顶部对齐。

BASE_ALIGN_BOTTOM：用于设置子 BASE 组件底部对齐。

BASE_ALIGN_CENTER：用于设置子 BASE 组件居中对齐。

BASE_ALIGN_LEFT：用于设置子 BASE 组件左对齐。

BASE_ALIGN_RIGHT：用于设置子 BASE 组件右对齐。

BASE_ALIGN_TOP：用于设置子 BASE 组件顶部对齐。

COLUMN：用于设置组件按列数布局。

ROW：用于设置组件按行数布局。

XOFFSET：用于设置组件沿 X 轴方向偏移。

XPAD：用于设置组件与其父组件沿 X 轴方向偏移。

XSIZE：用于设置组件沿 X 轴方向大小。

X_SCROLL_SIZE：用于设置组件沿 X 轴方向滚动大小。

YOFFSET：用于设置组件沿 Y 轴方向偏移。

YPAD：用于设置组件与其父组件沿 Y 轴方向偏移。

YSIZE：用于设置组件沿 Y 轴方向大小。

Y_SCROLL_SIZE：用于设置组件沿 Y 轴方向滚动大小。

4. 其他关键字

除上述关键字，还有用于控制组件显示和数据传递等关键字，这里不一一列出。需要注意的是，部分关键字不能同时使用，具体可参阅帮助或其他参考资料。

WIDGET_BASE 组件示例程序如下。

```
pro widgetbasesample
  xsize=320
  ysize=40
  title=['BASE 示例窗口','FLOATING 示例窗口','MODEL 示例窗口
','TLB_FRAME_ATTR=17 示例窗口']
    baseid=widget_base(title=title[0],xsize=xsize,ysize=
ysize,xoffset=200,yoffset=100)
    widget_control,baseid,/realize
    fbaseid=widget_base(group_leader=baseid,title=title
[1],xsize=xsize,ysize=ysize,xoffset=540,yoffset=100,/float
ing)
    widget_control,fbaseid,/realize
    mbaseid=widget_base(group_leader=baseid,title=title
```

```
[2],xsize=xsize,ysize=ysize,xoffset=200,yoffset=190,/modal)
    widget_control,mbaseid,/realize
    tbaseid=widget_base(title=title[3],xsize=xsize,ysize
=ysize,xoffset=540,yoffset=190,tlb_frame_attr=17)
    widget_control,tbaseid,/realize
  end
```

程序运行情况如图 7-1 所示。

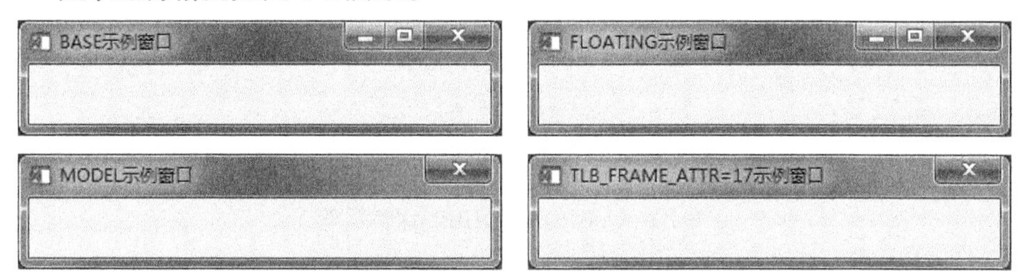

图 7-1　WIDGET_BASE 组件示例

7.1.2　文本组件

IDL 常用的文本组件有标签组件(WIDGET_LABEL)和文本编辑组件(WIDGET_TEXT)。

1. 标签组件

主要用于图形界面的文字说明或状态信息的输出，创建标签组件格式如下。

```
Result=WIDGET_LABEL([Parent] [,/Keywords])
```

说明：返回值 Result 表示该组件的身份标识(ID)；Parent 表示创建该组件的上一级组件 ID；Keywords 表示可选关键字。

常用的关键字如下。

DYNAMIC_RESIZE：用于设置组件的大小是否随标签的内容自动调整。

FRAME：用于设置标签边框的宽度。

VALUE：用于设置标签的显示内容。

WIDGET_LABEL 组件示例程序如下。

```
pro widgetlabelsample
   baseid=widget_base(title='LABEL 示 例 窗 口 ',xsize=480,
ysize=64,xoffset=200,yoffset=100,/column)
     llid=widget_label(baseid,value='LABEL 对齐示例',/align_
left)
     clid=widget_label(baseid,value='LABEL 对齐示例',/align_
center)
```

```
  rlid=widget_label(baseid,value='LABEL 对齐示例',/align_
right)
  flid=widget_label(baseid,value='LABEL 边框示例',/align_
center,/frame)
  widget_control,baseid,/realize
end
```

程序运行情况如图 7-2 所示。

图 7-2 WIDGET_LABEL 组件示例

2. 文本编辑组件

主要用于图形界面的文本获取与编辑，创建文本编辑组件格式如下。

```
Result=WIDGET_TEXT([Parent] [,/Keywords])
```

说明：返回值 Result 表示该组件的身份标识(ID)；Parent 表示创建该组件的上一级组件 ID；Keywords 表示可选关键字。

常用的关键字如下。

ALL_EVENTS：产生一个事件，当文本编辑框的内容改变时触发。

EDITABLE：用于设置文本编辑框内容能否被编辑。

FONT：用于设置文本的字体。

NO_NEWLINE：用于设置阻止自动增加新行。

SCROLL：用于设置创建一个带有滚动条的文本编辑框。

WRAP：用于设置文本编辑框能否处于自动换行状态。

WIDGET_TEXT 组件示例程序如下。

```
pro widgettextsample
  baseid=widget_base(title='TEXT 示例窗口',xsize=280,ysize=
200,xoffset=200,yoffset=100,/column)
  etxt=widget_text(baseid,value='可编辑 TEXT 示例',/align_
center,editable=1)
  ntxt=widget_text(baseid,value='不可编辑 TEXT 示例',/align_
left,editable=0)
  mtxt=widget_text(baseid,value=['TEXT 多行示例 0','TEXT 多
行示例 1'],ysize=2,/frame)
```

```
    stxt=widget_text(baseid,value=['TEXT滚动示例0','TEXT滚动示例1'],/scroll)
    wstxt=widget_text(baseid,value=['TEXT 滚动+自动换行示例:TEXT 滚动+自动换行示例内容 0','TEXT 滚动+自动换行示例内容 1','TEXT滚动+自动换行示例内容 2'],ysize=2,/wrap,/scroll)
    widget_control,baseid,/realize
end
```

程序运行情况如图 7-3 所示。

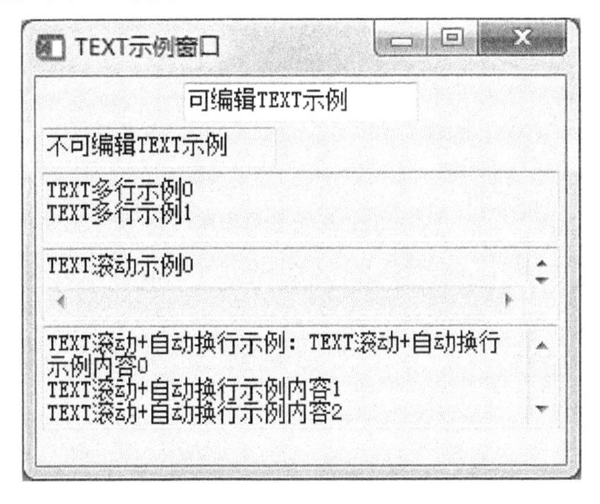

图 7-3　WIDGET_TEXT 组件示例

7.1.3　按钮组件

IDL 中常用的按钮组件(WIDGET_BUTTON)有常规按钮、位图按钮、单选按钮、复选按钮和菜单按钮，创建按钮组件格式如下。

```
Result=WIDGET_BUTTON([Parent] [,/Keywords])
```

说明：返回值 Result 表示该组件的身份标识(ID)；Parent 表示创建该组件的上一级组件 ID；Keywords 表示可选关键字。

常用的关键字如下。

BITMAP：用于创建位图按钮，与关键字 VALUE 配合使用。

CHECKED_MENU：用于设置菜单项为开关菜单，其上一级组件必须为关键字 MENU 或 CONTEXT_MENU 创建的组件。

DYNAMIC_RESIZE：用于设置按钮组件的大小随着按钮名称的大小自动调整。

MENU：用于创建子菜单按钮。

PUSHBUTTON_EVENTS：用于产生一个事件，当鼠标点击按钮时触发。

SEPARATOR：用于创建菜单分割线。

TOOLTIP：用于设置提示信息，当鼠标移动到该组件上时触发。

WIDGET_BUTTON 组件示例程序如下。

```
pro widgetbuttonsample
  baseid=widget_base(title='按钮组件示例窗口',xsize=400,
ysize=120,xoffset=200,yoffset=100,mbar=mbar,/column)
    mid=widget_button(mbar,value='菜单按钮示例')
    smid=widget_button(mid,value='子菜单项 0')
    spmid=widget_button(mid,value='子菜单项 1',/separator,
/menu)
    scmid=widget_button(spmid,value='二级子菜单项')
  tbaseid=widget_base(baseid,/row,/frame,/align_right)
    toid=widget_button(tbaseid,value=filepath('open.bmp',
subdir='resource/bitmaps'),tooltip='工具栏位图打开按钮示例
',/bitmap)
    tsid=widget_button(tbaseid,value='工具栏保存按钮示例
',tooltip='工具栏保存按钮示例')
  bbaseid=widget_base(baseid,/row,/align_right)
    bbid=widget_button(bbaseid,value='常规按钮示例')
  rbaseid=widget_base(baseid,/row,/exclusive)
    rmid=widget_button(rbaseid,value='单选按钮示例 0')
    rwid=widget_button(rbaseid,value='单选按钮示例 1')
  cbaseid=widget_base(baseid,/row,/nonexclusive)
    cmid=widget_button(cbaseid,value='多选按钮示例 0')
    cwid=widget_button(cbaseid,value='多选按钮示例 1')
  widget_control,baseid,/realize
end
```

程序运行情况如图 7-4 所示。

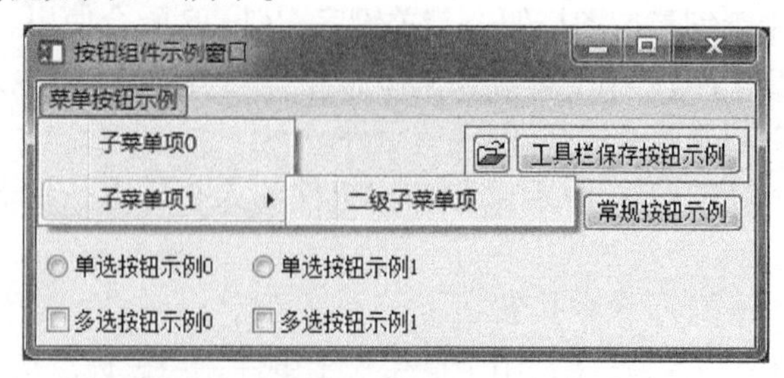

图 7-4　WIDGET_BUTTON 组件示例

7.1.4　图形显示组件

IDL 的图形显示组件(WIDGET_DRAW)可以为用户提供一个可视化的场所，在图形显示区域内可以绘制各种图形，显示各种图像和输出各种文字信息等。创建图形显示组件格式如下。

Result=WIDGET_DRAW ([Parent] [,/Keywords])

说明：返回值 Result 表示该组件的身份标识(ID)；Parent 表示创建该组件的上一级组件 ID；Keywords 表示可选关键字。

常用的关键字如下。

APP_SCROLL：用于创建一个带有滚动条的图形显示组件。

BUTTON_EVENTS：用于产生一个事件，当鼠标在图形显示区域有按钮操作时触发。

COLOR_MODEL：用于设置对象图形法下的色彩模式，1 为索引颜色，非 1 为 RGB 颜色。

EXPOSE_EVENTS：用于产生一个事件，当图形显示区域被隐藏后恢复显示、最大最小化状态恢复正常显示或使用图形显示区域滚动条时触发。

GRAPHICS_LEVEL：用于设置图形显示窗口模式，2 为对象图形窗口，非 2 为直接图形窗口。

MOTION_EVENTS：用于产生一个事件，当鼠标在图形显示区域移动时触发。

RENDERER：用于设置图形生成方式，0 为使用 OpenGL，1 为使用 IDL 系统。

RETAIN：用于设置是否对程序和数据进行备份，0 为不备份，1 为采用操作系统进行备份，2 为采用 IDL 进行备份。

TRACKING_EVENTS：用于产生一个事件，当鼠标进入图形显示区域内时触发。

WHEEL_EVENTS：用于产生一个事件，当使用鼠标滚轮操作时触发。

WIDGET_DRAW 组件示例程序如下。

```
pro widgetdrawsample
  baseid=widget_base(title='直接图形法示例窗口',xoffset=
200,yoffset=100)
    drawid=widget_draw(baseid,xsize=600,ysize=600,x_
scroll_size=240,y_scroll_size=80,graphics_level=1)
  obaseid=widget_base(title='对象图形法示例窗口',xoffset=
400,yoffset=100)
```

```
    odrawid=widget_draw(obaseid,xsize=600,ysize=600,x_
scroll_size=240,y_scroll_size=80,graphics_level=2)
   widget_control,baseid,/realize
   widget_control,obaseid,/realize
end
```

程序运行情况如图 7-5 所示。从运行效果来看，直接图形法示例窗口与对象图形法示例窗口显示效果一样，主要区别在于图形显示的实现不一样，具体内容在随后的章节介绍。

图 7-5 WIDGET_DRAW 组件示例

7.1.5 列表选择组件

IDL 常用的列表选择组件包含下拉列表组件(WIDGET_DROPLIST 和 WIDGET_COMBOBOX)和列表组件(WIDGET_LIST)，为用户提供从一组固定的选项中选择一个或多个选项。

1. 下拉列表组件(WIDGET_DROPLIST)

主要用于显示一个项目列表供用户选择，创建列表组件格式如下。

```
Result=WIDGET_DROPLIST([Parent] [,/Keywords])
```

说明：返回值 Result 表示该组件的身份标识(ID)；Parent 表示创建该组件的上一级组件 ID；Keywords 表示可选关键字。

常用的关键字如下。

TITLE：用于设置下拉列表显示的标题

VALUE：用于设置列表组件中用于显示和选择的内容。

2. 下拉列表组件(WIDGET_COMBOBOX)

与 WIDGET_DROPLIST 类似，所不同的是 WIDGET_COMBOBOX 的内容可以编辑。创建列表组件格式如下。

```
Result=WIDGET_COMBOBOX([Parent] [,/Keywords])
```

说明：返回值 Result 表示该组件的身份标识(ID)；Parent 表示创建该组件的

上一级组件 ID；Keywords 表示可选关键字。

常用的关键字如下。

EDITABLE：用于设置下拉列表内容可以编辑。

3. 列表组件

与下拉列表组件类似，用于显示一个项目列表供用户选择，可以实现单选，也可以实现多选，创建列表组件格式如下。

Result=WIDGET_LIST([Parent] [,/Keywords])

说明：返回值 Result 表示该组件的身份标识(ID)；Parent 表示创建该组件的上一级组件 ID；Keywords 表示可选关键字。

常用的关键字如下。

MULTIPLE：用于设置列表组件能否实现多选。

VALUE：用于设置列表组件中用于显示和选择的内容。

列表选择组件示例程序如下。

```
pro widgetlistsample
  baseid=widget_base(title='列表选择示例窗口',ysize=42,
xoffset=200,yoffset=100,/row)
    dropid=widget_droplist(baseid,/dynamic_resize,value=
['DROPLIST示例0','DROPLIST示例1','DROPLIST示例2'])
    combid=widget_combobox(baseid,/dynamic_resize,value=
['COMBOBOX 示例 0','COMBOBOX 示例 1','COMBOBOX 示例 2'],
/editable)
    listid=widget_list(baseid,value=['LIST 示例 0','LIST
示例1','LIST示例2'],ysize=2,/multiple)
  widget_control,baseid,/realize
end
```

程序运行情况如图 7-6 所示。

图 7-6　列表组件示例

7.1.6　对话框组件

IDL 常用的对话框组件包含消息对话框组件(DIALOG_MESSAGE)和文件选

择对话框组件(DIALOG_PICKFILE)。

1. 消息对话框组件

主要用于向用户显示一些通知消息，创建消息对话框组件格式如下。

```
Result=DIALOG_MESSAGE(Message_Text [,/Keywords])
```

说明：返回值 Result 表示用户在消息对话框中选择按钮的标签；Message_Text 表示输出信息文本的内容；Keywords 表示可选关键字。

常用的关键字如下。

CANCEL：用于设置消息对话框中添加一个取消按钮。

DEFAULT_CANCEL：用于设置消息对话框中取消为默认选择按钮。

DEFAULT_NO：用于设置消息对话框中否为默认选择按钮。

DIALOG_PARENT：用于设置消息对话框组件显示在指定的组件上。

ERROR：用于设置创建错误提示对话框。

INFORMATION：用于设置创建信息提示对话框。

QUESTION：用于设置创建问题对话框组件。

TITLE：用于设置对话框组件的标题。

DIALOG_MESSAGE 消息对话框组件示例程序如下。

```
pro dialogmessagesample
  ok=dialog_message('信息提示！ ',title='信息提示示例',/
information)
  ok=dialog_message('错误提示！ ',title='错误提示示例',/
error)
  ok=dialog_message('问题提示！ ',title='问题提示示例',/
question)
end
```

程序运行情况如图 7-7 所示，请读者自行分析不同对话框的返回值。

图 7-7　DIALOG_MESSAGE 对话框示例

2. 文件选择对话框组件

主要用于浏览计算机上的文件或文件夹，并选择打开一个或多个文件(文件夹)。创建文件选择对话框组件格式如下。

```
Result=DIALOG_PICKFILE([,/Keywords])
```

说明：返回值 Result 表示用户选择的文件名或文件夹名；Keywords 表示可选关键字。

常用的关键字如下。

DIRECTORY：用于设置选择文件目录。

FILTER：用于设置过滤文件类型。

MULTIPLE_FILES：用于设置选择多个文件。

TITLE：用于设置文件选择对话框组件的标题。

DIALOG_PICKFILE 文件选择对话框组件示例程序如下。

```
pro dialogpickfilesample
dir=dialog_pickfile(title='文件夹选择示例',/directory)
print,'文件夹示例选择文件夹名：',dir
cd,dir ;设置当前选择路径为默认路径
file=dialog_pickfile(title='单文件选择示例',filter='*.pro')
print,'单文件示例选择文件名：',file
files=dialog_pickfile(title='多文件选择示例',/multiple_files)
print,'多文件示例选择文件名：',files
end
```

程序运行情况如图 7-8 所示。

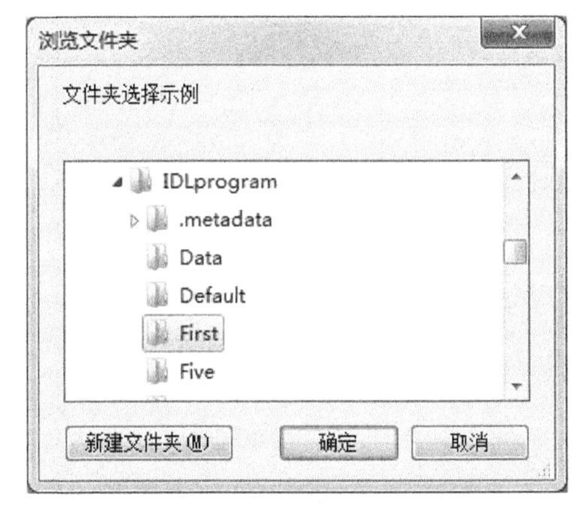

图 7-8　文件夹选择对话框示例

选择待选择的文件夹，输出

F:\IDLprogram\First\。

单文件选择对话框界面如图 7-9 所示。

选择待选择的单文件，输出

F:\IDLprogram\First\first.pro。

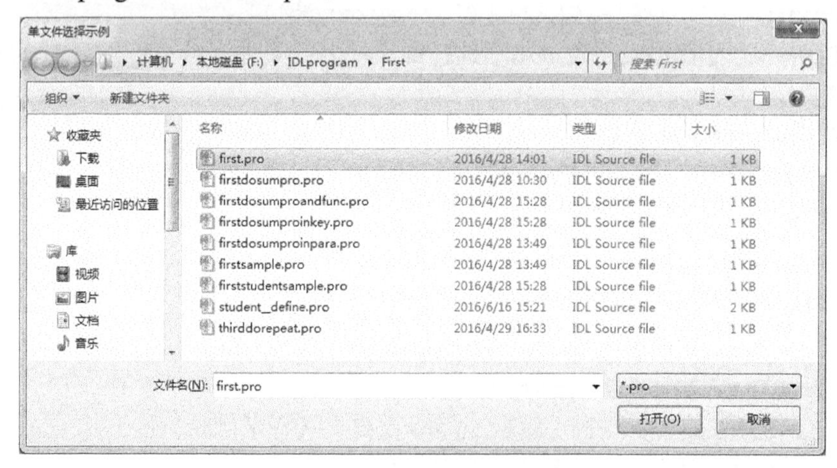

图 7-9　单文件选择对话框示例

多文件选择对话框界面如图 7-10 所示。

选择待选择的单文件，输出

F:\IDLprogram\First\first.pro 和 F:\IDLprogram\First\ firstdosumpro.pro。

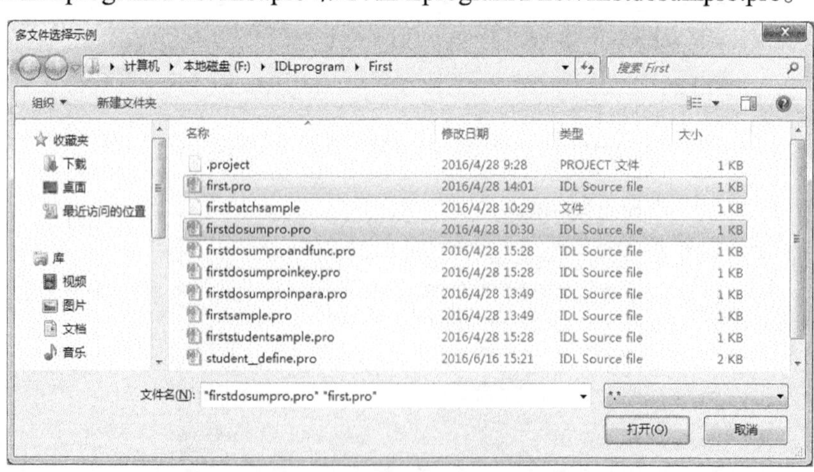

图 7-10　多文件选择对话框示例

除了上述组件，IDL 还提供一些具备某些功能的复合界面，均以 CW_开头，详细内容可参考 Help 列表。

7.2 应用程序界面设计

7.2.1 用户图形界面设计方法

应用程序的可视化界面由许多组件组成。在应用程序设计中，界面设计是应用程序设计最基础的工作。IDL 用户图形界面的应用程序设计主要包含以下步骤。

① 通过需求分析，列出程序的功能模块及其组成结构。

② 根据 GUI 组件之间的关系，给出结构和布局合理的 GUI 设计方案。

③ 基于 GUI 的设计方法实现 GUI，即通过调用界面的单元组件创建函数实现界面构建，调用成功后返回界面的 ID。

④ 显示 GUI，即通过 WIDGET_CONTROL 过程实现组件控制，显示界面。

⑤ 对 GUI 进行事件触发与响应控制，通过 XMANAGER 过程关联事件或组件指定事件。

⑥ 对 GUI 组件的属性、事件进行设置和控制处理，通过 WIDGET_CONTROL 过程和 WIDGET_INFO 过程实现设置与控制，一般用 WIDGET_CONTROL 过程控制顶级容器的 uvalue 用于实现数据传递。

⑦ 设计并实现 GUI 中各个组件之间的相互控制。

⑧ 设计事件的具体处理方法，编写组件各个事件对应的功能过程或函数。

⑨ 设计 GUI 关闭时的析构函数。

7.2.2 组件的控制

当一个组件创建完成，经常需要设置其属性或者获取其状态信息。IDL 提供了 TAG_NAMES 函数、WIDGET_CONTROL 过程和 WIDGET_INFO 函数实现组件的控制。

1. TAG_NAMES 函数

用于获取每一个事件对应的结构体名称和结构体成员名称。TAG_NAMES 函数用法如下。

```
Result=TAG_NAMES(Expression [,/STRUCTURE_NAME])
```

说明：返回值 Result 表示指定结构体名称或结构体成员名称；Expression 表示事件对应的结构体变量名称；关键字 STRUCTURE_NAME 用于设置获取结构体名称。

例如，程序在关闭时一般需要弹出确认关闭对话框，即需要判断是否单击了关闭按钮，此时触发的事件为界面关闭事件。

判断关闭事件的示例代码如下。

```
result=tag_names(event,/structure_name)
case result of
'widget_kill_request': begin
处理语句
end
else:
endcase
```

2. WIDGET_CONTROL 过程

用于图形用户界面不同组件的属性信息的重新设置，以及组件的创建与删除等。WIDGET_CONTROL 过程用法如下。

```
WIDGET_CONTROL [,Widget_ID] [,/Keywords]
```

说明：Widget_ID 表示组件的标识符；Keywords 表示可选关键字。

常用的关键字如下。

DESTROY：用于删除指定组件，被删除组件的下级组件也自动删除。

GET_UVALUE：用于获取组件用户定义值，实现数据传递。

GET_VALUE：用于获取指定组件的数值，数值内容根据组件不同而异。

HOURGLASS：用于设置鼠标指针类型，该关键字无需指定组件标识符。

REALIZE：用于激活并显示指定组件。

SET_UNAME：用于重新设置组件用户定义名称。

SET_UVALUE：用于重新设置组件用户定义值。

SET_VALUE：用于重新设置指定组件的数值。

TIMER：用于设置指定组件产生一个时间事件，如定时检查文件更新。

在界面程序中，经常需要对界面进行移动或对界面大小进行动态修改，此时触发移动或者修改事件。例如，动态将界面大小修改为 800×600 像素的示例代码如下。

```
widget_control,event.top,xsize=800,ysize=600
```

3. WIDGET_INFO 函数

用于获取一个已经存在的组件的信息。WIDGET_INFO 函数用法如下。

```
Result=WIDGET_INFO([Widget_ID][,/Keywords])
```

说明：返回值 Result 表示组件指定的返回信息；Widget_ID 为组件的标识符；Keywords 表示可选关键字。

常用的关键字如下。

ACTIVE：用于获取是否至少有一个被激活或循环控制的组件。

CHILD：用于获取指定组件的下一级组件的标识符。

GEOMETRY：用于获取组件的位置和大小信息。

MANAGED：用于获取指定组件是否被循环控制。

MAP：用于获取指定组件是否在屏幕上可见。

NAME：用于获取指定组件的类型名称。

PARENT：用于获取指定组件的上一级组件标识符。

REALIZED：用于获取指定组件的激活状态。

SENSITIVE：用于获取指定组件是否可以操作。

TYPE：用于获取指定组件的类型代码。

UNAME：用于获取指定组件的用户定义名称。

VALID：用于获取指定组件是否有效。

在界面程序中，可以单独指定组件事件，也可以在程序中利用组件的某些属性区分处理。例如，通过用户自定义组件名称判断是否触发了某个组件，程序代码如下。

```
uname=widget_info(event.id,/uname)
if uname eq 'userdefinename' then begin
处理语句
endif
```

7.2.3　组件事件和事件处理

在界面程序和组件示例中，程序是静态的，没有对用户操作做出响应。在实际使用过程中，需要对图形用户界面进行多种操作(如鼠标单击按钮或从列表中选择一个选项)，每个操作都会产生一个事件，根据不同触发事件进行相应处理。

1. 事件和事件结构体

事件是指在用户图形界面中对组件进行的具体操作。由于不同的操作会产生不同的事件，因此事件本身包含一系列信息，用于记录和区分不同事件。IDL 用结构体记录产生事件的组件标识符、顶层 BASE 组件标识符，以及关于产生事件的组件的其他信息。事件结构体的格式如下。

```
{WIDGET,ID:0L,TOP:0L,HANDLER:0L,…}
```

事件结构体与一般结构体的区别是事件结构体均包含 3 个公共成员变量：ID(产生事件的组件标识符)、TOP(组件顶层 BASE 组件的标识符)和 HANDLER(与组件关联的组件事件处理程序的标识符)。在事件结构体中，除了上述公共成员变量，不同的事件还包含不同的成员变量。例如，按钮组件的事件结构体示例代码如下。

```
{WIDGET_BUTTON,ID:0L,TOP:0L,HANDLER:0L,SELECT:0}
```

说明：SELECT 成员变量表示按钮是否选中。

2. 事件处理

事件处理是指用户通过事件结构体变量的值来判断用户进行了何种操作，从而进行相应的处理，调用相应的函数或者过程。

IDL 的事件处理有两种形式：组件指定事件响应程序和组件不指定事件响应程序，实现过程只能二选一。

组件指定事件响应程序是指在组件创建时使用产生事件的关键字(如 EVENT_FUNC、EVENT_PRO、BUTTON_EVENTS、MOTION_EVENTS 和 ALL_EVENTS 等)指定事件触发后调用的过程或函数。例如，创建按钮组件时，指定按钮单击事件产生后调用的过程为 testbutton.pro，程序代码如下。

```
buttoned=widget_button(topbase,event_pro='testbutton')
```

组件不指定事件响应程序是指在创建组件时未指定产生事件的关键字，通过 XMANAGER 过程循环控制事件，用于实现多次调用组件实现程序的交互控制和数据的交互传递。XMANAGER 的用法如下。

```
XMANAGER [,Name,ID][,/Keywords]
```

说明：Name 表示需要循环控制的过程名称或自定义名称；ID 表示需要循环控制的顶层 BASE 的标识符；Keywords 表示可选关键字。

常用的关键字如下。

CLEANUP：用于设置删除用户图形界面时调用的过程名称。

EVENT_HANDLER：用于设置当循环控制的组件中有事件发生时需要调用的过程名称，如果未设置该关键字，则默认响应程序的名称是 Name_EVENT。

NO_BLOCK：用于设置是否阻塞命令行。

以 widgetlabelsample 程序为例，XMANAGER 未设定 EVENT_HANDLER 关键字事件的处理示例语句如下。

```
xmanager,'baseid',baseid
```

以 widgetlabelsample 程序为例，XMANAGER 设定 EVENT_HANDLER 关键字事件的处理示例语句如下。

```
xmanager,'widgetlabelsample',baseid,event_handler='sel
fhandler'
```

需要注意，在 widgetlabelsample 程序中，应在创建组件时添加用于产生事件的关键字(如 tlb_move_events)，否则会因为无触发事件即使添加事件响应程序也无法调用。示例语句如下。

```
baseid=widget_base(title='LABEL示例窗口',xsize=480,ysize
=64,xoffset=200, yoffset=100,/column,/tlb_move_events)
```

3. 事件响应

事件响应程序是一个过程，一旦有事件处理操作，系统会自动调用该事件程序并传递组件事件结构体。根据不同事件的处理形式，事件响应程序格式如下。

```
pro name_event,event  或者  pro handlername,event
```

说明：name_event 适用于默认事件处理格式，其命名必须为 XMANAGER 过程中 Name 对应的名称+“_EVENT”；handlername 适用于用户自定义事件处理格式，其命名必须与 XMANAGER 过程中 EVENT_HANDLER 关键字设置的字符串一致；参数 event 是事件结构体变量，一般习惯写成 event 或者 ev。

需要注意的是，事件响应函数必须包含 event 参数。

以 widgetlabelsample 程序为例，改写后包含事件响应的示例程序如下。

```
pro baseid_event,event
  ok=dialog_message('默认事件响应示例！',title='提示信息',/information,/center)
end
pro selfhandler,event
  ok=dialog_message('自定义事件响应示例！',title='提示信息',/information,/center)
end
pro widgetlabelsample
  baseid=widget_base(title='LABEL 示例窗口',xsize=280,ysize=64,xoffset=200,yoffset=100,/column,/tlb_move_events)
  llid=widget_label(baseid,value='LABEL 对齐示例',/align_left)
  clid=widget_label(baseid,value='LABEL 对齐示例',/align_center)
  rlid=widget_label(baseid,value='LABEL 对齐示例',/align_right)
  flid=widget_label(baseid,value='LABEL 边框示例',/align_center,/frame)
  widget_control,baseid,/realize
;xmanager,'baseid',baseid
  xmanager,'widgetlabelsample',baseid,event_handler='selfhandler'
end
```

注释第 1 行 xmanager 语句，运行 widgetlabelsample 程序并移动窗体，程序运行结果如图 7-11 所示。

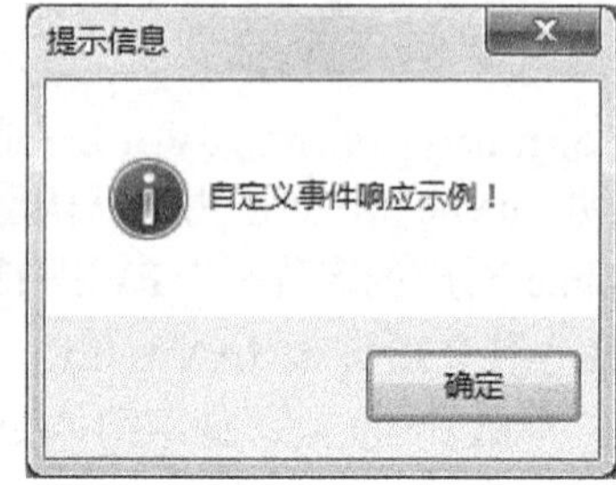

图 7-11　自定义事件响应示例

注释第 2 行 xmanager 语句，运行 widgetlabelsample 程序并移动窗体，程序运行结果如图 7-12 所示。

图 7-12　默认事件响应示例

界面程序有许多种事件，如鼠标事件、键盘事件和界面自身控制等事件，下面以 WIDGET_DRAW 组件中的鼠标事件为例说明鼠标的使用。

WIDGET_DRAW 事件结构体中的 TYPE 值分别为：0(鼠标键按下)、1(鼠标键弹起)、2(鼠标移动)、3(利用滑动条移动显示区域)、4(暴露事件)、5(键盘按下，CH 成员变量为按下的 ASCII 字符)、6(键盘按下，KEY 成员变量表示按下的非 ASCII 字符)、7(鼠标滚轮操作)。

程序响应事件时，需要判读鼠标按键来源和动作类型。鼠标成员变量 Release (释放)和 Press(按下，用成员变量 Clicks 表示按下次数，分为单击和双击，分别用 1 和 2 表示)值分别为 1(鼠标左键)、2(鼠标中键)、4(鼠标右键)。WIDGET_DRAW 组件鼠标事件示例程序如下，请读者根据鼠标操作自行分析程序结果。

```
pro mousesample_event,event
  case event.type of
  0:begin
    clickinfo='次，单击'
```

```
        if event.clicks eq 2 then clickinfo='次，双击'
        case event.press of
        1:print,'鼠标左键按下',event.clicks,clickinfo
        2:print,'鼠标中键按下',event.clicks,clickinfo
        4:print,'鼠标右键按下',event.clicks,clickinfo
        else:
        endcase
      end
      1:begin
        case event.release of
        1:print,'鼠标左键释放'
        2:print,'鼠标中键释放'
        4:print,'鼠标右键释放'
        else:
        endcase
      end
      2:begin  ;MOTION_EVENTS
        print,'鼠标移动,X:',event.x,', Y:',event.y
      end
      7:begin  ;WHEEL_EVENTS
        if event.clicks gt 0 then print,'鼠标滚轮前滚' else
print,'鼠标滚轮前滚'
      end
      else:
      endcase
    end
    pro mousesample
      baseid=widget_base(title='鼠标事件示例窗口',xoffset=200,
yoffset=100)
    drawid=widget_draw(baseid,xsize=300,ysize=100,/button_
events,/motion_events,/wheel_events)
      widget_control,baseid,/realize
      xmanager,'mousesample',baseid
    end
```

第 8 章　图形图像程序设计

IDL 为用户提供两种独立的图形可视化方法(直接图形法和对象图形法)，用于图形图像的可视化。深入理解 IDL 可视化的基础，有助于用户充分利用 IDL 功能。

8.1　直接图形法

直接图形法是 IDL 的图像或图形直接绘制在用户指定的图形设备上，可以在很短的时间内生成高质量的图形。它是 IDL 的基本图形显示系统，也是 IDL 在图像处理和显示上与其他程序设计语言相比的优势之一。

8.1.1　直接图形法显示设备

直接图形法是显示在设备上的方法。IDL 的设备包括显示器、打印机等，用户可以灵活地选择图形设备，也可以对选定的图形设备进行各种属性的设置。IDL 支持的图形设备名称如表 8-1 所示。查看当前显示设备示例语句如下。

```
IDL> print,!d.name
WIN
```

表 8-1　IDL 支持的图形设备名称

设备名称	设备描述
CGM	计算机图元文件
HP	惠普图形语言(HP-GL)
METAFILE	Windows 图元文件格式(WMF)
NULL	没有图形输出
PCL	惠普打印机控制语言(PCL)
PRINTER	系统打印机
PS	PostScript
WIN	微软 Windows
X	X Window 系统
Z	Z 轴缓冲伪设备

8.1.2　直接图形法显示模式

IDL 提供 8 位显示模式(伪彩色模式)和 24 位显示模式(真彩色模式)两种显示模式，用户可以根据需要选择显示模式，创建高质量的图形输出。

1. 8 位显示模式

8 位显示模式是指用 256(即 2^8)种颜色创建数据的图形显示模式。在 8 位模式下，显示设备中的每一个像素数值均对应一个颜色索引。每个颜色索引对应一 RGB 三色组，最后利用红(R)、绿(G)、蓝(B)三色组的合成色显示该像素。

IDL 通过 DEVICE 设置颜色模式，DECOMPOSED=0 表示 8 位显示模式，颜色索引从 0～255。显示的颜色由颜色表来控制，对输入的颜色索引，在颜色表中查找，查找最接近的匹配值并显示。用户可以使用 IDL 提供的颜色表(IDL 系统为用户提供了 41 种颜色表)或者自定义颜色表，利用含有可视化界面的 XLOADCT 过程或 LOADCT 过程控制颜色表，使用 TVLCT 过程设置自定义颜色表。以 8 位显示模式调用 IDL 预置的第 40 个颜色表(Rainbow + black)的示例语句如下。

```
IDL> device,decomposed=0
IDL> loadct,40
% LOADCT: Loading table Rainbow + black
```

2. 24 位显示模式

24 位显示模式是指用 RGB 三种颜色合成色的 16 777 216(即 $2^8 \times 2^8 \times 2^8$)种颜色来创建数据的图形显示模式。在 24 位模式下，显示设备中的每一个像素数值不需要对应一个颜色索引，其自身已包含 RGB 三色组，在显示设备上直接显示。

通过 Device 设置颜色模式，DECOMPOSED=1 表示 24 位显示模式。如果使用彩色显示图形，则需要将 RGB 颜色转换为索引颜色，转换公式如下。

index=long(R)+256l*long(G)+256l*256l*long(B)

在 24 位真色彩显示模式下，颜色索引也可以使用十六进制表示，如红色可以表示为 255 或者'0000FF'XL。

需要注意，当 IDL 运行在 24 位显示模式下，真彩色图像可以显示在图形设备上。如果 IDL 运行在 8 位显示模式下，真彩色图像必须先转换为假彩色图像(图像的每个像素值和一个颜色表相关联)才能显示。

8.1.3　直接图形法显示窗口

数据的可视化需要一个显示窗口。直接图形法在数据可视化过程中，如果用户没有建立显示窗口，系统会自动创建一个默认的窗口。

显示窗口的操作包含窗口的建立、窗口的选择、窗口的暴露和窗口的删除等，显示窗口的操作主要过程如下。

WINDOW 过程用于创建指定属性的显示窗口。WINDOW 创建显示窗口格式如下。

WINDOW[,窗口索引变量][,关键字]

说明：参数窗口索引变量(下同)表示窗口的索引号，范围 0～31，每个图形显示窗口都有唯一的索引号，默认为 0。如果不设置窗口索引变量，可以通过设置关键字 FREE，创建一个索引号大于 31 的显示窗口，默认创建索引为 32 的显示窗口。关键字 RETAIN 用于设置设备备份模式，如果显示窗口的内容需要重新显示时则需要备份，0 表示不备份，1 表示由操作系统备份，2 表示由 IDL 备份。关键字 TITLE 用于设置显示窗口的标题。关键字 XPOS 和关键字 YPOS 分别用于设置显示窗口在 X 和 Y 方向的具体位置。关键字 XSIZE 和关键字 YSIZE 分别表示显示窗口在 X 和 Y 方向的具体大小。

例如，创建一个编号为 2，大小为 600 像素*200 像素，颜色为白色的窗口。示例语句如下。

```
IDL> device,decomposed=0
IDL> window,2,xsize=400,ysize=100,title='显示窗口示例'
IDL> erase,255      ;白色
```

运行情况如图 8-1 所示。读者在运行上述语句后可以通过系统变量!D 查看窗口的信息。

图 8-1　显示窗口示例

上述示例同样可以通过真彩色模式实现，示例语句如下。

```
IDL> device,decomposed=1
IDL> window,2,xsize=400,ysize=100,title='显示窗口示例'
IDL> erase,'ffffff'x  ;白色
```

WSET 过程用于指定窗口为当前的显示窗口，格式如下。

WSET[,窗口索引变量]

WSHOW 过程用于暴露指定的显示窗口，设置窗口显示在最前面，格式

如下。

WSHOW[,窗口索引变量[,SHOW]][,ICONIC]

说明：关键字 SHOW 设置是否隐藏显示窗口，0 表示隐藏显示窗口，1 表示显示显示窗口；关键字 ICONIC 表示显示窗口最小化。

需要注意，当前显示窗口和显示在最前面的窗口的区别，即显示在最前面的窗口不一定是当前显示窗口。如果要设置最前面的窗口为当前显示窗口，必须依次使用 WSHOW 和 WSET 过程。

WDELETE 过程用于删除指定的显示窗口，释放显示窗口所占存储空间。WDELETE 删除指定显示窗口的格式如下。

WDELETE[,窗口索引变量[,…]]

8.1.4　直接图形法显示区域

IDL 在绘制图形或显示图像时，需要控制如何显示及在显示区域的位置，由系统变量!P(可读写)或相应程序的关键字控制基本属性。IDL 提供三种独立的坐标系统，即设备坐标、数据坐标和归一化坐标。设备坐标可以通过设置关键字 DEVICE 控制按照设备的实际尺寸来显示。数据坐标可以通过设置关键字 DATA 控制按照数据的实际范围来显示。归一化坐标为函数调用的默认坐标，显示区域的左下角为[0,0]，右上角为[1,1]。不同的坐标系统可以通过 CONVERT_COORD 函数实现相互转换。

8.1.5　直接图形法显示字体

IDL 支持矢量字体(Hershey 字体)、设备字体(系统字体)和 TrueType 字体(全真字体)。IDL 根据系统变量!P.FONT 的值确定使用何种字体，−1 表示使用矢量字体，0 表示使用系统字体，1 表示使用 TrueType 字体。

矢量字体是直接图形法的缺省字体，是 IDL 自带字体，不依赖设备，可以使用 SHOWFONT 过程和 EFONT 过程显示、编辑字体。字体可以通过“!INDEX”后接字符串进行字体设置，其中 INDEX 为字体索引，取值范围 3～20。

例如，创建一带标题为“矢量字体显示窗口示例”的显示窗口，并利用设备坐标和归一化坐标显示“Simplex Roman 矢量字体示例”。矢量字体示例语句如下。

```
IDL> device,decomposed=0
IDL> window,2,xsize=400,ysize=100,title='矢量字体显示窗口示例'
IDL> erase,255
IDL> !p.font=-1
IDL> xyouts,20,40,'!3 Simplex Roman 矢量字体示例',color=0,
```

/device

IDL> xyouts,(20+200)/400.,40./100,'!3 Simplex Roman 矢量字体示例',color=0

程序运行情况如图 8-2 所示。从运行结果可以看出，IDL 矢量字体对中文字符的支持还存在一些问题，会出现乱码情况。

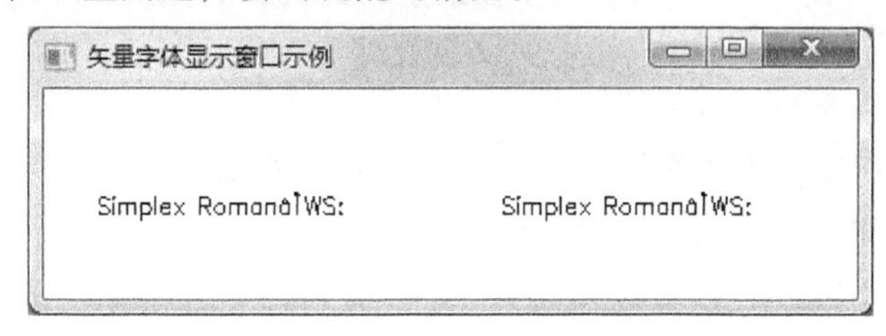

图 8-2　矢量字体示例

设备字体，顾名思义，与设备相关，通过!P.FONT 或图形绘制关键 FONT 控制。设备字体可以通过 DEVICE 过程获取与设置。

例如，创建一带标题为“设备字体显示窗口示例”的显示窗口，并利用设备坐标和归一化坐标显示“宋体设备字体示例”和“宋体设备字体格式示例”。设备字体示例语句如下。

IDL> window,2,xsize=400,ysize=100,title='设备字体显示窗口示例'

IDL> erase,255 ;如果为非白色，设置 device,decomposed=0，下同

IDL> !p.font=0

IDL> device,set_font='宋体'

IDL> xyouts,20,40,'宋体设备字体示例',color=0,/device

IDL> device,set_font='宋体*italic*underline*10'

IDL> xyouts,(20+200)/400.,40./100,'宋体设备字体格式示例',color=0

程序运行情况如图 8-3 所示。从运行结果可以看出，IDL 设备字体支持中文字符，未出现乱码情况。

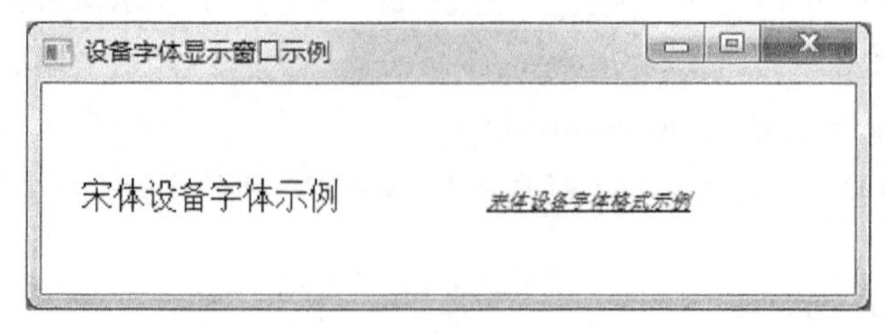

图 8-3　设备字体示例

TrueType 字体通过一系列外形轮廓描述，且这些外形又是通过多边形填充的，因此又称为轮廓字体，通过!P.FONT 或图形绘制关键 FONT 控制。TrueType 字体同样可以通过 DEVICE 过程获取与设置。

说明：TrueType 字体可以使用自定义字体。

例如，创建标题为“TrueType 字体显示窗口示例”的显示窗口，并利用设备坐标和归一化坐标显示“Times TrueType 字体示例”和“Times TrueType 字体格式示例”。TrueType 字体示例语句如下。

```
IDL> window,2,xsize=400,ysize=100,title='TrueType 字体显示窗口示例'
IDL> erase,255
IDL> !p.font=1
IDL> device,set_font='Times',/tt_font
IDL> xyouts,20,40,'TimesTrueType 字体示例',color=0, /device
IDL> device,set_font='Times BoldItalic',/tt_font , set_character_size=[12,12]
IDL> xyouts,(20+200)/400.,40./100,'TimesTrueType 字体格式示例',color=0
```

程序运行情况如图 8-4 所示。从运行结果可以看出，IDL TrueType 字体对中文字符的支持还存在一些问题，会出现乱码情况。

图 8-4　TrueType 字体示例

8.1.6　直接图形法图形绘制

以图形的形式可以更加直观形象地表达所研究的数据。IDL 为用户提供了丰富的图形绘制过程用于绘制点、线、面、体等，以及对应的图形属性(如坐标轴、标题、颜色和线型等)。IDL 常用的图形绘制过程如表 8-2 所示。

表 8-2　IDL 常用的图形绘制过程

过程名	功能说明
PLOT	在显示窗口中，按照指定的格式绘制点、直线或者曲线。如果无显示窗口，则系统按照默认设置创建一个显示窗口进行绘制

续表

过程名	功能说明
OPLOT	在显示窗口中，按照指定的格式绘制一个或多个点、直线或者曲线，一般利用 PLOT 创建的坐标轴进行绘制。如果无显示窗口，则系统按照默认设置创建一个显示窗口进行绘制，与 PLOT 不同的是 OPLOT 不创建坐标轴
PLOTS	在显示窗口中，按照指定的格式在二维或者三维坐标系下绘制点或线。如果无显示窗口，则系统按照默认设置创建一个显示窗口进行绘制
AXIS	在显示窗口中，按照指定格式绘制一个新的坐标轴。如果无显示窗口，则系统按照默认设置创建一个显示窗口绘制坐标轴
XYOUTS	在显示窗口中，按照指定格式标注文本。如果无显示窗口，则系统按照默认设置创建一个显示窗口标注文本内容
SURFACE	在显示窗口中，按照指定格式绘制网格曲面。如果无显示窗口，则系统按照默认设置创建一个显示窗口绘制网格曲面
SHADE_SURF	在显示窗口中，按照指定格式绘制阴影曲面。如果无显示窗口，则系统按照默认设置创建一个显示窗口绘制阴影曲面

1. 点、线和面图形属性

IDL 中不同格式的点、线和面图形的绘制由一系列属性区分，通过关键字来控制。直接图形法常用的关键字如表 8-3 所示。不同图形绘制过程采用的关键字略有不同，具体可以查看 IDL 帮助。

表 8-3　图形法常用的关键字

关键字	说明
BACKGROUND	用于设置图形绘制背景，在直接图形法中默认值为 0(黑色)
CHARSIZE	用于设置字符大小，默认值为 1.0，图形绘制主标题 TITLE 的大小是设置字符大小的 1.25 倍
CLIP	用于设置剪裁区域大小，用一维包含四个元素的数组表示，分别记录左下角 XY 轴坐标和右上角 XY 轴坐标，默认大小为显示窗口大小
COLOR	用于设置颜色索引号，如果缺省使用系统变量!P.COLOR 对应的索引值
DATA	用于设置图形绘制的坐标系统为数据坐标系统，如果没有设置其他坐标系统，数据坐标系统为默认坐标系统
DEVICE	用于设置图形绘制的坐标系统为设备坐标系统，默认为数据坐标系统
FONT	用于设置图形绘制字体类型，其中–1 表示矢量字体，0 表示设备字体，1 表示 TrueType 字体，默认值为–1
LINESTYLE	用于设置绘制线的类型，其中 0 表示实线，1 表示点线，2 表示虚线，3 表示单点划线，4 表示双点划线，5 表示长虚线，默认值为 0

续表

关键字	说明
NOCLIP	用于设置禁止剪裁，与 CLIP 相反
NODATA	用于设置只绘制坐标轴，不绘制数据，默认同时绘制数据和坐标轴
NOERASE	用于设置不擦除已绘制内容，默认擦除已绘制内容
NORMAL	用于设置图形绘制的坐标系统为归一化坐标系统，默认为数据坐标系统
POSITION	用于设置绘制图形的位置。一般用一维包含四个元素的数组表示，分别记录左下角 XY 轴坐标和右上角 XY 轴坐标，如果绘制三维数据，则用六个元素表示，最后两个元素分别为 Z 轴的最小值和最大值
PSYM	用于设置绘制数据点的符号类型，其中 0 表示用线绘制，1 表示加号(+)，2 表示星号(*)，3 表示点(·)，4 表示菱形(◇)，5 表示三角形(△)，6 表示正方形(□)，7 表示交叉号(×)，8 表示用户定义符号，9 表示未定义，10 表示直方图模式，默认值为 0
SUBTITLE	用于设置添加副标题，默认无副标题
SYMSIZE	用于设置绘制符号大小，默认值为 1.0
THICK	用于设置绘制线的粗细，默认值为 1.0
TICKLEN	用于设置绘制注释和坐标轴中小刻度的尺度，默认值为 0.02
TITLE	用于设置添加主标题

例 8.1　使用直接图形法创建一白色背景显示窗口，根据鼠标位置绘制数据点图，用红色表示，并输出鼠标位置信息，点击鼠标右键结束。示例程序如下。

```
pro plotpointsample
device,decomposed=0
loadct,39
window,2,xsize=480,ysize=240,title='根据鼠标位置绘制点示例窗口'
erase,255
cursor,x,y,/device,/down  ;获取鼠标位置，存放在X,Y中
print,'当前鼠标点的位置  X:',X,' ,Y:',y
while (!mouse.button ne 4) do begin  ;判断右键
  plots,x,y,/device,color=254,psym=2
  cursor,x,y,/device,/down
  print,'当前鼠标点的位置  X:',x,' ,Y:',y
endwhile
end
```

程序运行情况如图 8-5 所示，部分输出结果如下。

```
当前鼠标点的位置 X:          60 ,Y:         114
当前鼠标点的位置 X:         113 ,Y:         172
......
当前鼠标点的位置 X:          35 ,Y:          33
当前鼠标点的位置 X:          54 ,Y:         132
```

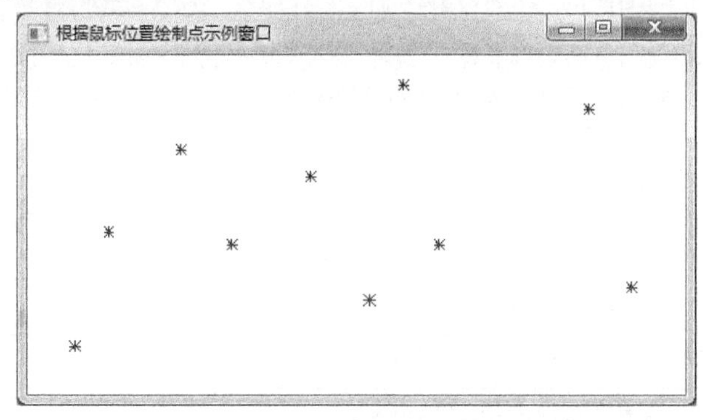

图 8-5 绘制点示例结果

例 8.2 使用直接图形法创建一白色背景显示窗口，在 0°～360°分别绘制正弦曲线和余弦曲线，并通过不同颜色和线型进行区分。示例程序如下。

```
pro plotlinesample
device,decomposed=0
loadct,39
data=findgen(360)*!pi/180.
window,2,xsize=480,ysize=240,title='绘制正弦函数和余弦函数曲线示例窗口'
;;绘制坐标轴，background 设置白色背景，color 设置黑色绘制坐标轴，
;;position 设置显示位置，与 device 共同使用，xtickinterval 设置
;;X 坐标轴间隔为 90，font 设置系统字体，ynozero 设置 Y 轴不强制从 0 开始
plot,sin(data),background=255,color=0,/nodata,position=[60,60,440,200],/device,xtickinterval=90,font=0,/ynozero
oplot,sin(data),color=254,thick=2,linestyle=2 ;红色虚线
oplot,cos(data),color=30,thick=2
end
```

程序运行情况如图 8-6 所示。

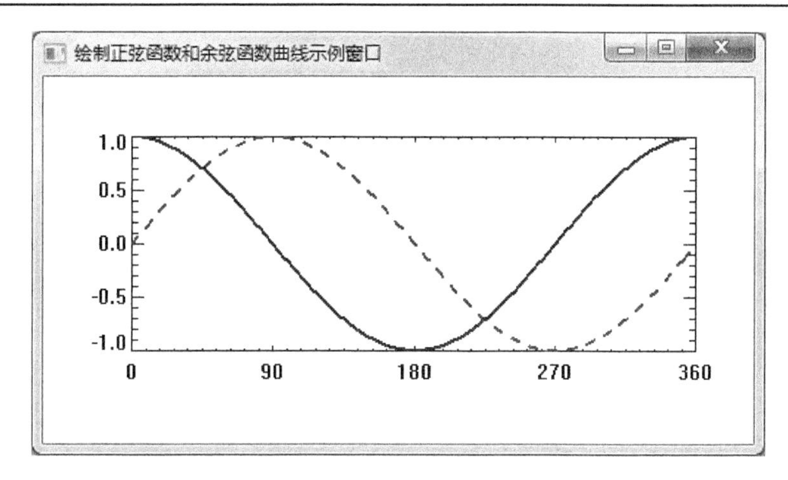

图 8-6　绘制曲线示例结果

例 8.3　使用直接图形法创建一白色背景显示窗口，读取风场反演结果文件“20090313-C4-180-512-128.txt”并绘制网格曲面。示例程序如下。

```
pro plotsurfacesample
device,decomposed=0
wdir='F:\IDLprogram\Data\'
intxtfile=wdir+'20090313-C4-180-512-128.txt'
read_stxt,intxtfile,info=info,data=data
loadct,39
window,2,xsize=640,ysize=400,title='绘制曲面示例窗口'
idata=reform(data.speed,12,20)
ilat=reform(data.lat,12,20)
ilon=reform(data.lon,12,20)
;绘制网格曲面
surface,idata,az=15,ax=60,background=255,color=0,posit
ion=[80,80,600,400],/device,xstyle=4,ystyle=4,zstyle=4
;沿 Z 轴转 15°，沿 X 轴转 60°，不绘制坐标轴
surface,idata,ilon,ilat,az=15,ax=60,zrange=[min(idata)
,max(idata)],background=255,color=0,position=[80,80,600,40
0],/device,xcharsize=2,ycharsize=5,zcharsize=3,font=0,xtic
kinterval=0.25,ytickinterval=0.25,/nodata,/noerase,xstyle=
1,ystyle=1
end
```

程序运行情况如图 8-7 所示。

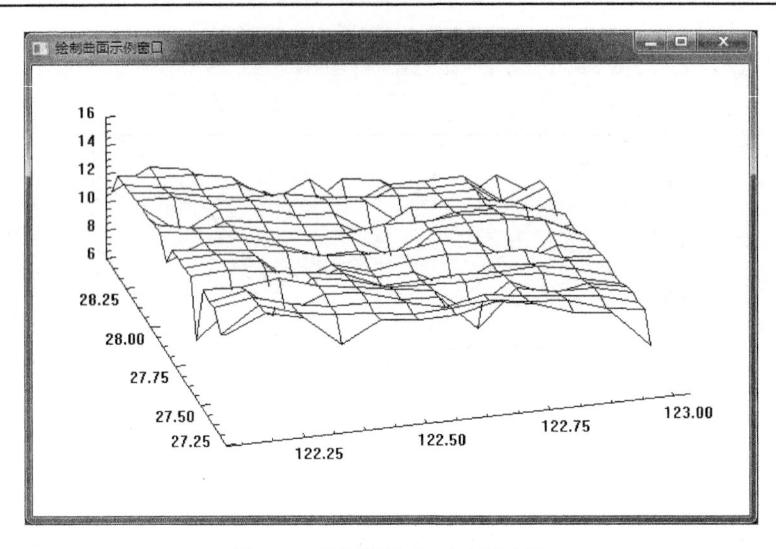

图 8-7　绘制网格曲面示例结果

2. 坐标轴属性

在默认情况下，图形绘制过程绘制坐标轴，包括标注、坐标轴的主要刻度和最小刻度，但不绘制坐标轴的标题。同时，IDL 还提供 AXIS 过程定制坐标轴。坐标轴的属性同样由关键字控制。其常用的关键字如表 8-4 所示。

表 8-4　坐标轴绘制常用的关键字

关键字	说明
[XYZ]CHARSIZE	用于设置坐标轴上注释和标注字体大小，仅适用于矢量字体，默认值为 0，如果是其他类型字体，用于设置注释和标注与坐标轴之间的距离
[XYZ]GRIDSTYLE	用于设置坐标轴及刻度线的类型，其取值和类型与 LINESTYLE 相同
[XYZ]MARGIN	用于设置坐标轴边缘空白，默认 X 轴[10,3]，Y 轴[4,2]
[XYZ]MINOR	用于设置坐标轴最小刻度间隔的数目
[XYZ]RANGE	用于设置坐标轴的最小范围和最大范围
[XYZ]STYLE	用于设置坐标轴的类型，其中 1 表示由 RANGE 指定坐标轴的精确范围，2 表示扩展的坐标轴范围，4 表示不显示整个坐标轴，8 表示只在左边或下边显示坐标轴，16 表示不把 Y 轴起点强制规定为 0(仅 Y 轴有效)。需要注意，数值可以通过累加实现多重功能，如 17=1+16
[XYZ]THICK	用于设置坐标轴和刻度的粗细，默认值为 1.0
[XYZ]TICKFORMAT	用于设置坐标轴刻度标注的格式代码
[XYZ]TICKINTERVAL	用于设置坐标轴主刻度的个数，优先级高于 TICKS

续表

关键字	说明
[XYZ]TICKLAYOUT	用于设置坐标轴刻度的格式，其中 0 表示显示坐标轴线、主刻度标注和刻度标签，次刻度标注仅显示在主层坐标上，1 表示仅显示主刻度标注的刻度标签，2 表示每个主刻度间均为一个矩形框，刻度标签按左对齐的方式绘制在矩形框中，默认值为 0
[XYZ]TICKLEN	用于设置坐标轴的刻度长度，默认值为 0.02
[XYZ]TICKNAME	用于设置坐标轴刻度的标注
[XYZ]TICKV	用于设置坐标轴的刻度值
[XYZ]TITLE	用于设置坐标轴的标题

例 8.4　使用直接图形法创建一白色背景显示窗口，分别基于默认位置使用设备字体创建 X 轴、Y 轴和基于指定位置使用矢量字体创建 X 轴和 LOG 类型的 Y 轴。示例程序如下。

```
pro plotaxisample
device,decomposed=0
loadct,39
window,2,xsize=480,ysize=260,title='坐标轴示例窗口'
erase,255
data=bindgen(120)
;;设置参考数据和显示范围，用于正确显示绘制坐标轴
plot,data,/nodata,xstyle=4,ystyle=4,/noerase,position=
[50,50,430,210],/device ;此语句不绘制任何内容
axis,xaxis=0,color=0,xtitle='X',font=0
;基于参考数据和范围用设备字体绘制 X 轴
axis,yaxis=0,color=0,ytitle='Y',font=0
;基于参考数据和范围用设备字体绘制 Y 轴
axis,200,210,xaxis=1,color=254,xtitle='X',/device,font
=-1  ;指定位置用矢量字体绘制 X 轴，同时创建 X 轴时 X 对应的位置无效
axis,430,100.,yaxis=1,color=254,/ylog,/device,yrange=
[1,60],ytitle='Y(log)',font=-1
;注意 Y 轴不同字体类型的表现形式，同时创建 Y 轴时 Y 轴设置的位置无效
end
```

程序运行情况如图 8-8 所示。请读者重置 IDL 程序，然后注释 plot 语句后查看运行结果，并结合注释自行分析坐标轴绘制程序。

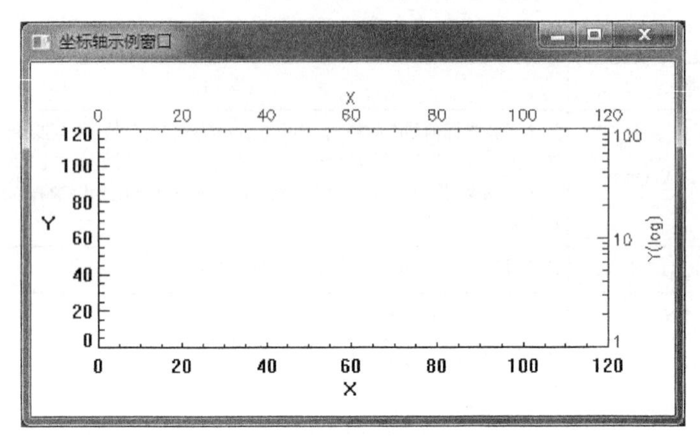

图 8-8　绘制坐标轴示例结果

3. 文本标注属性

在图形绘制过程中，有时标题绘制和相关坐标轴的标注不一定能完全满足绘制和标注要求，因此 IDL 还提供文本标注过程 XYOUTS，用于实现任意位置的文本标注。XYOUTS 的使用格式如下。

XYOUTS,[X,Y,]STRING[,关键字]

说明：参数 X 和 Y 表示标注的坐标；STRING 表示标注的文本内容。

除部分通用的绘图关键字，其标注常用的关键字如表 8-5 所示。

表 8-5　XYOUTS 标注常用的关键字

关键字	说明
ALIGNMENT	用于设置标注文本的对齐方式(以给定的坐标为参考)，其中 0.0 表示左对齐，0.5 表示居中对齐，1.0 表示右对齐，默认值为 0.0
TEXT_AXES	用于设置标注文本输出平面类型，其中 0 表示把文本输出到 XY 平面上，1 表示把文本输出到 XZ 平面上，2 表示把文本输出到 YZ 平面上，3 表示把文本输出到 YX 平面上，4 表示把文本输出到 ZX 平面上，5 表示把文本输出到 ZY 平面上，默认值为 0
ORIENTATION	用于设置标注文本的倾斜程度，默认水平输出

例 8.5　使用直接图形法创建一白色背景显示窗口，基于设备字体示例标注文本对齐方式，并且分别基于矢量字体和设备字体示例中英文的倾斜程度。示例程序如下。

```
pro plottextsample
device,decomposed=0
loadct,39
window,2,xsize=460,ysize=260,title='标注文本示例窗口'
```

```
erase,255
xyouts,240,240,'默认对齐示例文本',color=254,/device, font=0
xyouts,240,210,'居右对齐示例文本',alignment=1.0, color=254,
/device,font=0
xyouts,240,180,'居中对齐示例文本',alignment=0.5, color=254,
/device,font=0
xyouts,20,20,'90° sample text',orientation=90,color=254,
/device,font=0
xyouts,60,20,'90° sample text',orientation=90,color=254,
/device,font=-1,charsize=1.5
xyouts,100,20,'45° sample text',orientation=45,color=254,
/device,font=0
xyouts,140,20,'45° sample text',orientation=45,color=254,
/device,font=-1,charsize=1.5
xyouts,300,110,'中文倾斜',orientation=45,color=254,/device,
font=0
xyouts,300,80,'中文倾斜',orientation=45,color=254,/device,
font=-1,charsize=1.5
xyouts,260,50,'default  sample  text',color=254,/device,
font=0
xyouts,260,20,'default  sample  text',color=254,/device,
font=-1,charsize=1.5
end
```

程序运行情况如图 8-9 所示。

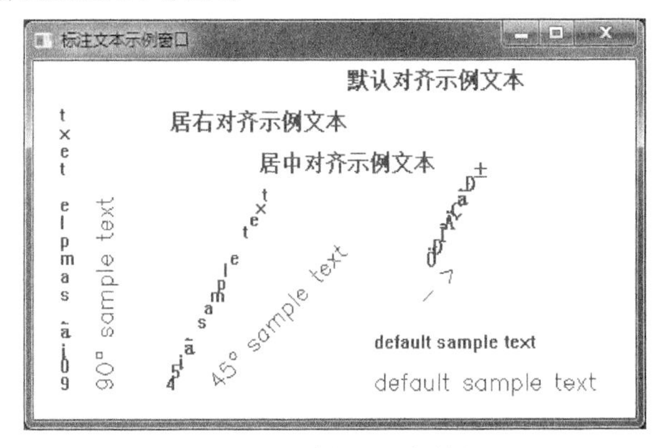

图 8-9 文本标注示例结果

IDL 除了提供上述通用的图形绘制过程，还提供绘制等值线、条形棒等高级图形绘制过程。读者可以结合帮助文档，自行尝试编写相关程序。

8.1.7 直接图形法图像显示

在计算机中，根据颜色和灰度的多少可以将图像分为二值图像、灰度图像、索引图像和真彩色 RGB 图像四种基本类型。二值图像只包含两个不同的值，通常用 0 表示黑色，1 表示白色。灰度图像是指图像的每个像素只有一个采样颜色的图像，像素的取值范围为 0～255 共 256 个灰度级，0 表示黑色，255 表示白色，中间值表示由黑到白的过渡色，二值图像可以看成灰度图像的一个特例。索引图像是指用颜色表中的颜色组合表示图像中像素点的颜色，即像素的值是颜色表中的颜色索引，对颜色表中的 RGB 颜色组合。真彩色 RGB 图像是指每个像素由 R、G 和 B 三个基色分量构成图像，RGB 由不同的灰度级描述。

二值图像、灰度图像和索引图像都是二维数组，而真彩色 RGB 图像则是三维数组，可以分为按波段顺序格式(band sequential format，BSQ)、波段按行交叉格式(band interleaved by line format，BIL)和波段按像素交叉格式(band interleaved by pixel format，BIP)保存，分别表示为[X,Y,3]，[X,3,Y]和[3,X,Y]。

在 IDL 中，显示图像可以使用 TV 过程或 TVSCL 过程按指定格式实现图像显示。TV 显示图像格式分别如下。

TV,IMAGE [[,POSITION]|[,X,Y[,CHANNEL]]] [,关键字]

说明：参数 IMAGE 表示待显示的图像数据；参数 POSITION 用于设置图像显示的位置序号；参数 X 和 Y 用于设置图像显示的具体位置；参数 CHANNEL 用于设置图像的 RGB 颜色通道。

关键字 ORDER 用于设置图像显示顺序，0 表示自底向上显示，1 表示自顶向下显示，默认值为 0(自底向上显示图像)；关键字 TRUE 用于设置图像数据的组织方式，1 表示 BIP 格式，2 表示 BIL 格式，3 表示 BSQ 格式；关键字 XSIZE 和 YSIZE 分别用于设置图像显示的宽度和高度。

TVSCL 显示图像的用法与 TV 基本一样，不同之处在于 TV 对显示数据不做任何处理，而 TVSCL 会调整显示数据，一般情况下会将图像的数值范围调整到 0～255。

例 8.6 使用直接图形法显示数据文件 RGB.tif 中 R 通道的灰度图像。示例程序如下。

```
pro tvbytesample
wdir='F:\IDLprogram\Data\'
infile=wdir+'RGB.tif'
idata=read_tiff(infile)  ;[450,360]
```

```
device,decomposed=0
loadct,0
window,2,xsize=450,ysize=360,title='灰度图像显示示例窗口'
tvscl,reform(idata[0,*,*]),/order
end
```

程序运行情况如图 8-10 所示。

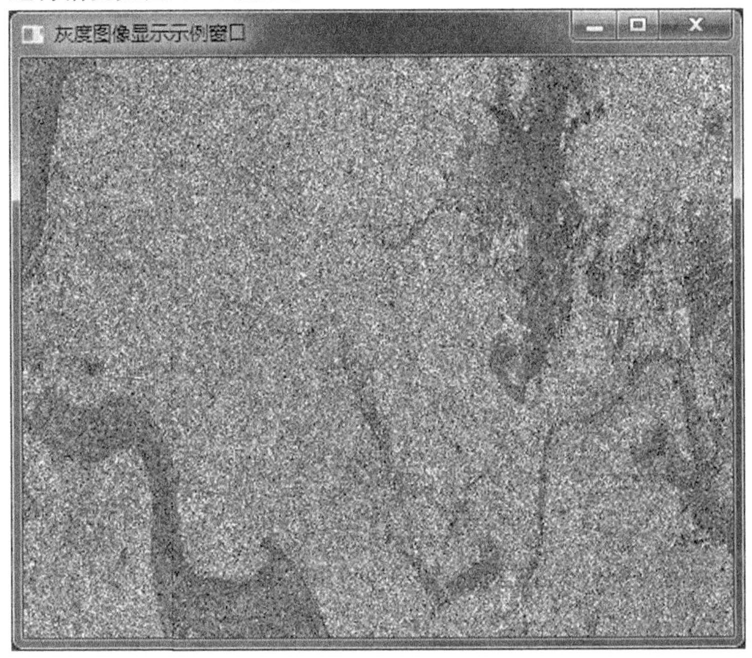

图 8-10　灰度图显示示例结果

例 8.7　使用直接图形法载入调色板 39，结合数据文件 RGB.tif 中的 R 通道保存为 BMP 文件并显示索引图像。示例程序如下。

```
pro tvindexsample
wdir='F:\IDLprogram\Data\'
infile=wdir+'RGB.tif'
outfile=wdir+'INDEX.bmp'
idata=read_tiff(infile)
;示例 TIF 文件的记录顺序为从左到右，从上到下，orientation=1
device,decomposed=0
loadct,39
window,2,xsize=450,ysize=360,title='索引图像显示示例窗口'
;tv,idata[0,*,*],/order
```

```
tvlct,r,g,b,/get      ;获取当前显示颜色表
;;需要注意数据记录顺序，BMP 文件的记录顺序为从左到右，从下到
;;上，为了显示一致，按行转换，具体是第 1 行与最后 1 行交换，
;;第 2 行与倒数第 2 行交换，依此类推，共计执行行数/2 次
idata=reform(idata[0,*,*])
for i=0,360/2-1 do begin
  t=idata[*,i]
  idata[*,i]=idata[*,360-i-1]
  idata[*,360-i-1]=t
endfor
 write_bmp,outfile,idata,r,g,b
erase,255
idata=read_image(outfile,ir,ig,ib)
tvlct,ir,ig,ib
tv,idata   ;注意此处不需要设置 order 关键字
end
```

程序运行情况如图 8-11 所示。

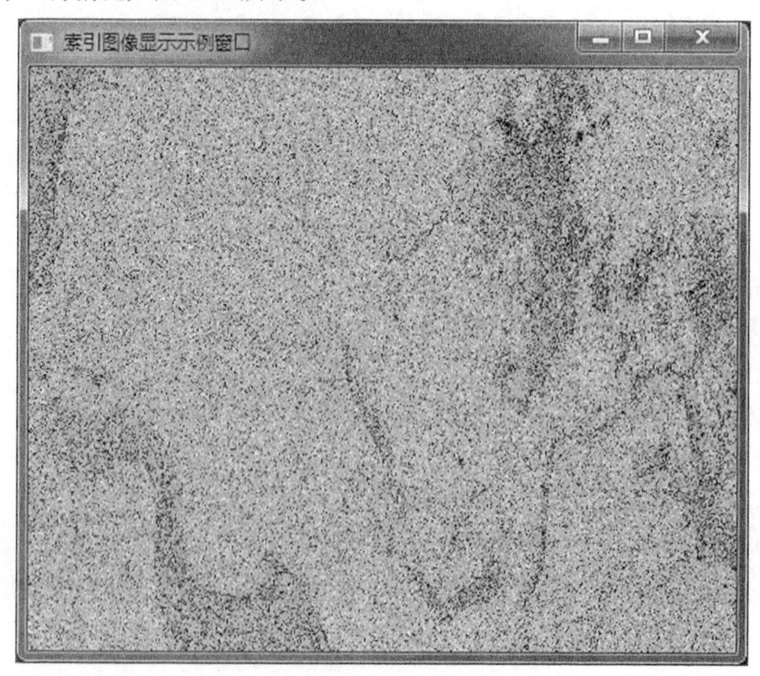

图 8-11　索引图像显示示例结果

例 8.8　使用直接图形法显示数据文件 RGB.tif 中的真彩色图像。示例程序如下。

```
pro tvrgbsample
wdir='F:\IDLprogram\Data\'
infile=wdir+'RGB.tif'
idata=read_tiff(infile)
device,decomposed=1
window,2,xsize=450,ysize=360,title='RGB 图像显示示例窗口'
tvscl,idata,/order,true=1
end
```

程序运行情况如图 8-12 所示。

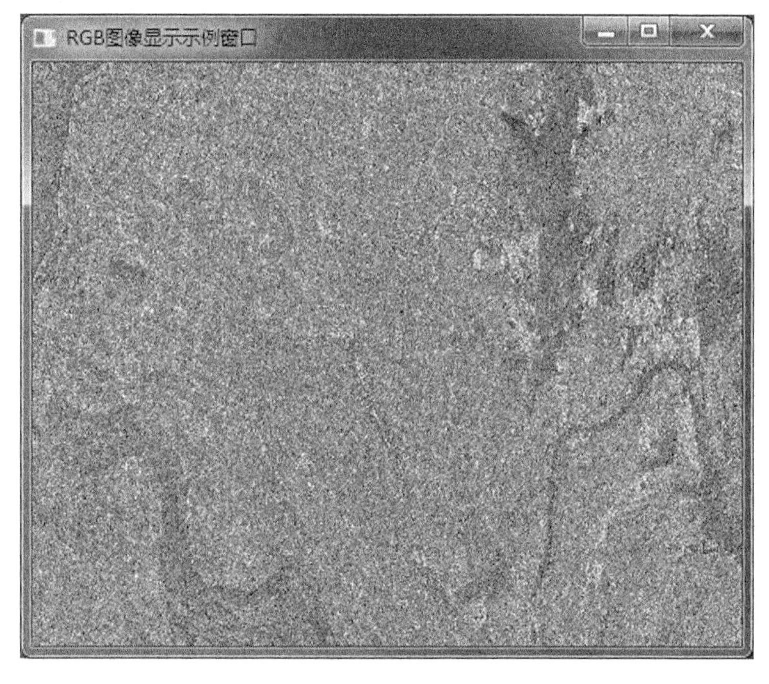

图 8-12　RGB 图像显示示例结果

8.2　对象图形法

对象图形法是利用 IDL 提供的类，在默认的设备上由对象引导程序创建对象图形窗口，并且在窗口中进行数据和图像的显示模式。在 IDL 的虚拟图形框架体系中，有一套对象显示结构对象，而且提供了很多对象图形原子，利用这些对象和对象图形原子之间可以互相加载，相互作用形成显示对象。灵活地运用这些图形原子就可以在视图中得到丰富多彩的图形或图像，甚至可以制作三维动画。

8.2.1　对象图形法层次结构

对象图形法由窗口对象(IDLgrWindow)、场景对象(IDLgrScene)、视图对象(IDLgrView 或 IDLgrViewGroup)、模式对象(IDLgrModel)和图形原子对象(如 IDLgrImage、IDLgrAxis 和 IDLgrPlot 等)组成并实现图形图像的绘制与显示。对象图形法中对象的层次结构如图 8-13 所示。

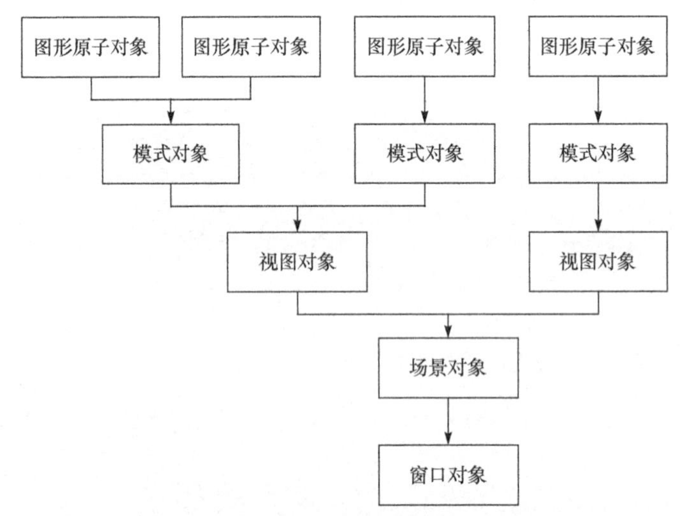

图 8-13　对象图形法中对象的层次结构图

根据对象图形法中对象的层次结构，使用各种对象显示图形图像的过程可以描述如下。

① 由 IDLgrWindow 类创建指定格式的窗口对象。

② 由 IDLgrScene 类创建指定格式的场景对象，所有场景对象均在创建的窗口对象中显示。

③ 由 IDLgrView 类或 IDLgrViewgroup 类创建指定格式的视图对象，一个场景由一个或多个视图对象组成。

④ 由 IDLgrModel 类创建指定格式的模式对象，一个视图对象是由一个或多个模式对象组成。

⑤由 IDLgr*类创建指定格式的图形原子对象，一个模式对象是由一个或多个图形原子对象组成。

⑥ 利用模式对象的 ADD 方法，把图形原子对象添加到模式对象中。

⑦ 利用视图对象的 ADD 方法，把模式对象添加到视图对象中。

⑧ 利用场景对象的 ADD 方法，把视图对象添加到场景对象中。

⑨ 利用窗口对象的 DRAW 方法，在窗口对象中绘制场景对象。

⑩ 显示结束后，删除所有不再使用的对象。

上述过程描述的场景对象、视图对象可以同时使用，也可以只使用其中之一。在实际使用过程中可以根据需要灵活使用，也可以调用不同对象的方法进行事件响应、属性设置与获取，具体内容将在随后陆续介绍。

8.2.2 对象图形法显示模式

IDL 对象图形法同样支持伪彩色模式和真彩色模式，通过 IDLgrWindow 类的 COLOR_MODEL 属性进行设置。如果 COLOR_MODEL 设置为 0 表示真彩色模式，设置为 1 表示伪彩色模式。显示模式的设置可以在创建 IDLgrWindow 对象时设置，也可以通过 SetProperty 设置属性进行设置。

创建一个真彩色模式的显示窗口示例语句如下。

```
owin=obj_new('idlgrwindow',color_mode=0)
```

或者

```
owin=obj_new('idlgrwindow') & owin->setproperty,color_mo
del=0
```

对象图形法中的颜色表通过 IDLgrPalette 类的方法 Init、GetRGB、SetRGB 和 LoadCT 进行设置。IDLgrPalette 类的方法 Init、GetRGB、SetRGB 用于设置真彩色模式，方法 LoadCT 用于设置伪彩色模式。

例如，创建一个伪彩色模式的显示窗口，并使用伪彩色颜色表。示例语句如下。

```
IDL> owin=obj_new('idlgrwindow',color_mode=1);伪彩色模式
IDL> opalette=obj_new('idlgrpalette')
IDL> opalette->loadct,0                        ;使用指定颜色表
IDL> owin->setproperty,palette=opalette
IDL> owin->erase,color=254
```

在执行完上述语句后，输入如下语句，并观察显示窗口颜色的变化。

```
IDL> opalette->loadct,40
IDL> owin->erase,color=254
```

8.2.3 对象图形法显示窗口

数据的可视化需要一个显示窗口，但对象图形法与直接图形法不同，在数据可视化过程中，如果用户没有建立显示窗口，系统不会自动创建一个默认的窗口。

对象图形法创建显示窗口通过 IDLgrWindow 类和 OBJ_NEW 函数实现，初始

化后创建一个显示窗口。IDLgrWindow 类常用的属性如表 8-6 所示，常用的方法如表 8-7 所示。

表 8-6 IDLgrWindow 类常用的属性

属性名称	说明
COLOR_MODEL	用于设置显示模式，其中 0 表示采用真彩色模式，1 表示假彩色模式，默认值为 0
DIMENSIONS	用于设置显示窗口大小，是一个二维变量[X,Y]，其中 X 表示显示窗口的宽度，Y 表示显示窗口的高度
LOCATION	用于设置显示窗口的位置，是一个二维变量[X,Y]，以左上角点为参考，默认位置为左上角[0,0]
N_COLORS	用于设置可使用颜色的个数，范围 2～255，仅对伪彩色模式有效
PALETTE	用于设置显示窗口的颜色表
QUALITY	用于设置图形绘制质量，其中 0 表示低质量，1 表示中质量，2 表示高质量，默认值为 2
RENDERER	用于设置窗口渲染的方式，其中 0 表示使用 OpenGL 硬件加速，1 表示使用 IDL 软件加速
RETAIN	用于设置窗口的显示内容的备份方式，其中 0 表示不备份，1 表示 Windows 系统备份，2 表示 IDL 备份
TITLE	用于设置图形窗口显示标题
UNITS	用于设置位置或大小的单位，其中 0 表示设备像素，1 表示英寸，2 表示厘米，3 表示归一化单位，默认值为 0

表 8-7 IDLgrWindow 类常用的方法

常用方法	说明
CLEANUP	删除窗口对象，释放窗口对象所占的资源，对象销毁时自动调用，以该类为基类的继承除外
DRAW	在窗口对象中绘制视图对象或场景对象
ERASE	使用指定颜色擦除窗口对象中的内容
GETDEVICEINFO	获取显示设备的详细信息
GETDIMENSIONS	获取当前显示设备的尺寸大小，返回一个二维数组[宽度，高度]
GETFONTNAMES	获取当前系统中的字体名称，如果返回所有支持字体，则设置查询字符为'*'
GETPROPERTY	获取所有可调用的属性参数
ICONIFY	最小化或者还原窗口对象，如参数设置为 0 则还原窗口，设置为 1 则最小化窗口
INIT	初始化窗口对象，与 CLEANUP 方法类似，无需程序单独调用，以该类为基类的继承除外
ONENTER	进入事件，仅用于输出助手(Export Bridge)

续表

常用方法	说明
ONEXIT	退出事件，仅用于输出助手
ONEXPOSE	暴露事件，仅用于输出助手
ONKEYBOARD	键盘事件，仅用于输出助手
ONMOUSEDOWN	鼠标单击事件，仅用于输出助手
ONMOUSEMOTION	鼠标移动事件，仅用于输出助手
ONMOUSEUP	鼠标弹起事件，仅用于输出助手
ONRESIZE	窗口大小修改事件，仅用于输出助手
ONWHEEL	滚轮事件，仅用于输出助手
PICKDATA	获取图形对象上指定位置的具体数据，其中 1 表示鼠标在图形对象上操作，0 表示鼠标在图形对象上没有操作，-1 表示鼠标在显示窗口之外
QUERYREQUIREDTILES	查询窗口对象中分块图像的块号，显示大数据进行图像分块显示时调用，如果进行分块则返回一个命名结构体，否则返回 0
READ	读取当前显示窗口中的数据
SELECT	选择指定位置或范围内的对象，若返回-1 表示没有选择对象，否则返回选择的对象列表
SETCURRENTCURSOR	设置当前鼠标的形状
SETCURRENTZOOM	设置当前窗口缩放比例系数
SETPROPERTY	设置所有属性可设置的参数
SHOW	显示或隐藏显示窗口
ZOOMIN	按照缩放系数进行放大处理
ZOOMOUT	按照缩放系数进行缩小处理

8.2.4　对象图形法显示区域

与直接图形法相比，对象图形法显示区域的控制要更加丰富，主要由 IDLgrScene 类、IDLgrView 类和 IDLgrModel 类实现。

1. IDLgrView 类

IDLgrView 类用于显示各种图形原子对象，部分常用的属性和方法与 IDLgrWindow 类似，但还有其特有的属性(COLOR、EYE、HIDE、PARENT、PROJECTION、VIEWPLANE_RECT 和 ZCLIP 等)和方法(GETBYNAME)。

COLOR 属性：用于设置视图对象区域的颜色，其值可以为颜色表的索引或者包含[R, G, B]的一维数组。

EYE 属性：用于设置视图对象中视点的位置，以 Z=0 为基准。

HIDE 属性：用于设置是否绘制视图对象内的内容，其中 0 表示绘制图形，1 表示不绘制图形，默认值为 0。

PARENT 属性：用于设置包含视图窗口的对象。

PROJECTION 属性：用于设置视图窗口的投影方式，其中 1 表示平行投影方式，2 表示透视投影方式，默认值为 1。

VIEWPLANE_RECT 属性：用于设置显示区域中剪裁窗口的位置和大小，其值为[X,Y,WIDTH,HEIGHT]的一维数组，以左下角为起点。

ZCLIP 属性：用于设置显示范围内 Z 轴方向的可视范围，其值为[NEAR,FAR]的一维数组，默认值为[1，−1]。

GETBYNAME 方法：用于获取视图对象中包含的指定名称的对象，如果不存在，则返回一个空对象。

例如，创建一个简单的 IDLgrView 视图对象显示窗口。示例语句如下。

```
IDL> owin=obj_new('idlgrwindow',dimensions=[400,320],title='对象图形法 IDLgrView 对象示例')
IDL> oview=obj_new('idlgrview',dimensions=[320,240], location=[40,40],viewplane_rect=[80,80,240,160])
IDL> owin->draw,oview
```

程序运行情况如图 8-14 所示。请读者分析 IDLgrView 视图对象的位置关系，VIEWPLANE_RECT 在此仅是一个示例，无法直接表示，可根据需要设置。需要注意的是，视图对象默认采用的是归一化坐标，图形原子对象的数据在该范围才能正确显示。如果不同的对象有不同的坐标体系，则需要进行坐标转换。

2. IDLgrScene 类

IDLgrScene 类在使用时可以包含多个 IDLgrView 对象，常用的属性和方法与 IDLgrView 类似。例如，用归一化坐标创建包含两个 IDLgrView 对象的。示例代码如下。

```
IDL>owin=obj_new('idlgrwindow',dimensions=[400,120], title='对象图形法 IDLgrScene 对象示例',retain=2)
IDL> oscen=obj_new('idlgrscene')
IDL> oview0=obj_new('idlgrview',dimensions=[0.5,1.0],location=[0,0],color=[255,0,0],units=3)
```

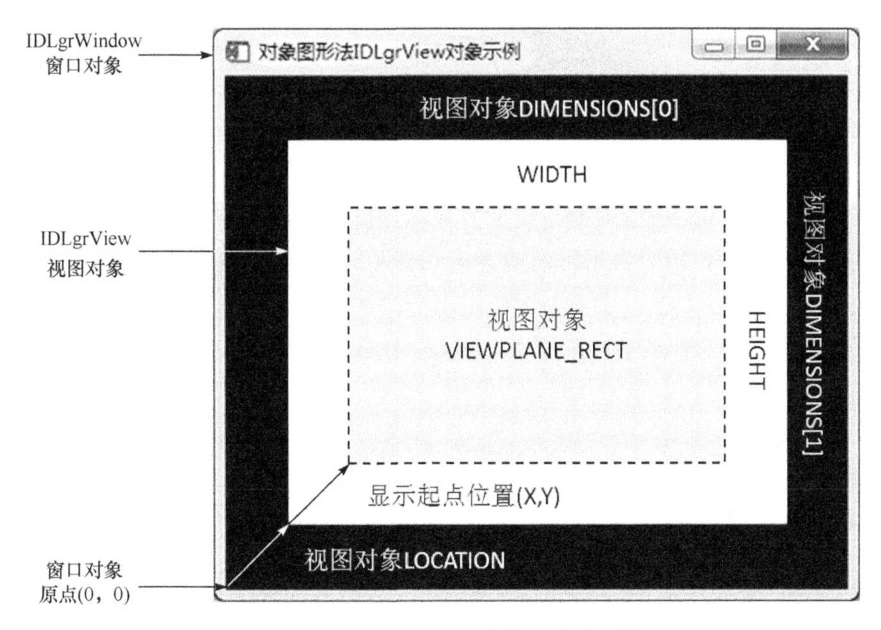

图 8-14　IDLgrView 对象位置关系示例

```
IDL> oview1=obj_new('idlgrview',dimensions=[0.5,1.0],lo
cati on=[0.5,0],units=3)
IDL> oscen->add,[oview0,oview1]
IDL> owin->draw,oscen
```

程序运行结果如图 8-15 所示。

图 8-15　IDLgrScene 对象示例

3. IDLgrModel 类

IDLgrModel 类是对象图形法中的容器类，其实例化的模式对象可以容纳所有的图形原子对象，并实现旋转、缩放和平移等操作。除上述已有的属性和方法，IDLgrModel 类还包括以下常用的属性和方法。

LIGHTING 属性：用于设置灯光模式，其中 0 表示禁用灯光模式，1 表示允许单面灯光模式，2 表示允许双面灯光模式，默认值为 2。

TRANSFORM 属性：用于设置模型对象的几何变换(旋转、缩放和平移)，变换矩阵为 4×4 的数组，默认变换矩阵为 4×4 的单位矩阵。

GETCTM 方法：用于获取图形树中当前对象的转置矩阵。

RESET 方法：用于重置模式对象的转置矩阵。

ROTATE 方法：用于根据指定的方向和角度对模式对象进行旋转操作。

SCALE 方法：用于根据指定的方向和倍数对模式对象进行缩放操作。

TRANSLATE 方法：用于根据指定的方向和大小对模式对象进行平移操作。

例如，添加图形原子对象 IDLgrImage 对象，并实现旋转、缩放和平移。示例代码如下。

```
IDL>owin=obj_new('idlgrwindow',dimensions=[480,120],title=
'对象图形法 IDLgrModel 对象示例',retain=2)
IDL> oscen=obj_new('idlgrscene')
IDL> oview0=obj_new('idlgrview',dimensions=[120,120],locat
ion=[0,0],color=[255,0,0],viewplane_rect=[0,0,120,120])
IDL> oview1=obj_new('idlgrview',dimensions=[120,120],lo
cation=[120,0],color=[0,255,0],viewplane_rect=[0,0,120,120])
IDL> oview2=obj_new('idlgrview',dimensions=[120,120],lo
cation=[240,0],color=[0,0,255],viewplane_rect=[0,0,120,120])
IDL> oview3=obj_new('idlgrview',dimensions=[120,120],lo
cation=[360,0],viewplane_rect=[0,0,120,120])
IDL> oscen->add,[oview0,oview1,oview2,oview3]
IDL> owin->draw,oscen
IDL> omodel0=obj_new('idlgrmodel')
IDL> omodel1=obj_new('idlgrmodel')
IDL> omodel2=obj_new('idlgrmodel')
IDL> omodel3=obj_new('idlgrmodel')
IDL> oimg=obj_new('idlgrimage',bytscl(dist(80)))
IDL> omodel0->add,oimg          ;模式对象 0 用于显示原始图像
IDL> omodel1->add,oimg,/alias   ;图形原子对象添加到多个模式
                                ;对象中需设置 alias 属性
IDL> omodel2->add,oimg,/alias
IDL> omodel3->add,oimg,/alias
IDL> oview0->add,omodel0
```

```
IDL> oview1->add,omodel1
IDL> oview2->add,omodel2
IDL> oview3->add,omodel3
IDL> omodel1->rotate,[1,0,0],45      ;模式对象 1 沿 X 轴方向旋转
45°
IDL> omodel2->scale,1.25,1.25,1      ;模式对象 2 放大 1.25 倍
IDL> omodel3->translate,20,20,0      ;模式对象 3 沿着 X 和 Y 轴方
                                     ;向各平移 20 个像素
IDL> owin->draw,oscen
```

程序运行结果如图 8-16 所示。在应用过程中，旋转、缩放和平移操作均可通过设置 TRANSFORM 属性实现。例如，上述平移操作示例语句如下。

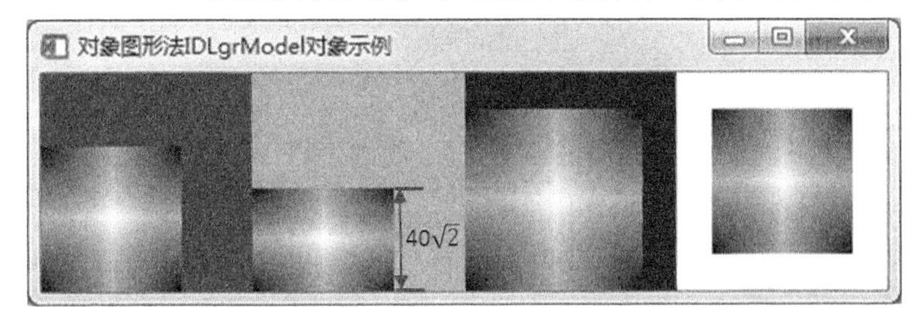

图 8-16　IDLgrModel 对象示例

```
IDL> omodel3=obj_new('idlgrmodel')
IDL> omodel3->getproperty,transform=oldt
IDL> print,oldt
    1.0000000     0.00000000    0.00000000     0.00000000
    0.00000000    1.0000000     0.00000000     0.00000000
    0.00000000    0.00000000    1.0000000      0.00000000
    0.00000000    0.00000000    0.00000000     1.0000000
IDL> dx=20 & dy=20 & dz=0
IDL> transt=[[1.0,0.0,0.0,dx],$
[0.0,1.0,0.0,dy],$
[0.0,0.0,0.0,dz],$
[0.0,0.0,0.0,1.0]]
IDL> newt=oldt#transt
IDL> print,newt
   1.0000000     0.00000000    0.00000000     20.000000
   0.00000000    1.0000000     0.00000000     20.000000
```

```
    0.00000000   0.00000000   0.00000000    0.00000000
    0.00000000   0.00000000   0.00000000    1.0000000
IDL> omodel3->setproperty,transform=newt
```

8.2.5 对象图形法显示字体

IDL 支持矢量字体(Hershey 字体)、设备字体(系统字体)和 TrueType 字体(全真字体)三种字体。TrueType 字体是对象图形法的一种缺省字体。

对象图形法通过 IDLgrFont 类创建和设置文本对象 IDLgrText 的格式。字体格式通过格式字符串“字体名称*BOLD*ITALIC”表示，其中字体名称可以通过 IDLgrWindow 的 GETFONTNAMES 方法获得，BOLD 表示设置字体为粗体，ITALIC 表示设置字体为斜体。若指定字体无效，则使用默认字体。

IDLgrFont 类常用的方法与 IDLgrWindow 中的用法相似。其常用的属性如下。

NAME 属性：用于设置字体对象的名称。

SIZE 属性：用于设置字体对象的大小，默认值为 12.0。

THICK 属性：用于设置字体对象的厚度，仅适用于 Hershey 字体，取值 1.0～10.0，默认值为 1.0。

IDL 支持的字体已经在 8.1.5 节介绍。在对象图形法中，同样可以使用矢量字体、设备字体和 TrueType 字体，通过 GETFONTNAMES 方法中的 IDL_FONTS 区分获取 IDL 安装自带的字体和系统安装的字体，默认获取所有字体。为了避免中文字符显示异常，应尽量使用设备字体(如“FangSong”、“KaiTi”等)。下面以获取 IDL 支持的字体,并选择第一个字体为 IDLgrFont 对象字体为例简单说明。

```
IDL> owin=obj_new('idlgrwindow')
IDL> fnames=owin->getfontnames('*')
IDL> ofont=obj_new('idlgrfont',fnames[0])
```

8.2.6 对象图形法图形绘制

与直接图形法图形相似，对象图形法为用户提供丰富的图形原子对象用于绘制点、线、面、体，以及对应的图形属性(如坐标轴、标题、颜色和线型等)。常用的图形原子对象如表 8-8 所示。

表 8-8 常用的图形原子对象

图形原子对象名称	说明
IDLgrAxis	坐标轴类 IDLgrAxis 用于创建和设置坐标轴对象，显示坐标轴
IDLgrColorbar	色标类 IDLgrColorbar 用于创建和设置色标对象，显示颜色标记

续表

图形原子对象名称	说明
IDLgrContour	等值线类 IDLgrContour 用于创建和设置等值线对象，绘制数据等值线
IDLgrFilterChain	图像滤波类 IDLgrFilterChain 利用 GPU 对 SHADER 对象进行图像滤波
IDLgrFont	字体类 IDLgrFont 用于创建和设置字体对象，显示字体
IDLgrImage	图像类 IDLgrImage 用于创建和设置图像对象，显示图像
IDLgrLegend	图例类 IDLgrLegend 用于创建和设置图例对象，显示图例
IDLgrLight	灯光类 IDLgrLight 用于创建和设置灯光对象，显示场景内的灯光
IDLgrPalette	颜色表类 IDLgrPalette 用于创建和设置颜色表对象
IDLgrPattern	样式类 IDLgrPattern 用于创建和设置样式对象，填充多边形
IDLgrPlot	曲线类 IDLgrPlot 用于创建和设置曲线对象，显示曲线
IDLgrPolygon	多边形类 IDLgrPolygon 用于创建和绘制多边形对象，显示多边形
IDLgrPolyline	折线类 IDLgrPolyline 用于创建和绘制折线对象，显示折线
IDLgrROI	IDLgrROI 用于创建和显示 ROI 对象，统计与分析感兴趣区域
IDLgrROIGroup	感兴趣区域组类 IDLgrROIGroup 用于创建和显示 ROI 组对象，处理多个 ROI
IDLgrShader	着色器类 IDLgrShader 用于创建设置着色器对象，利用 GPU 处理图像
IDLgrShaderBytscl	字节拉伸类 IDLgrShaderBytscl 用于利用 GPU 对 SHADER 对象进行图像拉伸
IDLgrShaderConvol3	卷积运算类 IDLgrShaderConvol3 用于利用 GPU 对 SHADER 对象进行图像卷积运算
IDLgrSurface	曲面类 IDLgrSurface 用于创建和设置曲面对象，显示三维曲面
IDLgrSymbol	符号类 IDLgrSymbol 用于创建和设置符号对象，图形绘制中显示不同符号
IDLgrTessellator	多边形轮廓判断类 IDLgrTessellator 用于判断多边形的凹凸性
IDLgrText	文本类 IDLgrText 用于创建和设置文本对象类，显示文本内容
IDLgrTextEdit	文本编辑类 IDLgrTextEdit 用于创建和设置文本编辑对象，利用鼠标选择文本内容
IDLgrVolume	体类 IDLgrVolume 用于设置和创建体对象，渲染显示三维实体

1. 点、线和面图形属性

与直接图形法相同，不同格式的点、线和面的绘制由一系列属性区分。在对象图形法中，常用的属性如表 8-9 所示。不同图形绘制过程采用的属性略有不同，具体使用可以查看 IDL 帮助。

表 8-9 对象图形法常用的属性

关键字	说明
ALPHA_CHANNEL	用于设置绘图对象的透明度，取值范围 0.0～1.0，默认值为 1.0，表示完全不透明
COLOR	用于设置颜色索引号或者真彩色[R,G,B]，默认值为[0,0,0]，即黑色
DATA	用于设置待绘图的数据
HIDE	用于设置是否绘制视图对象内的内容，其中 0 表示绘制图形，1 表示不绘制图形，默认值为 0
LINESTYLE	用于设置绘制线的类型，其中 0 表示实线，1 表示点线，2 表示虚线，3 表示单点划线，4 表示双点划线，5 表示长虚线，6 表示不绘制线，默认值为 0
MAX_VALUE	用于设置图形绘制的最大值，如果设置此值，待绘制数据值如果大于最大值则视为缺失值或者不绘制
MIN_VALUE	用于设置图形绘制的最小值，如果设置此值，待绘制数据值如果小于最小值则视为缺失值或者不绘制
PALETTE	用于设置图形使用的 RGB 模式，调用 IDLgrPalette 对象
PARENT	用于获取包含绘制对象的对象
POLAR	用于设置是否使用极坐标绘制图形，必须包含两个参数 X 和 Y，其中 X 表示半径，Y 表示用弧度表示的角度
SHADER	用于设置利用硬件 GPU 进行图形绘制，调用 IDLgrShader 对象
SHADING	用于设置多边形面设置的风格，其中 0 表示平面绘制，1 表示光滑曲面绘制，默认值为 0
SYMBOL	用于设置绘图对象的类型，调用 IDLgrSymbol 对象
STYLE	用于设置指定格式的多边形，其中 0 表示只绘制顶点，1 表示绘制顶点，同时用线连接，2 表示填充绘制，默认值为 2
TEXTURE_MAP	用于设置多边形对象的文本贴图，调用 IDLgrImage 对象
THICK	用于设置绘制线的粗细，取值范围 1.0～10.0，默认值为 1.0

例 8.9 使用对象图形法创建一白色背景显示窗口，根据鼠标位置绘制数据点图，用红色表示，并输出鼠标位置信息，点击鼠标右键结束。示例程序如下。

```
pro plotopointsample_event,ev
  widget_control,ev.top,get_uvalue=info
  info.oplot->getproperty,data=data
  if ev.press eq 4 then info.isdraw=0
  if (ev.type eq 0) and (info.isdraw eq 1) then begin
    if n_elements(data) eq 0 then info.oplot->setproperty,
datax=[ev.x],datay=[ev.y] $
```

```
      else begin
        info.oplot->setproperty,datax=[reform(data[0,*,*]
),ev.x],datay=[reform(data[1,*,*]),ev.y]
      endelse
    print,'当前鼠标点的位置  X:',ev.x,' ,Y:',ev.y
    endif
     info.owin->draw,info.oview
     widget_control,ev.top,set_uvalue=info
                                  ;注意没有此语句的运行结果
  end
  pro plotopointsample
    baseid=widget_base(title='根据鼠标位置绘制点示例窗口(对象
图形法)',xoffset=200,yoffset=100)
      drawid=widget_draw(baseid,xsize=480,ysize=240,/but
ton_events,graphics_level=2) ;鼠标按钮事件和对象图形法设置
    widget_control,baseid,/realize
    widget_control,drawid,get_value=owin
  oview=obj_new('idlgrview',viewplane_rect=[0,0,480,240])
  omod=obj_new('idlgrmodel')
  opalette=obj_new('idlgrpalette')
  opalette->loadct,39
  owin->setproperty,palette=opalette
  osymb=obj_new('idlgrsymbol',data=2,size=[4,4])
                                  ;使用*表示点，X 和 Y 方向大小为 4
  oplot=obj_new('idlgrplot',color=254,symbol=osymb,lines
tyle=6)                           ;设置红色，不绘制线，用*表示
  omod->add,oplot
  oview->add,omod
  owin->draw,oview
  info={owin:owin,oview:oview,oplot:oplot,isdraw:1}
  widget_control,baseid,set_uvalue=info
   xmanager,'plotopointsample',baseid
  end
```

从实现过程来看，同样根据鼠标位置绘制点，对象图形法比直接图形法复杂，包含点的绘制和鼠标事件的处理。程序运行情况如图 8-17 所示，部分运行

结果如下。

```
当前鼠标点的位置　X:          43 ,Y:          172
当前鼠标点的位置　X:         102 ,Y:          104
……
当前鼠标点的位置　X:         372 ,Y:          170
当前鼠标点的位置　X:         154 ,Y:          171
```

图 8-17　对象图形法绘制点示例结果

例 8.10　使用对象图形法创建一白色背景显示窗口，在 0°～360°分别绘制正弦曲线和余弦曲线，并通过不同颜色和线型进行区分。示例程序如下。

```
pro plotolinesample
data=findgen(360)*!pi/180.
owin=obj_new('idlgrwindow',dimension=[480,240],title='绘制正弦函数和余弦函数曲线示例窗口(对象图形法)')
oscen=obj_new('idlgrscene')
  ;由于制定位置设置视图对象，使用场景对象避免出现黑框
oview=obj_new('idlgrview',dimension=[380,140],location=[40,40],viewplane_rect=[-40,-40,380+50,140+50])
  ;为了正常显示坐标轴标注，拓展视图对象
omod=obj_new('idlgrmodel')
osplot=obj_new('idlgrplot',findgen(360),sin(data)*70+70,color=[255,0,0],thick=2,linestyle=2)
ocplot=obj_new('idlgrplot',findgen(360),cos(data)*70+70,color=[0,0,255],thick=2)
```

```
oxax=obj_new('idlgraxis',0,color=[0,0,0],range=[0,359],
/exact,tickvalues=indgen(5)*90,ticklen=6,minor=10,location=
[0,0])
oyax=obj_new('idlgraxis',1,color=[0,0,0],range=[-1,1.]
,/exact, ycoord_conv=[70,70],ticklen=6,minor=5)
onxax=obj_new('idlgraxis',0,color=[0,0,0],range=[0,360],
/exact,ticklen=6,minor=10,location=[0,140],tickdir=1,/note
xt)
onyax=obj_new('idlgraxis',1,color=[0,0,0],range=[-1,1.],
/exact,ycoord_conv=[70,70],ticklen=6,minor=5,location=
[360,0],tickdir=1,/notext)
omod->add,[oxax,oyax,onxax,onyax]
omod->add,[osplot,ocplot]
oview->add,omod
oscen->add,oview
owin->draw,oscen
end
```

程序运行情况如图 8-18 所示。从实现过程来看，对象图形法在绘制曲线时与直接图形法不同，不会自动绘制坐标轴。

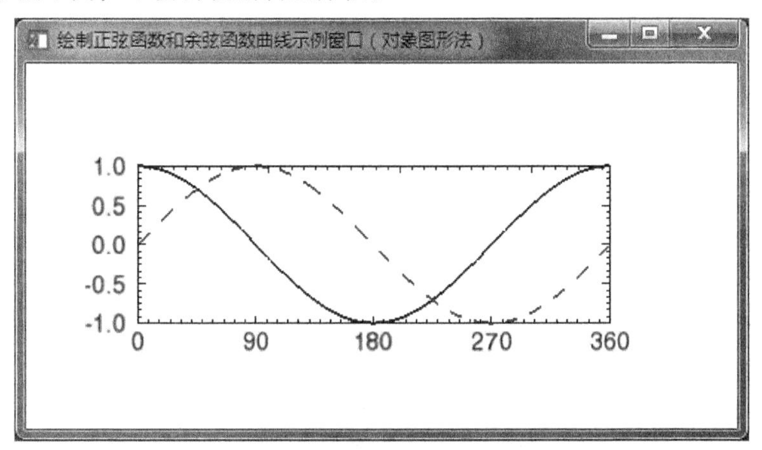

图 8-18 对象图形法绘制曲线示例结果

例 8.11 使用对象图形法创建一白色背景显示窗口，读取风场反演结果文件“20090313-C4-180-512-128.txt”并绘制网格曲面。示例程序如下。

```
pro plotosurfacesample
wdir='F:\IDLprogram\Data\'
```

```
intxtfile=wdir+'20090313-C4-180-512-128.txt'
read_stxt,intxtfile,info=info,data=data
idata=reform(data.speed,12,20)
oview=obj_new('idlgrview');,viewplane_rect=[-1,-1,2,2])
omod=obj_new('idlgrmodel')
owin=obj_new('idlgrwindow',dimension=[640,400],title='
绘制曲面示例窗口(对象图形法)',color_mode=1)
opalette=obj_new('idlgrpalette')
opalette->loadct,39
owin->setproperty,palette=opalette
osurf=obj_new('idlgrsurface',idata,color=0,style=1)
osurf->getproperty,xrange=xr,yrange=yr,zrange=zr
xr=[min(data.lon),max(data.lon)]
yr=[min(data.lat),max(data.lat)]
zr=[min(idata),max(idata)]
xs=norm_coord(xr)
ys=norm_coord(yr)
zs=norm_coord(zr)
xs[0]=xs[0]-0.5
ys[0]=ys[0]-0.5
zs[0]=zs[0]-0.5
oxax=obj_new('idlgraxis',0,color=0,/exact)
oyax=obj_new('idlgraxis',1,color=0,/exact)
ozax=obj_new('idlgraxis',2,color=0,/exact)
oxax->setproperty,range=xr,location=[-0.5,-0.5,-0.5],
ticklen=0.05,major=5,xcoord_conv=xs
oyax->setproperty,range=yr,location=[-0.5,-0.5,-0.5],
ticklen=0.05,major=6,ycoord_conv=ys
ozax->setproperty,range=[min(idata),max(idata)],location
=[-0.5,0.5,-0.5],ticklen=0.05,major=4,zcoord_conv=zs
xs=norm_coord([0,12])
ys=norm_coord([0,20])
xs[0]=xs[0]-0.5
ys[0]=ys[0]-0.5
osurf->setproperty,xcoord_conv=[-0.5,xs[1]],ycoord_con
```

```
v=[-0.5,ys[1]],zcoord_conv=zs
    omod->add,[osurf,oxax,oyax,ozax]
    oview->add,omod
    omod->rotate,[1,0,0],-90
    omod->rotate,[0,1,0],20
    omod->rotate,[1,0,0],65
    owin->draw,oview
    end
```

程序运行情况如图 8-19 所示。

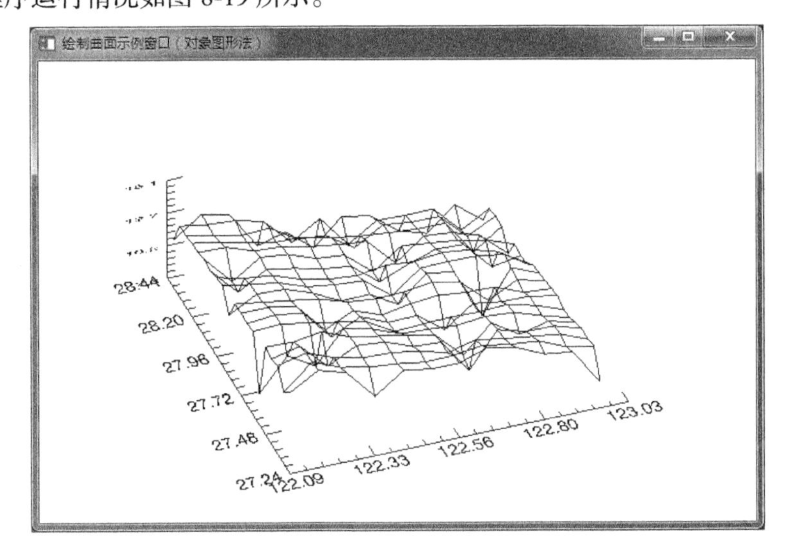

图 8-19　对象图形法绘制曲面示例结果

2. 坐标轴属性

对象图形法与直接图形法不同，图形绘制对象不包含坐标轴的绘制，需要通过 IDL 提供的 IDLgrAxis 类实现坐标轴的绘制，通过参数 DIRECTION 设置不同的坐标轴，需要注意每次只能创建一个坐标轴。不同格式的坐标轴通过一系列属性来控制，IDLgrAxis 坐标轴类常用的属性如表 8-10 所示。

表 8-10　IDLgrAxis 坐标轴类常用的属性

常用属性	说明
ALPHA_CHANNEL	用于设置绘图对象的透明度，取值范围 0.0～1.0，默认值为 1.0，表示完全不透明
COLOR	用于设置颜色索引号或者真彩色[R,G,B]，默认值为[0,0,0]，即黑色
CRANGE	用于获取坐标轴的实际范围[MINVALUE,MAXVALUE]

续表

常用属性	说明
DIRECTION	用于设置坐标轴的方向，其中 0 表示创建 X 轴，1 表示创建 Y 轴，2 表示创建 Z 轴
EXACT	用于设置是否严格按照指定格式创建坐标轴
GRIDSTYLE	用于设置坐标轴刻度线的类型，其中 0 表示实线，1 表示点线，2 表示虚线，3 表示单点划线，4 表示双点划线，5 表示长虚线，6 表示不绘制线，默认值为 0
HIDE	用于设置是否绘制坐标轴，其中 0 表示绘制坐标轴，1 表示不绘制坐标轴，默认值为 0
LOCATION	用于设置坐标轴的位置[X,Y]或者[X,Y,Z]，以左下角点为参考起点，默认值为[0,0,0]
LOG	用于设置是否创建对数坐标轴
MAJOR	用于设置坐标轴主刻度的个数，默认值为–1，表示 IDL 自动计算主刻度个数
MINOR	用于设置坐标轴次刻度的个数，默认值为–1，表示 IDL 自动计算次刻度个数
NOTEXT	用于设置是否绘制刻度标签和标题，其中 0 表示绘制，1 表示不绘制，默认值为 0
RANGE	用于设置坐标轴的范围，默认范围为[0.0,1.0]
SUBTICKLEN	用于设置次坐标轴和主坐标轴的长度的比例，默认值为 0.5
TEXTALIGNMENTS	用于设置坐标轴刻度标签的对齐方式，取值范围为 0.0～1.0，其中水平方向 0.0 表示左对齐，0.5 表示居中对齐，1.0 表示右对齐；垂直方向 0.0 表示底部对齐，0.5 表示居中对齐，1.0 表示顶部对齐
TEXTBASELINE	用于设置坐标轴的刻度标签的对齐基线，默认值为[1,0,0]
TEXTPOS	用于设置坐标轴刻度标签相对坐标轴的位置，其中 0 表示在坐标轴的下方或左方，1 表示在坐标轴的上方或右方，默认值为 0
THICK	用于设置绘制线的粗细，取值范围 1.0～10.0，默认值为 1.0
TICKDIR	用于设置坐标轴刻度标记相对坐标轴的位置，其中 0 表示在坐标轴的下方或左方，1 表示在坐标轴的上方或右方，默认值为 0
TICKFORMAT	用于设置坐标轴刻度的格式，其格式与字符输出格式相同
TICKINTERVAL	用于设置坐标轴主刻度的间隔
TICKLAYOUT	用于设置坐标轴刻度的格式，其中 0 表示显示坐标轴线、主刻度标注和刻度标签，次刻度标注仅显示在主层坐标上，1 表示仅显示主刻度标注的刻度标签，2 表示每个主刻度间均为一个矩形框，刻度标签按左对齐的方式绘制在矩形框中，默认值为 0
TICKLEN	用于设置坐标轴的刻度长度，默认值为 0.02
TICKTEXT	用于设置坐标轴刻度的标注
TICKVALUES	用于设置坐标轴的刻度值
TITLE	用于设置坐标轴的标题

例 8.12　使用对象图形法创建一白色背景显示窗口，分别基于默认位置创建 X 轴、Y 轴和基于指定位置使用矢量字体创建 X 轴和 LOG 类型的 Y 轴。示例程序如下。

```
pro plotoaxisample
owin=obj_new('idlgrwindow',dimension=[480,260],title='坐标轴示例窗口(对象图形法)')
oscen=obj_new('idlgrscene') ;由于制定位置设置视图对象，使用场
                            ;景对象避免出现黑框
oview=obj_new('idlgrview',dimension=[460,240],location=[10,10],viewplane_rect=[-30,-30,460,240])
                            ;为了正常显示坐标轴标注，拓展了视图对象
omod=obj_new('idlgrmodel')
ofont=obj_new('idlgrfont',name='times')
oxtxt=obj_new('idlgrtext','X',font=ofont)
oxax=obj_new('idlgraxis',0,color=[0,0,0],range=[0,120],/exact,major=7,ticklen=6,xcoord_conv=[40,2.6],location=[40,20],title=oxtxt)
oytxt=obj_new('idlgrtext','Y',font=ofont)
oyax=obj_new('idlgraxis',1,color=[0,0,0],range=[0,120],/exact,ycoord_conv=[20,1.2],ticklen=6,major=7,location=[40,20],title=oytxt)
oxatxt=obj_new('idlgrtext','X',font=ofont)
onxax=obj_new('idlgraxis',0,color=[255,0,0],range=[0,120],/exact,ticklen=6,major=7,location=[40,120*1.2+20],tickdir=1,xcoord_conv=[40,2.6],textpos=1,title=oxatxt)
oyatxt=obj_new('idlgrtext','Y(log)',font=ofont)
onyax=obj_new('idlgraxis',1,color=[255,0,0],range=[1,100],/exact,ycoord_conv=[20,60*1.2],ticklen=6,minor=5,location=[120*2.6+40,20],tickdir=1,/log,textpos=1,title=oyatxt)
omod->add,[oxax,oyax,onxax,onyax]
oview->add,omod
oscen->add,oview
owin->draw,oscen
end
```

程序运行情况如图 8-20 所示。

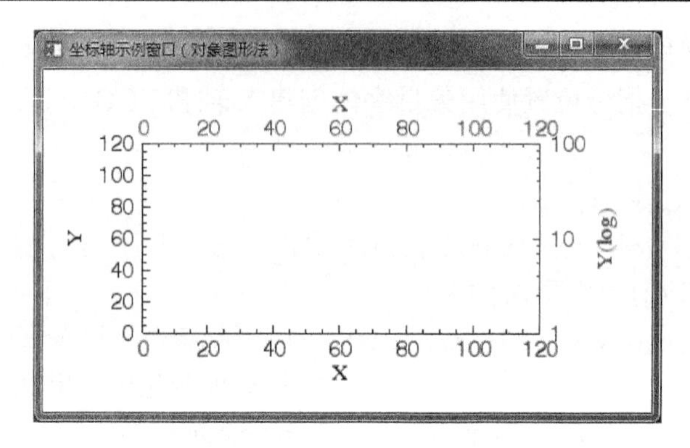

图 8-20　对象图形法绘制坐标轴示例结果

3. 文本标注与图例属性

在图形绘制过程中,有时标题绘制和相关坐标轴的标注并不能完全满足要求,因此对象图形法提供 IDLgrText 类和 IDLgrLegend 类，用于实现任意位置的文本标注和图例。除部分通用的绘图属性，IDLgrText 类常用的属性如表 8-11 所示。IDLgrLegend 类常用的属性如表 8-12 所示。

表 8-11　IDLgrText 类常用的属性

常用属性	说明
ALIGNMENT	用于设置标注文本的水平对齐方式(以给定的坐标为参考),其中 0.0 表示居左对齐，0.5 表示居中对齐，1.0 表示居右对齐，默认值为 0.0
BASELINE	用于设置标注文本的对齐基线，默认值为[1.0,0,0]，即平行于 X 轴
DRAW_CURSOR	用于设置无选择内容时是否显示鼠标光标，默认值为 0
FILL_COLOR	用于设置标注文本的填充颜色，默认值为–1，即填充颜色与视图窗口颜色一致，否则根据设置颜色填充
FONT	用于设置标注文本的字体，默认大小为 12 的 Helvetical 字体，调用 IDLgrFont 对象
LOCATIONS	用于设置标注文本的位置[X,Y]或者[X,Y,Z]，以左下角点为参考起点，默认值为[0,0,0]
RENDER_METHOD	用于设置标注文本的渲染方法，其中 0 表示使用纹理渲染，1 表示使用三角形渲染
SELECTION_LENGTH	用于设置标注文本的选择长度，0 表示没有选择文本内容
SELECTION_START	用于设置标注文本的选择起点，默认值为 0
STRING	用于设置标注文本的内容
UPDIR	用于设置标注文本的放置平面，默认值为[1.0,0.0,0.0]，即平行于 X 轴
VERTICAL_ALIGNMENT	用于设置标注文本的垂直对齐方式(以给定的坐标为参考),其中 0.0 表示底部对齐，0.5 表示居中对齐，1.0 表示顶部对齐，默认值为 0.0

表 8-12　IDLgrLegend 类常用的属性

常用属性	说明
BORDER_GAP	用于设置图例的外边距，默认值为 0.1，即标签字体高度的 10%
COLUMNS	用于设置图例显示条目的列数，默认值为 1
GAP	用于设置图例条目之间的间距，默认值为 0.1，即标签字体高度的 10%
GLYPH_WIDTH	用于设置图例浮雕效果的宽度，默认值为 0.8，即标签字体高度的 80%
ITEM_COLOR	用于设置图例条目的颜色，默认值为[0,0,0]
ITEM_LINESTYLE	用于设置图例条目中绘制线的类型，其中 0 表示实线，1 表示点线，2 表示虚线，3 表示单点划线，4 表示双点划线，5 表示长虚线，6 表示不绘制线，默认值为 0
ITEM_NAME	用于设置图例条目的名称
ITEM_OBJECT	用于设置图例条目的图案
ITEM_THICK	用于设置图例条目线的粗细，取值范围 0.0～10.0，默认值为 1.0
ITEM_TYPE	用于设置图例条目的显示类型，其中 0 表示线型，1 表示填充的矩形框，默认值为 0
OUTLINE_COLOR	用于设置图例边框的颜色，默认值为[0,0,0]
OUTLINE_THICK	用于设置图例窗口的边框的粗细，取值范围 0.0～10.0，默认值为 1.0
SHOW_FILL	用于设置图例是否使用指定颜色填充，其中 0 表示不填充，1 表示填充，默认值为 0
SHOW_OUTLINE	用于设置图例是否使用显示边框，其中 0 表示不显示边框，1 表示显示边框，默认值为 0
TEXT_COLOR	用于设置图例条目文本的颜色，默认值为[0,0,0]

例 8.13　使用对象图形法创建一白色背景显示窗口，基于设备字体示例标注文本对齐方式，基于矢量字体和设备字体示例中英文的倾斜程度。示例程序如下。

```
pro plototextsample
owin=obj_new('idlgrwindow',dimension=[460,260],title='
标注文本示例窗口(对象图形法)')
oview=obj_new('idlgrview')
omod=obj_new('idlgrmodel')
ovfont=obj_new('idlgrfont',name='times',size=16)
                                          ;矢量字体
osfont=obj_new('idlgrfont',name='FangSong',size=16)
                                          ;设备字体
;设备字体对齐方式示例
```

```
otxt1=obj_new('idlgrtext','默认对齐示例文本',font=osfont,
location=[0,0.85],color=[255,0,0])
otxt2=obj_new('idlgrtext','居右对齐示例文本',font=osfont,
location=[0,0.70],alignment=1.0,color=[255,0,0])
otxt3=obj_new('idlgrtext','居中对齐示例文本',font=osfont,
location=[0,0.55],alignment=0.5,color=[255,0,0])
;不同类型字体沿着 Y 轴 90° 方向示例:baseline=[0,1], updir=[-1,
;0],可以分别设置无 updir=[-1,0]和 updir=[1,0]并查看结果
otxt4=obj_new('idlgrtext','90° sample text',font=ovfont,
location=[-0.85,-0.85],baseline=[0,1],updir=[-1,0],color=
[255,0,0])
otxt5=obj_new('idlgrtext','90° sample text',font=osfont,
location=[-0.7,-0.85],baseline=[0,1],updir=[-1,0],color=
[255,0,0])
otxt6=obj_new('idlgrtext','90°  sample  text',location=
[-0.55,-0.85],baseline=[0,1],updir=[-1,0],color=[255,0,0])
otxt7=obj_new('idlgrtext','0° sample text',font=osfont,
location=[-0.4,-0.85],baseline=[1,0],color=[255,0,0])
otxt8=obj_new('idlgrtext','45°  中文倾斜示例文本',font=
osfont,location=[-0.4,-0.7],baseline=[1,1],color=[255,0,0])
otxt9=obj_new('idlgrtext','45°  中文倾斜示例文本',font=
ovfont, location=[-0.4,-0.5],baseline=[1,1],color=[255,0,0])
otxt10=obj_new('idlgrtext','45° sample text',font=osfont,
location=[-0.4,-0.3],baseline=[1,1], color=[255,0,0])
otxt11=obj_new('idlgrtext','文本占位示例',font=osfont,
location=[0.35,-0.85],char_dimension=[0.1,0.4],color=[255,
0,0])
otxt12=obj_new('idlgrtext','文本选择示例',font=osfont,
location=[0.35,-0.4],color=[255,0,0],selection_start=2,select
ion_ length=6) ;注意一个中文占两个字符
omod->add,[otxt1,otxt2,otxt3,otxt4,otxt5,otxt6]
omod->add,[otxt7,otxt8,otxt9,otxt10,otxt11,otxt12]
oview->add,omod
owin->draw,oview
end
```

程序运行情况如图 8-21 所示。

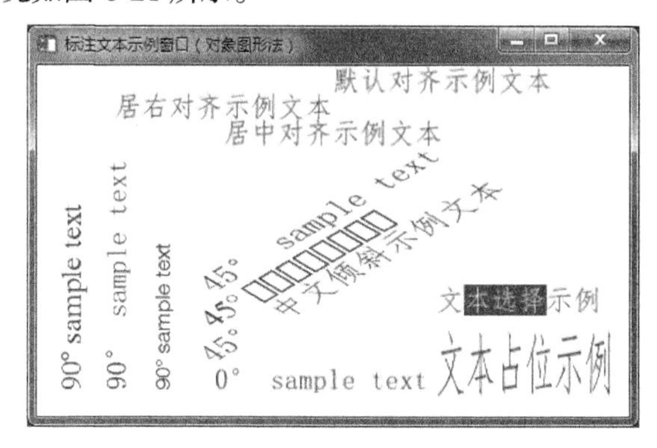

图 8-21　对象图形法文本标注示例结果

例 8.14　使用对象图形法创建一白色背景显示窗口，绘制符号 IDLgrSymbol 的符号类型图例和曲线样式图例。示例代码如下。

```
pro plotolegendsample
owin=obj_new('idlgrwindow',dimension=[460,260],title='图例示例例窗口(对象图形法)')
oscen=obj_new('idlgrscene')
oview=obj_new('idlgrview',dimensions=[230,260],location=[0,0],viewplane_rect=[-0.2,-0.1,1,1])
oview1=obj_new('idlgrview',dimensions=[230,260],location=[230,0],viewplane_rect=[-0.2,-0.1,1,1])
omod=obj_new('idlgrmodel')
omod1=obj_new('idlgrmodel')
snames=['  1:加号','  2:星号','  3:点','  4:菱形','  5:三角形','  6:正方形','  7:交叉号']
lnames=['  0:实线','  1:点','  2:虚线 ','  3:单点划线','  4:双点划线','  5:长虚线']
osfont=obj_new('idlgrfont',name='KaiTi',size=16)
;设备字体
stitle=obj_new('idlgrtext','Symbol 图例',font=osfont)
ltitle=obj_new('idlgrtext','LineStyle 图例',font=osfont)
osymb=objarr(7)
for  i=1,7  do  osymb[i-1]=obj_new('idlgrsymbol',i,size=[0.08,0.08])
```

```
slegend=obj_new('idlgrlegend',snames,gap=0.2,title=stitle,item_linestyle=bytarr(7)+6,item_object=osymb,/show_outline,font=osfont)
llegend=obj_new('idlgrlegend',lnames,gap=0.2,title=ltitle,item_linestyle=bindgen(6),/show_outline,font=osfont)
omod->add,slegend
omod1->add,llegend
oview->add,omod
oview1->add,omod1
oscen->add,[oview,oview1]
owin->draw,oscen
end
```

程序运行情况如图 8-22 所示。

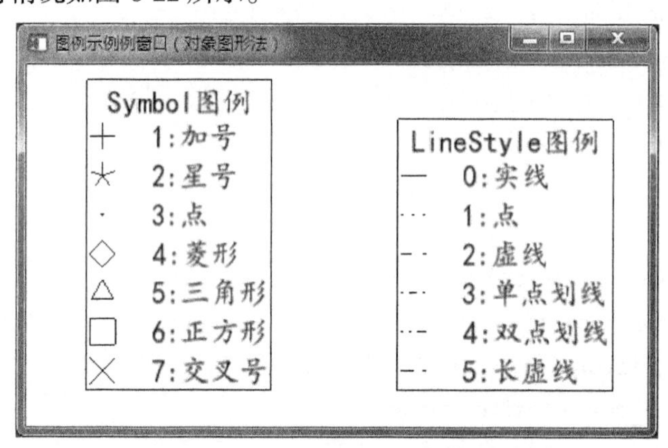

图 8-22　对象图形法图例示例结果

8.2.7　对象图形法图像显示

对象图形法显示图像与图形绘制相似，主要通过创建的显示窗口对象、视图对象、模式对象和 IDLgrImage 图形原子对象，调用显示窗口对象的 DRAW 方法显示图像，不同图像类型的显示方法略有不同。

例 8.15　使用对象图形法显示数据文件 RGB.tif 中的 R 通道的灰度图像。示例程序如下。

```
pro tvobytsample
wdir='F:\IDLprogram\Data\'
infile=wdir+'RGB.tif'
idata=read_tiff(infile)
```

```
owin=obj_new('idlgrwindow',dimension=[450,360],title='
灰度图像显示示例窗口(对象图形法)')
oview=obj_new('idlgrview',viewplane_rect=[0,0,450,360])
omod=obj_new('idlgrmodel')
oimg=obj_new('idlgrimage',reform(idata[0,*,*]),/order)
omod->add,oimg
oview->add,omod
owin->draw,oview
end
```

程序运行情况如图 8-23 所示。

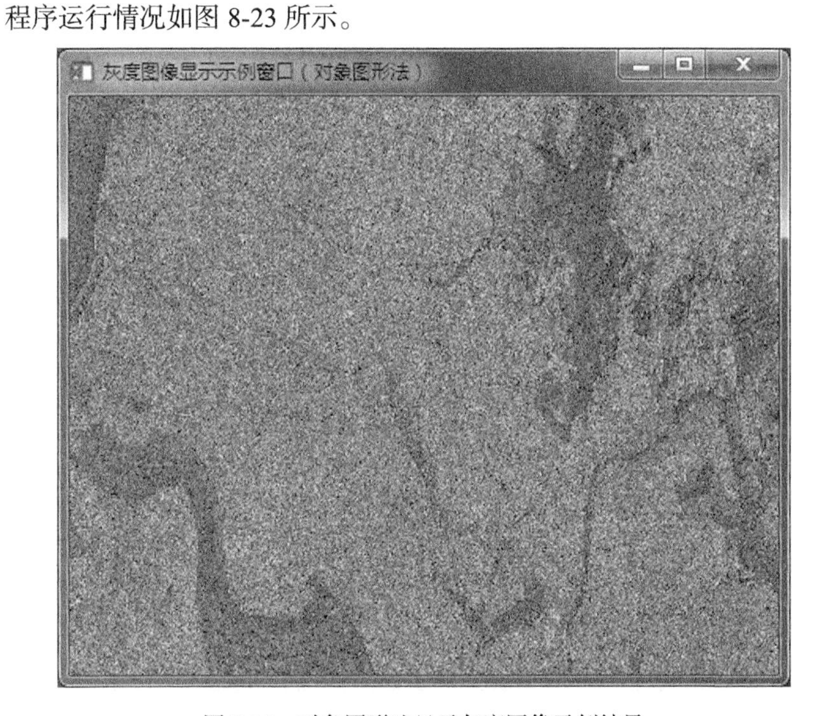

图 8-23　对象图形法显示灰度图像示例结果

例 8.16　使用对象图形法显示直接图形法创建的 INDEX.bmp 索引图像。示例程序如下。

```
pro tvoindexsample
wdir='F:\IDLprogram\Data\'
infile=wdir+'INDEX.bmp'
idata=read_image(infile,ir,ig,ib)
owin=obj_new('idlgrwindow',dimension=[450,360],title='
```

索引图像显示示例窗口(对象图形法)')

```
oview=obj_new('idlgrview',viewplane_rect=[0,0,450,360])
omod=obj_new('idlgrmodel')
opalet=obj_new('idlgrpalette',ir,ig,ib)
oimg=obj_new('idlgrimage',idata,palette=opalet)
omod->add,oimg
oview->add,omod
owin->draw,oview
end
```

程序运行情况如图 8-24 所示。

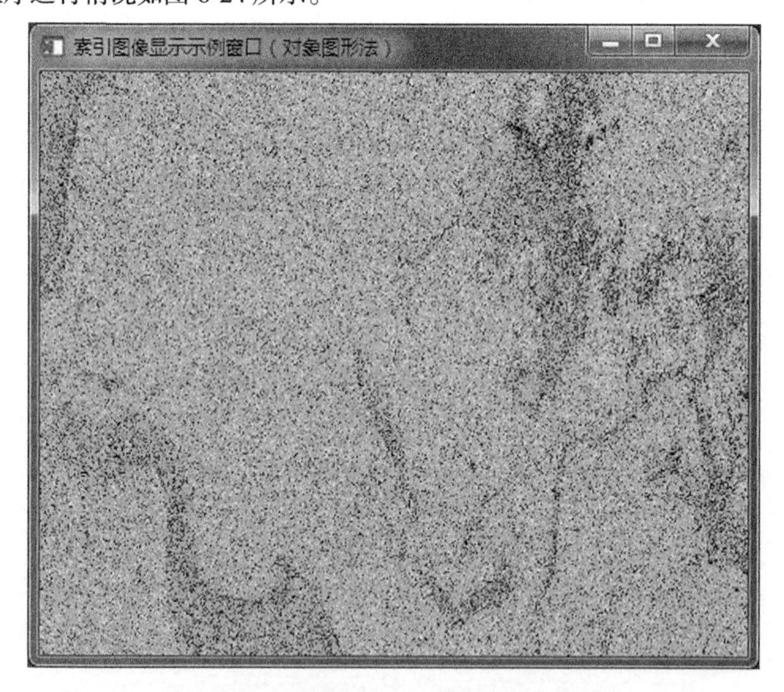

图 8-24　对象图形法显示索引图像示例结果

例 8.17　使用对象图形法显示数据文件 RGB.tif 中的真彩色图像。示例程序如下。

```
pro tvorgbsample
wdir='F:\IDLprogram\Data\'
infile=wdir+'RGB.tif'
idata=read_tiff(infile)
owin=obj_new('idlgrwindow',dimension=[450,360],title='
```

```
RGB图像显示示例窗口(对象图形法)')
    oview=obj_new('idlgrview',viewplane_rect=[0,0,450,360])
    omod=obj_new('idlgrmodel')
    oimg=obj_new('idlgrimage',idata,interleave=0)
    omod->add,oimg
    oview->add,omod
    owin->draw,oview
    end
```

程序运行情况如图 8-25 所示。

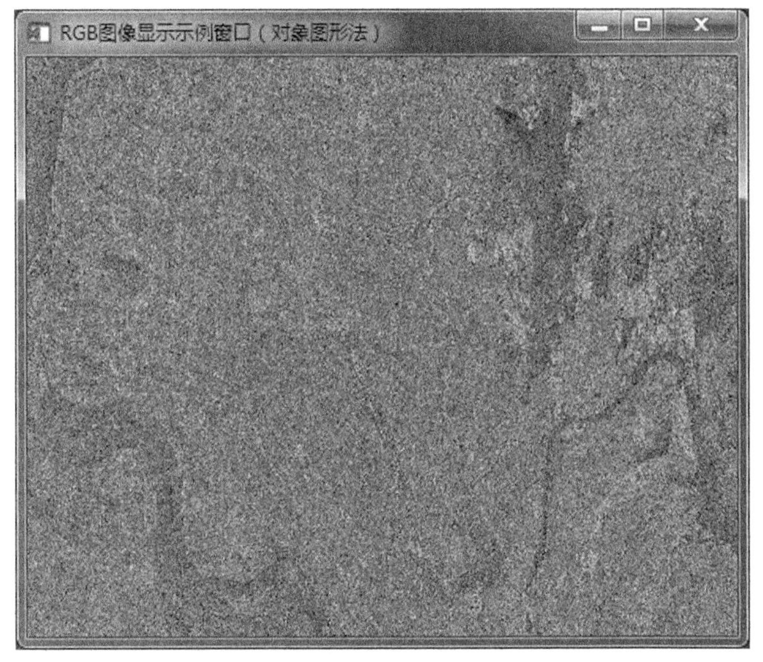

图 8-25　对象图形法显示 RGB 图像示例结果

8.2.8　对象图形法对象交互

与直接图形法不同，对象图形法在 IDL 图形原子对象绘制后，还可以进行一系列交互操作。例如，对象的选择和属性的获取与设置等，增加了可视化程序设计的灵活性。

对象的选择和鼠标指定位置数据的获取分别通过 IDLgrWindow 的 SELECT 方法实现，选择对象的属性获取与设置分别通过 GETPROPERTY 方法和 SETPROPERTY 方法实现。

例 8.18　根据输入图像数据大小创建并显示图像(示例程序仅考虑简单情况，

不对大数据进行处理)，在显示窗口中间绘制 7×7 的红色矩形框，然后根据鼠标事件选择矩形框并统计矩形框内数值的均值，如果没有选择矩形框，则根据鼠标位置显示灰度图像对应位置的数值。示例程序如下。

```
pro eightoosample_event,ev
 widget_control,ev.top,get_uvalue=info
 if ev.type eq 0 then begin  ;鼠标单击事件
  objarr=info.owin->select(info.oview,[ev.x,ev.y],dimen
sions=[info.box,info.box])              ;根据指定位置选择对象
  onum=n_elements(objarr)
   if onum gt 0 then begin
    for i=0,onum-1 do begin              ;遍历已选择的对象
     objarr[i]->getproperty,name=name
     if name eq 'polygon' then begin   ;处理选择的POLYGON对象
     info.rectplot->setproperty,color=[255,255,0]
     info.owin->draw
     info.selected=1
     break
     endif else begin          ;没有选择时恢复 POLYG_ON 对象属性
     info.selected=0
     info.rectplot->setproperty,color=[255,0,0]
     info.owin->draw
     endelse
    endfor
   endif
  endif
  if ev.type eq 2 then begin              ;鼠标移动事件
   info.oimg->getproperty,data=data
   x=0>ev.x<(info.width-1)
   y=0>ev.y<(info.height-1)
   xloc=0>x<(info.width-info.box)
   yloc=0>y<(info.height-info.box)
   if info.selected ne 0 then begin
    dinfo=string(x+1,info.height-y,data[x,info.height-y
-1],mean(data[xloc:xloc+info.box-1,(info.height-1-yloc)-(i
nfo.box-1):info.height-1-yloc]),format='(" 鼠 标 位 置 信 息 :
```

```
X=",I-4,", Y=",I-4,", 数值: ",I-4,", 均值统计: ",F-6.2)')
       info.rectplot->setproperty,data=[[xloc,yloc],[xloc+i
nfo.box-1,yloc],[xloc+info.box-1,yloc+info.box-1],[xloc,yl
oc+info.box-1],[xloc,yloc]]
       info.owin->draw
       endif else dinfo=string(x+1,info.height-y,data[x,info.
height-y -1],format='("鼠标位置信息: X=",I-4,", Y=",I-4,", 数
值: ",I-4)')
       widget_control,info.imginfo,set_value=dinfo
      endif
      if ev.type eq 1 then begin       ;鼠标释放事件
       info.oimg->getproperty,data=data
       x=0>ev.x<(info.width-info.box-1)
       y=0>(info.height-1-ev.y)<(info.height-info.box-1)
       dinfo=string(x+1,y+1,data[x,info.height-y-1],mean(da
ta[x:x+ info.box-1,y:y+info.box-1]),format='("鼠标位置信息:
X=",I-4,", Y=",I-4,", 数值: ",I-4,", 均值统计: ",F-6.2)')
       widget_control,info.imginfo,set_value=dinfo
       info.selected=0
       info.rectplot->setproperty,color=[255,0,0]
       info.owin->draw
      endif
      widget_control,ev.top,set_uvalue=info
    end
    pro eightoosample
    imgdata=read_tiff('F:\IDLprogram\Data\world_dem.tif')
    dinfo=size(imgdata,/dimensions)
    width=dinfo[0]
    height=dinfo[1]
    box=7
    pcenter=[width/2,height/2]
    mainbase=widget_base(title='对象交互示例窗口',ysize=
height+25,/col)
     drawbase=widget_base(mainbase,/frame)
      drawview=widget_draw(drawbase,xsize=width,ysize=heigh
```

```
t,retain=2,graphics_level=2,uname='drawview',/button_event
s, /motion_events)
     imginfo=widget_label(drawbase,value='',/align_left,xs
ize=width, xoffset=0,yoffset=2+height,/sunken_frame)
   widget_control,mainbase,/realize
   widget_control,drawview,get_value=owin
   dinfo=string(width/2,height/2,imgdata[width/2,height/2
],mean(imgdata[pcenter[0]-box/2:pcenter[0]+box/2,pcenter[1
]-box/2:pcenter[1] +box/2]),format='("鼠标位置信息:X=",I-4,",
Y=",I-4,", 数值: ",I-4,", 均值统计: ",F-6.2)')
   widget_control,imginfo,set_value=dinfo
   oscene=obj_new('IDLgrScene')
   omodel=obj_new('IDLgrmodel')
   oimg=obj_new('IDLgrImage',imgdata,interpolate=1,order=
1,name='image')
   omodel->add,oimg
   oview=obj_new('IDLgrView',name='oview',viewplane_rect=
[0,0,width,height],location=[0,0])
   oview->add,omodel
   oscene->add,oview
     rectplot=obj_new('IDLgrPolygon',[pcenter[0]-box/2,pce
nter[0]+box/2,pcenter[0]+box/2,pcenter[0]-box/2,pcenter[0]-
box/2],[pcenter[1]-box/2,pcenter[1]-box/2,pcenter[1]+box/2,
pcenter[1]+box/2,pcenter[1]-box/2],color=[255,0,0],style=1,
name='polygon',thick=1)
   omodel->add,rectplot
   owin->setproperty,graphics_tree=oscene
   owin->draw
   state={drawview:drawview,imginfo:imginfo,owin:owin,ovi
ew:oview,omodel:omodel,oimg:oimg,rectplot:rectplot,selecte
d:0,width:width,height:height,box:box } ;对象+辅助参数
   widget_control,mainbase,set_uvalue=state
   center,mainbase
   xmanager,'eightoosample',mainbase,/no_block
   end
```

程序运行情况如图 8-26 所示。选择矩形框时如图 8-27 所示。未选择矩形框时如图 8-28 所示。

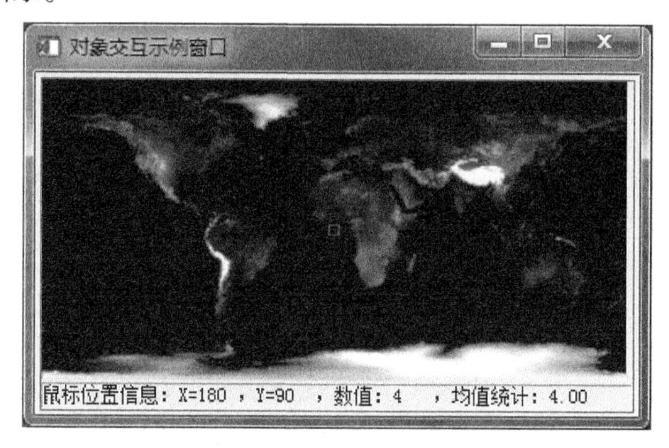

图 8-26　对象交互初始示例结果

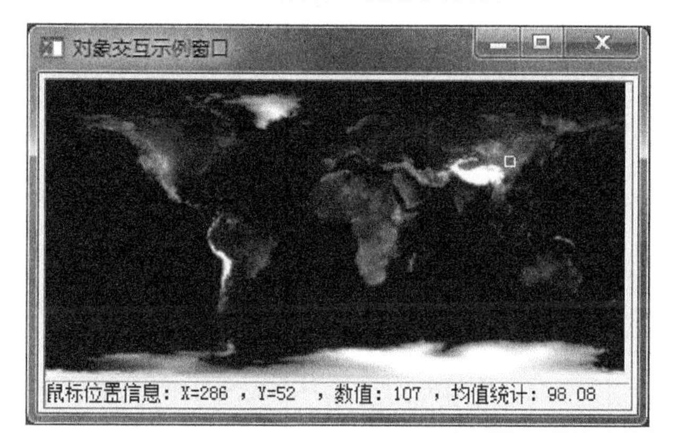

图 8-27　对象交互选择矩形框示例结果

图 8-28　对象交互未选择矩形框示例结果

8.3　直接图形法与对象图形法的比较

IDL 为用户提供两种独立的图形体系(直接图形法和对象图形法)。这两套系统都用于数据的显示或者输出，但这两套系统互不兼容，即直接图形窗口中不能显示对象图形，同样对象图形窗口不能实现直接图形法图形图像显示。二者的区别如表 8-13 所示。

表 8-13　直接图形法与对象图形法的区别

区别	直接图形法	对象图形法
持续性	直接图形法图形绘制的一系列信息是没有被保存，内容显示后便不能改变。如果需要改变绘制的内容，一系列用于直接图形法绘制的语句需要重新执行一遍	对象图形法显示需要的对象层次，对象层次中存储再次绘制的所有信息。当一个对象改变时，整个层次重新刷新，无需所有的语句都重新执行一遍
开销	直接图形法的开销很小，一个简单的绘图语句就可以完成，适用于简单图形图像的绘制和显示	对象图形法不管多简单的图形都需要一个对象层次，用多个语句才能完成图形图像的绘制和显示
速度	直接图形法可以非常快速地进行图形图像的绘制和显示	对象图形法提供许多直接图形法不需要的操作，渲染时间要长一些。如果有好的显卡提供硬件支持时，复杂的图形也可以快速绘制
三维	直接图形法默认在二维空间上实现图形图像的绘制和显示	对象图形法的本质就是三维的，操作在三维中实现
接口	直接图形法使用简单的程序接口可以适当进行交互使用或编程	对象图形法使用面向对象的程序接口，由程序员管理内存中的数据
设备	直接图形法依赖当前的图形设备，不同的设备需要不同的参数设置	对象图形法独立于设备，没有当前图形设备的概念，任何数据显示均可以在创建目标对象的物理设备上显示

直接图形法和对象图形法虽然互不兼容，但是它们却各有千秋。在实际使用过程中，可以根据需要单独使用，也可以在应用程序界面中有效地把二者结合起来使用。

8.4　图 像 处 理

图像处理是通过计算机对图像进行处理、分析或信息提取，以达到满足需要的技术。目前，图像处理已经广泛地应用于诸多领域，并取得非凡的成果。IDL

自身集成了大量的图像处理和分析程序，用于快速、高效地进行图像处理。下面主要以图像的类型转换和几何变换为例，简单介绍基于 IDL 的图像处理程序设计。

8.4.1 图像类型转换

图像类型转换是指把一种类型的图像文件转换成另一种图像文件的过程，主要包含索引图像转 RGB 图像、RGB 图像转索引图像、不同类型的 RGB 图像转换。

例 8.19 将索引图像转换成 RGB 图像并保存为 JPEG 文件。示例程序如下。

```
pro indextorgb,infile,outfile
if n_elements(infile) eq 0 then infile='F:\IDLprogram\
Data\INDEX.bmp'
if n_elements(outfile) eq 0 then outfile='F:\IDLprogram\
Data\INDEX2RGB.jpg'
ok=query_image(infile,info)
if ok eq 1 then begin
  idata=read_image(infile,ir,ig,ib)
  odata=bytarr(3,info.dimensions[0],info.dimensions[1])
  odata[0,*,*]=ir[idata]
  odata[1,*,*]=ig[idata]
  odata[2,*,*]=ib[idata]
  write_jpeg,outfile,odata,true=1,quality=100
endif else begin
   print,'文件:'+infile+'异常！'
   return
endelse
end
```

例 8.20 将 RGB 图像转换成索引图像并保存为 PNG 文件。示例程序如下。

```
pro rgbtoindex,infile,outfile
if n_elements(infile) eq 0 then infile='F:\IDLprogram\
Data\RGB.tif'
if n_elements(outfile) eq 0 then outfile='F:\IDLprogram\
Data\RGB2INDEX.png'
ok=query_tiff(infile,info)
if ok eq 1 then begin
idata=read_tiff(infile)
odata=color_quan(idata,1,ir,ig,ib)
```

```
write_png,outfile,odata,ir,ig,ib,/order
endif else begin
  print,'文件:'+infile+'异常! '
  return
endelse
end
```

例 8.21 将 RGB 图像转换成灰度图像并保存为 TIFF 文件。示例程序如下。

```
pro rgbtobyt,infile,outfile,rp,gp,bp
if n_elements(infile) eq 0 then infile='F:\IDLprogram\
Data\RGB.tif'
if n_elements(outfile) eq 0 then outfile='F:\IDLprogram\
Data\RGB2BYT.tif'
if n_elements(rp) eq 0 then rp=1./3.
if n_elements(gp) eq 0 then gp=1./3.
if n_elements(bp) eq 0 then bp=1./3.
rp=0.001>rp<1.
gp=0.001>rp<1.
bp=0.001>rp<1.
sump=rp+gp+bp
if sump ne 1 then begin
  rp=rp/sump
  gp=gp/sump
  bp=bp/sump
endif
ok=query_tiff(infile,info)
if ok eq 1 then begin
idata=read_tiff(infile)
odata=byte(reform(idata[0,*,*])*rp+reform(idata[1,*,*]
)*gp+reform(idata[2,*,*]*bp))
write_tiff,outfile,odata
endif else begin
  print,'文件:'+infile+'异常! '
  return
endelse
end
```

例 8.22　将 BIP 格式的 RGB 图像转成 BSQ 格式的图像。示例程序如下。

```
pro rgbtypechange,infile,outfile,type=type
if n_elements(infile) eq 0 then infile='F:\IDLprogram\
Data\RGB.tif'
if n_elements(outfile) eq 0 then outfile='F:\IDLprogram\
Data\RGB_typechange.jpg'
if n_elements(type) eq 0 then type=3 ; [1:bip,2:bil,3:bsq]
ok=query_tiff(infile,info)
if ok eq 1 then begin
  idata=read_tiff(infile)
  odata=idata
  datainfo=size(idata)
  if datainfo[0] ne 3 then begin
    print,'文件:'+infile+'波段数不为 3，程序仅支持波段数为 3 的
图像类型转换！'
    return
  endif else begin
    if datainfo[1] eq 3 then begin   ;BIP->OTHER
      if type eq 1 then print,'图像类型与待转换类型一致，不做
转换处理！'
      if type eq 2 then odata=transpose(idata,[1,0,2])
      if type eq 3 then odata=transpose(idata,[1,2,0])
    endif
    if datainfo[2] eq 3 then begin   ;BIL->OTHER
      if type eq 1 then odata=transpose(idata,[1,0,2])
      if type eq 2 then print,'图像类型与待转换类型一致，不做
转换处理！'
      if type eq 3 then odata=transpose(idata,[0,2,1])
    endif
    if datainfo[3] eq 3 then begin   ;BSQ->OTHER
      if type eq 1 then odata=transpose(idata,[2,0,1])
      if type eq 2 then odata=transpose(idata,[0,2,1])
      if type eq 3 then print,'图像类型与待转换类型一致，不做
转换处理！'
    endif
```

```
    write_jpeg,outfile,odata,true=type,order=info.orientation
    endelse
  endif else begin
    print,'文件:'+infile+'异常! '
    return
  endelse
  end
```

8.4.2 图像几何变换

图像几何变换又称空间变换，即图像中点与点之间的空间映射关系。基于图像的几何变换包含图像剪裁、图像大小调整、图像平移、图像翻转和图像旋转等。在对象图形法中，可以通过模式对象的变换实现图像的缩放和平移等操作而不改变图像自身。与通过模式对象的几何变换对应，也可以通过改变图像自身的大小和空间位置实现几何变换。图像以数组的形式存储，因此改变图像自身的几何变换也可以理解为对数组的操作。

图像剪裁是指从图像提取关注的区域，从数据处理的角度就是获取数组的子数组元素操作。通过剪裁操作，无需对整个数据进行处理与分析，节省了处理时间和计算机资源。

例 8.23 以样例数据中的全球 DEM 文件 world_dem.tif 为例，剪裁中国地区的 DEM 数据。示例程序如下。

```
  function image_cut,infile,startcol,startrow,width,height
  if n_elements(infile) eq 0 then infile='F:\IDLprogram\Data\world_dem.tif'
  if n_elements(startcol) eq 0 then startcol=250
  if n_elements(startrow) eq 0 then startrow=20
  if n_elements(width) eq 0 then width=70
  if n_elements(heith) eq 0 then height=70
  data=read_tiff(infile)
  odata=data[startcol:startcol+width,startrow:startrow+height]
  return,odata
  end
```

图像大小调整是指为了更好地进行图像理解和图像分析对图像进行缩小或放

大操作，从数据处理的角度就是对数组进行重采样操作。通过数据大小调整，可以快速预分析数据(缩小操作分析全貌，放大操作分析细节)。IDL 可以通过 CONGRID 函数实现图像大小调整。

例 8.24　以样例数据中的全球 DEM 文件 world_dem.tif 为例，剪裁中国地区的 DEM 数据，并放大一倍，使用直接图形法显示原始数据和剪裁并放大后的数据，并绘制放大区域。图像大小调整示例程序如下。

```
function image_resize,indata,sx,sy
if n_elements(indata) eq 0 then data=image_cut()
if n_elements(sx) eq 0 then sx=70*2
if n_elements(sy) eq 0 then sy=70*2
odata=congrid(indata,sx,sy)
return,odata
end
```

剪裁和调整大小综合应用示例程序如下。

```
pro eightimgsample
infile='F:\IDLprogram\Data\world_dem.tif'
data=read_tiff(infile)
odata=image_cut()
odata=image_resize(odata)
window,/free,title='图像剪裁和大小调整示例窗口',xsize=520,
ysize=190
device,decomposed=0
loadct,0
erase,255
tv,data,5,5,/order
tv,odata,360+15,5,/order
loadct,39
plots,[250,320,320,250,250]+5,[90,90,160,160,90]+5,col
or=254,/device
plots,[320,360+10]+5,[160,140]+5,color=254,/device,lin
estyle=6
plots,[320,360+10]+5,[90,0]+5,color=254,/device,linest
yle=6
plots,[370,510,510,370,370]+5,[0,0,140,140,0]+5,color=
254,/device
```

```
end
```

程序运行情况如图 8-29 所示。

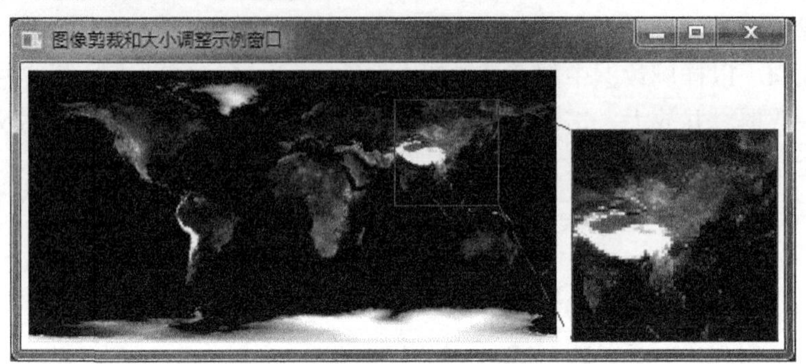

图 8-29　图像剪裁和大小调整示例结果

图像平移是指将图像的所有点按照某个方向移动操作，从数据处理的角度就是对数组进行平移操作。通过平移操作，可以方便数据处理与分析，如 FFT 变换需要做平移操作，将低频部分移至数据中心部分。IDL 中可以通过 SHIFT 函数实现图像平移。

例 8.25　以样例数据中的全球 DEM 文件 world_dem.tif 为例，通过平移操作实现以太平洋为中心的 DEM 分布并显示。示例程序如下。

```
pro image_shift
infile='F:\IDLprogram\Data\world_dem.tif'
data=read_tiff(infile)
odata=shift(data,-180,0)
window,/free,title='图像平移示例窗口',xsize=760,ysize=220
device,decomposed=0,set_font='仿宋'
!p.font=0
loadct,0
erase,255
tv,bytscl(data),10,5,/order
tv,bytscl(odata),360+30,5,/order
xyouts,170,180+15,'原始 DEM',color=0,/device
xyouts,170+360,180+15,'平移后 DEM',color=0,/device
end
```

程序运行情况如图 8-30 所示。

图像翻转是指将图像的所有点按照水平或者垂直方向操作，从数据处理的角度就是对数组进行翻转操作。通过翻转操作，便于将数据调整到统一的标准下进

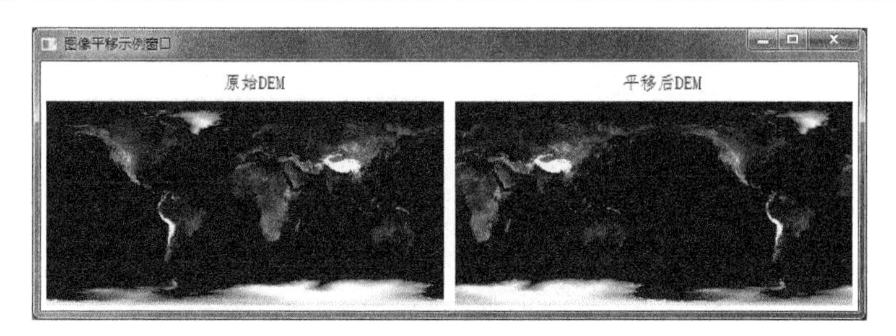

图 8-30　图像平移示例结果

行处理与分析。例如，处理合成孔径雷达(synthetic aperture radar, SAR)图像数据，升轨数据沿着底部向上记录，降轨数据沿着顶部向下记录，在实际处理中可以根据需要调整升轨数据或者降轨数据。IDL 可以通过 REVERSE 函数实现图形的翻转。

例 8.26　利用直接图形法的默认显示方式(自底向上)正常显示全球 DEM。示例程序如下。

```
pro image_reverse
infile='F:\IDLprogram\Data\world_dem.tif'
data=read_tiff(infile)
odata=reverse(data,2)
window,/free,title='图像翻转示例窗口',xsize=760,ysize=220
device,decomposed=0,set_font='仿宋'
!p.font=0
loadct,0
erase,255
tv,bytscl(data),10,5
tv,bytscl(odata),360+30,5
xyouts,150,180+15,'原始 DEM 默认显示',color=0,/device
xyouts,150+360,180+15,'翻转后 DEM 显示',color=0,/device
end
```

程序运行情况如图 8-31 所示。例 8.7 的程序也可以通过 REVERSE 函数实现。

图像旋转是指在平面内将图像围绕一个点旋转一定的角度进行旋转调整操作，从数据处理的角度就是对数组进行旋转和调整操作。IDL 可以通过 ROT 或 ROTATE 函数实现。

例 8.27　将真彩色文件 RGB.tif 的第一个波段沿着顺时针方向旋转 15° 并显示。示例程序如下。

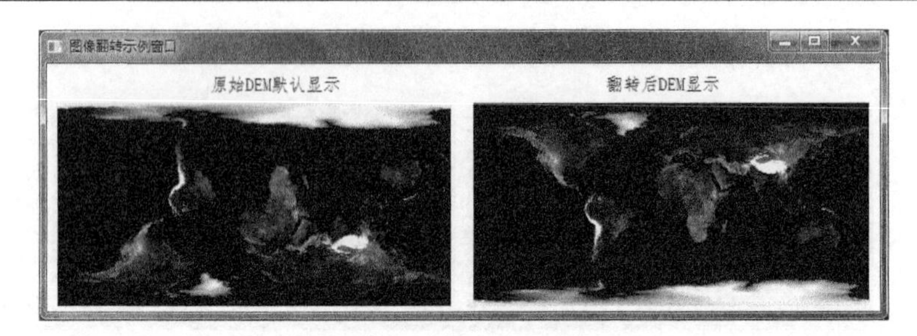

图 8-31　图像翻转示例结果

```
pro image_rot
infile='F:\IDLprogram\Data\RGB.tif'
data=read_tiff(infile)
odata=rot(reform(data[0,*,*]),-15,0.75,/interp,missing
=255)
window,/free,title='图像旋转示例窗口',xsize=450,ysize=360
device,decomposed=0
loadct,0
erase,255
tv,bytscl(odata),/order
end
```

程序运行情况如图 8-32 所示。需要注意，ROT 函数并不改变数据的大小，

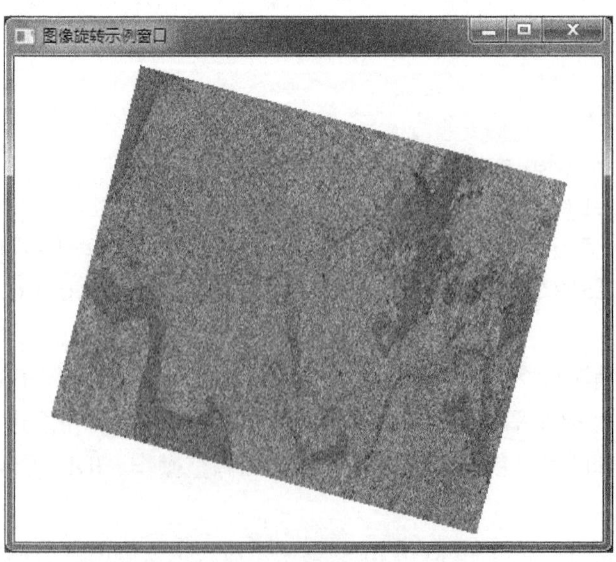

图 8-32　图像旋转示例结果

为了完整显示旋转处理后的数据，缩放比例设为 0.75，可以将 0.75 改为 1.0 后查看运行结果。ROT 旋转的角度按照顺时针方向，程序因涉及显示问题，为了正确显示可以将旋转角度设为–15。在实际应用过程中，如果以屏幕左下角为起点显示图像，则设置参数 15 即可。

第 9 章　程序发布与部署

为了方便程序的进一步应用，需要对经过编译、运行和测试通过的程序进行发布和部署。IDL 可以通过源程序(pro)方式发布或非源程序(sav 或 exe)方式发布。本章主要介绍如何利用虚拟机(virtual machine)和运行时(runtime)两种方式进行非源程序部署。

9.1　IDL 程序发布

9.1.1　SAV 文件

1. SAV 文件生成

SAV 文件是 IDL 特有的文件类型，IDL 自 6.0 版本能够将程序或数据保存到文件中，便于程序发布和数据共享。SAV 文件可以通过 SAVE 过程或工程项目管理器生成。

SAVE 过程的用法可参考 2.2.5 节或帮助文档。程序发布时，调用 SAVE 过程设置程序名称和 ROUTINE 关键字，将编译的程序保存到 SAV 文件中。如果程序使用其他未编译的程序，需要使用 RESOLVE_ALL 编译程序中调用的过程或函数，如果调用 ITOOLS 的功能，需要使用 IRESOLVE 进行辅助编译。例如，自定义的函数 nine.pro 已经编译，SAV 文件的生成示例如下。

```
IDL>save,'nine',/routines,filename='F:\IDLprogram\Nine
\nine.sav'
```

工程项目管理器可以通过“构建工程”和“运行工程”进行编译和运行，构建工程时可以自动生成 sav 文件。以工程“Nine”为例，在“Nine”右键菜单中选择“属性”或者单击主菜单“项目”-“属性”，弹出工程属性界面(图 9-1)，选择“工程构建属性”进行设置。然后，选择主菜单“工程”-“构建”(Ctrl+B)或工具栏上的快捷方式进行工程的构建，在控制台会对生成的文件名进行输出(图 9-2)。

2. SAV 文件运行

SAV 文件创建后，可以通过 RESTORE 过程加载 SAV 文件中的程序或数据到内存，当前 IDL 编译器可以直接运行或使用。

图 9-1　IDL 工程属性设置界面

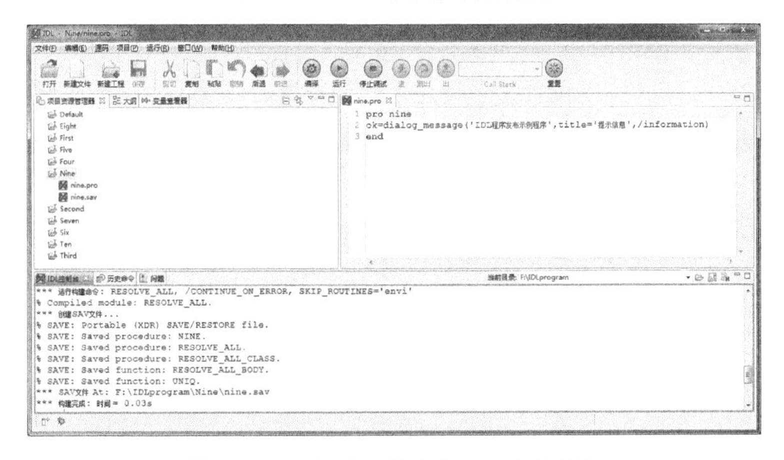

图 9-2　IDL 构建工程生成 SAV 文件界面

IDL 可以通过 IDL_SAVEFILE 对象类实现 SAV 文件的信息查询与加载，可以通过“IDLRT_ADMIN.EXE”打开(若为默认打开程序，直接双击打开)。IDL 也可以通过虚拟机调用。启动 IDL 虚拟机(图 9-3)，然后打开待执行的 SAV 文件。

若文件名与程序名一致，则可以直接执行 SAV 文件，若不一致，则需要在程序或命令行中使用“RESTORE”，然后再调用运行程序名称执行程序。

图 9-3 IDL 虚拟机界面

9.1.2 EXE 文件

EXE 文件是 WINDOWS 系列操作系统的可执行文件。IDL 自 7.0 版本采用 MAKE_RT 过程代替 Export 功能，实现 EXE 文件的输出。MAKE_RT 语法格式如下。

```
MAKE_RT,Appname,Outdir [,/ Keywords]
```

说明：Appname 表示工程主程序名称；Outdir 表示待发布的目录，如果目录不存在则会出错；Keywords 表示关键字。

常用的关键字如下。

OVERWRITE：用于设置是否覆盖，当待发布的目录不为空的时候设置。

SAVEFILE：用于设置工程构建后的 SAV 文件存放路径。

需要注意，如果程序用到高级程序设计，如数据库等模块，就要设置对应的关键字，否则发布的 EXE 程序无法执行。

工程“Nine”发布示例如下。

```
IDL>make_rt,'nine','F:\IDLprogram\Nine\exe',savefile='
F:\IDLprogram\Nine\nine.sav'
% Compiled module: MAKE_RT.
make_dist routine finished. See log file: F:\IDLprogram\
Nine\exe\nine\log.txt
```

上述示例实现在 F:\IDLprogram\Nine\exe 路径下生成以 nine 命名的文件夹，打开文件夹后双击 nine.exe 即可在 64 位操作系统下运行。如果项目使用 IDL 自带的数据或自定义的数据,则需根据 IDL 安装目录或项目目录组织添加相关文件，复制到发布后程序的相应目录下，避免出现找不到文件的错误。

除了上述 SAV 文件发布与 EXE 文件发布，IDL 还提供对象输出助手将 IDL 程序输出为通用的 COM(component object model)组件和 Java 类，实现其他程序设计语言轻松调用 IDL。此外，IDL 通过调用可执行程序(EXE)、动态链接库(dynamic link library，DLL)、COM 组件、OLE(object linking and embedding)控件或 OCX (object linking and embedding control extension)控件与 Java 等方式扩展 IDL 功能。

9.2　IDL 程序部署

9.2.1　Runtime 方式

IDL 的 Runtime 发布使 IDL 程序可以脱离开发环境，独立运行 IDL 的数据分析和显示功能。这是一种高性价比的软件发布方法，可以发布 IDL 程序，也可以发布 IDL 与其他语言混编的程序，但 Runtime 发布需要独立的 Runtime 许可才能运行。

9.2.2　虚拟机方式

IDL 的虚拟机是一种免费的程序运行支撑平台，适用于所有 IDL 支持的操作系统平台。这种方式可以使 IDL 程序自由、免费的发布和运行，但虚拟机方式存在以下限制。

① 虚拟机必须通过 Exelis Vis 公司提供的程序进行安装，不允许更改。

② 启动时会弹出虚拟机启动画面，需要单击界面后再选择 sav 文件执行。

③ 虚拟机只能运行 IDL 6.0 或更高版本软件生成的 sav 文件。

④ 不允许执行 EXECUTE 函数。

⑤ 不支持 Callable 技术等混合编程技术。

⑥ 虚拟机默认不安装 DataMiner、IDLffDicomEX feature、IDL-Java bridge 等功能组件。

第 10 章　应用程序设计实践

本章在 IDL 基本内容的基础上，通过五个具体应用实例介绍 IDL 程序设计方法，以便读者更好地理解 IDL，灵活运用 IDL 解决实际问题，设计出满足实际需求的应用系统。

10.1　简易计算器程序设计

设计一个可以进行加、减、乘、除四则运算的简易计算器，主要设计过程如下。

(1) 创建一窗体，在顶层 WIDGET_BASE 添加 18 个按钮组件和 1 个文本组件，分别设置 VALUE 和 UNAME，以及用于布局的关键字。

(2) 显示界面并通过结构体变量 info={fdata:0d,sdata:0d,op:0,flag:0，resid:resid}保存应用程序的组件、结果和状态。

(3) 事件管理与响应处理。

简易计算器示例程序如下。

```
pro setnumber,ev,innum
  widget_control,ev.top,get_uvalue=info
  widget_control,info.resid,get_value=curdata
  if info.flag eq 1 then begin
    widget_control,info.resid,set_value=strtrim(string
(innum),2)
    info.flag=0
    info.fdata=0
    info.sdata=0
  widget_control,ev.top,set_uvalue=info
  endif else begin
  if curdata ne '0' then begin
    widget_control,info.resid,set_value=curdata+strtrim
(string(innum),2)
  endif else begin
```

```
        widget_control,info.resid,set_value=strtrim(string(
innum),2)
      endelse
      endelse
    end
    pro computersample_event,ev
      widget_control,ev.top,get_uvalue=info
      widget_control,info.resid,get_value=curdata
      guiname=widget_info(ev.id,/uname)
      case guiname of
      'b0':begin
        setnumber,ev,0
      end
      'b1':begin
        setnumber,ev,1
      end
      'b2':begin
        setnumber,ev,2
      end
      'b3':begin
        setnumber,ev,3
      end
      'b4':begin
        setnumber,ev,4
      end
      'b5':begin
        setnumber,ev,5
      end
      'b6':begin
        setnumber,ev,6
      end
      'b7':begin
        setnumber,ev,7
      end
      'b8':begin
```

```
  setnumber,ev,8
end
'b9':begin
  setnumber,ev,9
end
'bp':begin
  pointpos=strpos(curdata,'.')
  if pointpos eq -1 then begin
   setnumber,ev,'0.'
  endif else begin
    ok=dialog_message('请勿重复输入小数点！',title='提示信息',/information)
  endelse
end
'bd':begin
  cdatalen=strlen(strtrim(curdata,2))
  if cdatalen gt 1 then begin
    curdata=strmid(curdata,0,cdatalen-1)
  endif else begin
    curdata='0'
  endelse
  widget_control,info.resid,set_value=curdata
end
'bc':begin
  widget_control,info.resid,set_value='0'
  info.fdata=0d
  info.sdata=0d
  info.flag=0
  info.op=0
  widget_control,ev.top,set_uvalue=info
end
'boa':begin
  info.fdata=double(curdata)
  widget_control,info.resid,set_value='0'
  info.op=1
```

```
    info.flag=0
    widget_control,ev.top,set_uvalue=info
  end
  'boj':begin
    info.fdata=double(curdata)
    widget_control,info.resid,set_value='0'
    info.op=2
    info.flag=0
    widget_control,ev.top,set_uvalue=info
  end
  'bom':begin
    info.fdata=double(curdata)
    widget_control,info.resid,set_value='0'
    info.op=3
    info.flag=0
    widget_control,ev.top,set_uvalue=info
  end
  'bod':begin
    info.fdata=double(curdata)
    widget_control,info.resid,set_value='0'
    info.op=4
    info.flag=0
    widget_control,ev.top,set_uvalue=info
  end
  else:
  endcase
end
pro sequationhandler,ev
  widget_control,ev.top,get_uvalue=info
  widget_control,info.resid,get_value=curdata
  print,info
  if info.flag eq 0 then info.sdata=curdata
  firstdata=double(info.fdata)
  case info.op of
  1:begin
```

```
        firstdata+=double(info.sdata)
      end
      2:begin
        firstdata-=double(info.sdata)
      end
      3:begin
        firstdata*=double(info.sdata)
      end
      4:begin
         if double(info.sdata) eq 0 then ok=dialog_message
('除数为 0，异常！',title='出错提示信息！',/error)
        firstdata/=double(info.sdata)
      end
      else:
      endcase
    widget_control,info.resid,set_value=strtrim
(string(firstdata),2)
      info.flag=1
      widget_control,ev.top,set_uvalue=info
    end
    pro computersample
    baseid=widget_base(title='简易计算器',xsize=260,ysize=
240,tlb_frame_attr=1)
     resid=widget_text(baseid,value='0',editable=1,xoffset=
10, yoffset=10,xsize=38,uname='tresult')
      b7id=widget_button(baseid,value='7',xoffset=10,yoffse
t=40, xsize=40,ysize=40,uname='b7')
      b8id=widget_button(baseid,value='8',xoffset=60,yoffse
t=40, xsize=40,ysize=40,uname='b8')
      b9id=widget_button(baseid,value='9',xoffset=110,yoffs
et=40, xsize=40,ysize=40,uname='b9')
      bodid=widget_button(baseid,value='/',xoffset=160,yoff
set=40, xsize=40,ysize=40,uname='bod')
      bdid=widget_button(baseid,value='<-',xoffset=210,yoff
set=40, xsize=40,ysize=40,uname='bd')
```

```
    b4id=widget_button(baseid,value='4',xoffset=10,yoffse
t=90, xsize=40,ysize=40,uname='b4')
    b5id=widget_button(baseid,value='5',xoffset=60,yoffse
t=90, xsize=40,ysize=40,uname='b5')
    b6id=widget_button(baseid,value='6',xoffset=110,yoffs
et=90, xsize=40,ysize=40,uname='b6')
    bomid=widget_button(baseid,value='*',xoffset=160,yoff
set=90, xsize=40,ysize=40,uname='bom')
    bcid=widget_button(baseid,value='C',xoffset=210,yoffs
et=90, xsize=40,ysize=40,uname='bc')
    b1id=widget_button(baseid,value='1',xoffset=10,yoffse
t=140, xsize=40,ysize=40,uname='b1')
    b2id=widget_button(baseid,value='2',xoffset=60,yoffset=
140,xsize=40,ysize=40,uname='b2')
    b3id=widget_button(baseid,value='3',xoffset=110,yoffs
et=140, xsize=40,ysize=40,uname='b3')
    bojid=widget_button(baseid,value='-',xoffset=160,yoff
set=140, xsize=40,ysize=40,uname='boj')
  boeid=widget_button(baseid,value='=',xoffset=210,yoffs
et=140, xsize=40,ysize=90,event_pro='sequationhandler')
    b0id=widget_button(baseid,value='0',xoffset=10,yoffse
t=190, xsize=90,ysize=40,uname='b0')
    bpid=widget_button(baseid,value='.',xoffset=110,yoffs
et=190, xsize=40,ysize=40,uname='bp')
    boaid=widget_button(baseid,value='+',xoffset=160,yoff
set=190, xsize=40,ysize=40,uname='boa')
  widget_control,baseid,/realize
  info={fdata:0d,sdata:0d,op:0,flag:0,resid:resid}
  widget_control,baseid,set_uvalue=info
  xmanager,'computersample',baseid
  end
```

程序运行结果如图 10-1 所示。简易计算器示例窗体、按钮组件和文本组件的综合应用，并未涉及复杂的运算处理。感兴趣的读者可以进一步修改、优化和完善计算器的功能，加深对 IDL 程序设计的理解。

图 10-1　简单计算器界面

10.2　辐射计 AMSR-E 风速可视化

IDL 为用户提供了直接图形法(面向过程)和对象图形法(面向对象)两种图形显示方法。自 IDL 8.0 版本起，增加了数据或图像的快速可视化函数，是介于直接图形法和对象图形法的一种可视化模式。数据和图像可视化涉及坐标系统、颜色、字体、图形图像显示、地图投影和图形对象类的体系和调用等内容。

辐射计是被动遥感传感器，只接收海面或大气辐射，从中提取物理信息，而不发射电磁波。示例采用的是微波辐射计 AMSR-E(advanced microwave scanning radiometer EOS)，可探测海表面温度(sea surface temperature，SST)、海面风速(wind)、水汽(vapor)、云(cloud)和可降水量(rain)。

风速可视化示例程序处理 AMSR-E 数据。该数据以二进制形式存储在以“.gz”为扩展名的压缩文件(如 amsre_20071207rt.gz)中。读取未经解压缩处理的辐射计 AMSR-E 数据中风速数据的示例程序如下。

```
pro getamsre,infile,dtype,isdec,data=data,info=info
dtype=1>dtype<5;1-5 分别为：['SST','Wind','Vapor','Cloud',
'Rain']
product=['SST','Wind','Vapor','Cloud','Rain']
direct=['升轨','降轨']
if n_elements(isdec) eq 0 then isdec=1 ;默认设置降轨
isasc=0>isdec<1
fname=file_basename(infile)
```

```
  yy=strmid(fname,6,4) & mm=strmid(fname,10,2) & dd=strmid
(fname,12,2)
  info=yy+'年'+mm+'月'+dd+'日'+direct[isdec]+'近实时'+
product[dtype-1]+'数据显示结果'
  dtype=byte(dtype)
  data=fltarr(1440,720)
  bdata=bytarr(1440,720,6,2)
  exist=findfile(infile,count=cnt)
    if (cnt ne 1) then begin
      msg=dialog_message('文件不存在！',title = '提示信息',
/information)
      return
    endif else begin
      close,2
      openr,2,infile,error=err,/compress  ;compress用于直接
                                ;读gzip压缩文件，如已解压则去掉此关键字
      if (err ne 0) then begin
        close,2
        msg=dialog_message('文件'+infile+'不存在！',title ='
提示信息',/information)
        return
      endif else begin
        readu,2,bdata
        close,2
      endelse
        ;数据处理
        xscale=[0.1,0.15,.2,.3,.01,.1]
        offset=[0,-3,0,0,0,0]
        dat=bdata[*,*,dtype,isdec]
        eindex=where(dat le 250)
        dat=dat*1.0
        dat[eindex]=dat[eindex]*xscale[dtype]+offset[dtype]
        data=reverse(dat,2)
      endelse
  end
```

1. 直接图形法风速可视化

直接图形法风速可视化主要包含创建显示窗口(WINDOW)，设置窗口属性；设置显示模式和字体属性(DEVICE)，装入颜色表；数据绘制和可视化操作(TV、XYOUTS、PLOT)。具体示例程序如下。

```
pro Tendodirectshow,file
file='F:\IDLprogram\Data\'+'amsre_20071207rt.gz'
getamsre,file,2,0,data=data,info=info
toplat=90. & bottomlat=-90.
leftlon=0. & rightlon=360.
;将经纬度范围转化为 XY 坐标范围
  xleft=fix(4*leftlon-0.5)
  xright=fix(4*rightlon+0.5)-1         ;取整，再加 1
  ytop=fix(4*(toplat+90.125)-1)
  ybottom=fix(4*(bottomlat+90.125)-1);取整，再加 1
  displayImage=data[xleft:xright,ybottom:ytop]
  displayImage_color=bytarr((xright-xleft+1),(ytop-
ybottom+1))
;k1、k2 是截取出来的范围大小，用于动态初始化显示窗口
  k1=abs(fix(xright-xleft)+1)
  k2=abs(fix(ytop-ybottom)+1)
;无数据和陆地区域统一赋予灰色和黑色
  land=where (displayImage ge 254.8,cnland)
  noData=where ((displayImage gt 249.8) and (displayImage
lt 254.8),cnnodata)
  if (cnland ne 0) then displayImage_color[land]=fix(0)
  if (cnnodata ne 0) then displayImage_color[noData]=
fix(1)
  outlabel=strarr(23)
  outlabel[0]='陆地'
  outlabel[1]='无数据'
  unit=' m/s'
  for i=0,20 do begin
    tindex=where ((displayImage ge i*2.5) and (displayImage
le (i+1)*2.5),cn)
```

```
        if cn gt 0 then displayImage_color[tindex]=fix(i+2)
          outlabel[i+2]='<='+strtrim(string(2.5*(i+1)),1)
        if  i  eq  20  then  outlabel[i+2]='>  '+strtrim(string
(2.5*(i)),1)
      endfor
    ;创建显示窗口，设置窗口属性 (包含大小和标题)
      window,/free,xsize=k1+185,ysize=k2+100,title='直接图形
法显示窗口'
    ;设置显示模式和字体属性
      device,decomposed=0,set_font='Microsoft YaHei*24'
    ;载入自定义颜色表
     loadcustomcolor
     erase,23  ;以白色清除窗口内容
    ;显示图像，从窗口[45,45]位置处从上往下显示图像，IDL 默认从下往上
    ;显示图像
     tv,displayImage_color,/order,45,45
      x=[k1,k1+30,k1+30,k1]+15+45
      y=[45,45,64,64]
    ;绘制图例的自定义颜色色棒和风速分级
      for i=0,22 do begin
       polyfill,x,(y+i*20),color=i,/device
       xyouts,(k1+45)+55,(50+i*20),strmid(outlabel[i],0,7),
color=0,/device,font=0
      end
    ;输出图例的标题
      xyouts,k1+60,540,'单位:'+unit,/device,font=0,color=0
      device,decomposed=0,set_font='Microsoft YaHei*26'
    ;绘制图像边框,注意部分关键字的使用 x|yrange 设置 x|y 轴数据范围,
    ;/nodata 仅绘制坐标轴, /noerase 不清除已绘制内容, position
    ;设置显示位置，此处通过像素表示(需设置/device), x|ytickformat
    ;设置坐标轴显示内容格式,font=0 表示使用系统字体,x|ytickinterval
    ;设置坐标轴的主间隔, x|yminor 设置坐标轴的最小间隔数目
      plot,[leftlon,rightlon],[bottomlat,toplat],xrange=
[leftlon,rightlon],yrange=[bottomlat,toplat],/nodata,/noer
ase,position=[0.,0.,k1,k2]+45.,/device,xtickformat='(I6,"°
```

```
")' ,ytickformat='(I6,"°")',color=22,title=info,font=0,xti
ckinterval=60,ytickinterval=30,xminor=12,yminor=12
    end
```

程序运行结果如图 10-2 所示。

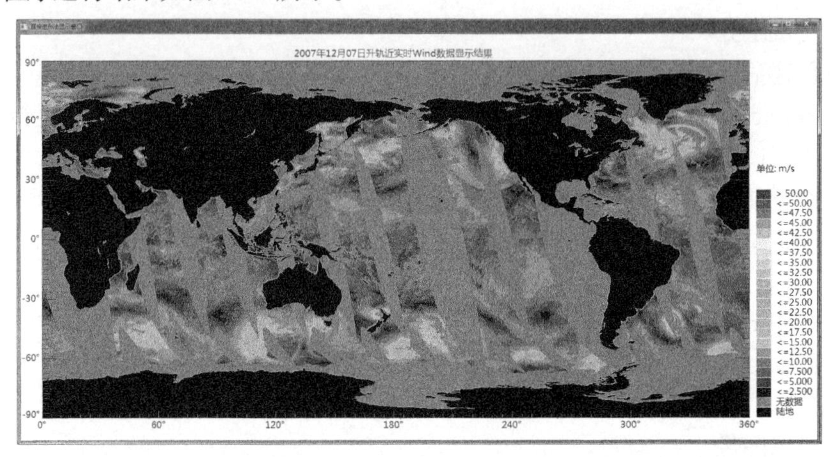

图 10-2　直接图形法风场可视化界面

2. 对象图形法风速可视化

对象图形法采用的是面向对象的程序设计方法,其显示由一系列的对象实现,调用过程包含对象的创建、属性的设置和方法的调用。对象图形法风速可视化(或简单的可视化)主要包含创建显示窗口对象(IDLgrWindow),设置窗口属性;创建显示视图对象(IDLgrView),设置视图属性;创建模式对象(IDLgrModel);创建颜色表对象(IDLgrPalette);创建图像对象(IDLgrImage),设置图像对象属性并添加到模式对象中;创建字体对象(IDLgrFont),设置字体属性;创建坐标轴对象(IDLgrAxis),设置坐标轴对象属性并添加到模式对象中;创建多边形对象(IDLgrPolygon),设置多边形对象属性并添加到模式对象中;创建文本对象(IDLgrText),设置文本对象属性并添加到模式对象中;添加模式对象到视图对象中,最后通过显示窗口对象显示结果。具体示例程序如下。

```
    pro Tendoobjectshow,file
    file='F:\IDLprogram\Data\'+'amsre_20071207rt.gz'
    getamsre,file,2,0,data=data,info=info
    toplat=90. & bottomlat=-90.
    leftlon=0. & rightlon=360.
    ;将经纬度范围转化为 XY 坐标范围
      xleft=fix(4*leftlon-0.5)
```

```
    xright=fix(4*rightlon+0.5)-1              ;取整，再加1
    ytop=fix(4*(toplat+90.125)-1)
    ybottom=fix(4*(bottomlat+90.125)-1)       ;取整，再加1
    displayImage=data[xleft:xright,ybottom:ytop]
    displayImage_color=bytarr((xright-xleft+1),(ytop-ybot
tom+1))
  ;k1、k2是截取出来的范围大小，用于动态初始化显示窗口
    k1=abs(fix(xright-xleft)+1)
    k2=abs(fix(ytop-ybottom)+1)
  ;无数据和陆地区域统一赋予灰色和黑色
    land=where (displayImage ge 254.8,cnland)
    noData=where ((displayImage gt 249.8) and (displayImage
lt 254.8),cnnodata)
    if (cnland ne 0) then displayImage_color[land]=fix(0)
    if (cnnodata ne 0) then displayImage_color[noData]=
fix(1)
    outlabel=strarr(23)
    outlabel[0]='陆地'
    outlabel[1]='无数据'
    outname=info
    unit=' m/s'
    for i=0,20 do begin
      tindex=where ((displayImage ge i*2.5) and (displayImage
le (i+1)*2.5),cn)
      if cn gt 0 then displayImage_color[tindex]=fix(i+2)
        outlabel[i+2]='<='+strtrim(string(2.5*(i+1)),1)
      if i eq 20 then outlabel[i+2]='> '+strtrim(string
(2.5*(i)),1)
    endfor
  ;依次创建图形显示对象类(IDLgrWindow,IDLgrView,IDLgrModel),
  ;设置对应属性和调用相关方法，需要注意系统坐标的转换
   owin=obj_new('IDLgrWindow',color_mode=1,retain=2,dimen
sions=[k1+185,k2+100],title='对象图形法显示窗口')
   oview=obj_new('IDLgrView',viewplane_rect=[0,0,k1+185,
k2+100])
```

```
omodel=obj_new('IDLgrModel')
;载入用户自定义颜色表，创建颜色表对象并赋值给 IDLgrWindow 对象
loadcustomcolor,red=r,green=g,blue=b
opalette=obj_new('IDLgrPalette',r,g,b)
owin->setproperty,palette=opalette
owin->erase,color=23
;创建图像对象 IDLgrImage，设置从左下角[45，45]位置处从上往下显
;示图像并添加到 IDLgrModel 对象
oimg=obj_new('IDLgrImage',displayImage_color,order=1,l
ocation=[45,45])
omodel->add,oimg
;创建图像对象 IDLgrFont，设置字体名称和大小
ofont=obj_new('IDLgrFont','Microsoft YaHei',size=14)
;解决中文乱码，不同 IDL 版本字体名称表示可能不同，
;'微软雅黑|Microsoft YaHei'二选一
;创建坐标轴(x|y|z)对象，range 设置坐标值的范围，tickvalues 设
;置坐标轴显示数值，minor 设置坐标轴最小间隔数目，color 设置显示
;颜色,exact 设置严格按照范围绘制,location 设置显示位置,ticklen
;设置坐标轴刻度大小,x|y|zcoord_conv 设置坐标转换尺度,tickformat
;设置坐标轴数值显示格式
oaxis=obj_new('IDLgrAxis',0,range=[leftlon,rightlon],
tickvalues=indgen(7)*60,minor=12,color=22,/exact,location=
[0,0]+45,ticklen=0.02*k2,xcoord_conv=[45,k1/360.],tickform
at='(I6,"°")')
omodel->add,oaxis
oaxis=obj_new('IDLgrAxis',1,range=[bottomlat,toplat],
tickvalues=(indgen(7)-3)*30,color=22,/exact,location=[0,0]+
45,minor=12,ticklen=0.02*k1,ycoord_conv=[45+90*4.,k2/180.],
tickformat='(I6,"°")')
omodel->add,oaxis
oaxis=obj_new('IDLgrAxis',0,range=[leftlon,rightlon],
tickvalues=indgen(7)*60,minor=12,color=22,/exact,location
=[0,k2]+45,ticklen=0.02*k2,xcoord_conv=[45,k1/360.],/notex
t, tickdir=1)
omodel->add,oaxis
```

```
    oaxis=obj_new('IDLgrAxis',1,range=[bottomlat,toplat],
tickvalues=(indgen(7)-3)*30,color=22,/exact,location=[k1,0]
+45,minor=12,ticklen=0.02*k1,ycoord_conv=[45+90*4.,k2/180.
], /notext,tickdir=1)
    omodel->add,oaxis
     x=[k1,k1+30,k1+30,k1]+15+45
     y=[45,45,64,64]
    for i=0,22 do begin
    ;创建多边形对象 IDLgrPolygon 并添加到 IDLgrModel 对象
      opoly=obj_new('IDLgrPolygon',x,(y+i*20),color=i)
      omodel->add,opoly
    ;创建文本对象 IDLgrText 并添加到 IDLgrModel 对象
      oltxt=obj_new('IDLgrText',strmid(outlabel[i],0,7),co
lor=0,location=[k1+45+55,50+i*20],font=ofont)
      omodel->add,oltxt
    endfor
    oltxt=obj_new('IDLgrText','单位: '+unit,color=0, location=
[k1+60,540],font=ofont)
    omodel->add,oltxt
    oltxt=obj_new('IDLgrText',info,color=22,location=[k1/2
-130,k2+15+45],font=ofont)
    omodel->add,oltxt
    ;添加模式对象到视图对象
    oview->add,omodel
    ;显示窗口绘制视图对象，显示所有添加的绘制内容(创建的对象必须先添
    ;加(add)，然后才能显示)
    owin->draw,oview
   end
```

程序运行结果如图 10-3 所示。

3. 风速快速可视化

快速可视化法是介于直接图形法与对象图形法显示模式的一种快速可视化模式，主要利用 IDL 自带的可视化窗口和函数实现数据和图像的快速可视化并支持简单的编辑。风速快速可视化主要包含设置图像显示属性(IMAGE)，自动创建并显示图像；绘制图像边框(AXIS)；添加图例说明文字(TEXT)；绘制颜色色棒

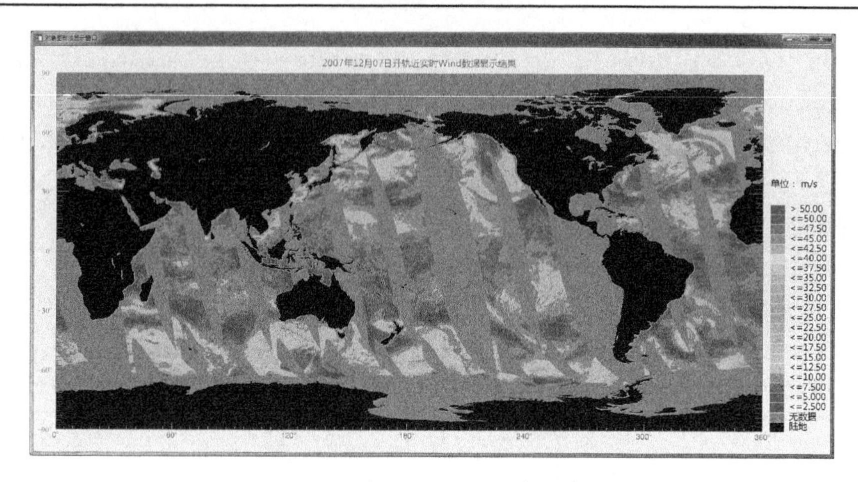

图 10-3　对象图形法风场可视化界面

(COLORBAR)。具体示例程序如下。

```
pro Tendoobjectquickshow,file
file='F:\IDLprogram\Data\'+'amsre_20071207rt.gz'
getamsre,file,2,0,data=data,info=info
toplat=90. & bottomlat=-90.
leftlon=0. & rightlon=360.
;将经纬度范围转化为 XY 坐标范围
 xleft=fix(4*leftlon-0.5)
 xright=fix(4*rightlon+0.5)-1          ;取整，再加 1
 ytop=fix(4*(toplat+90.125)-1)
 ybottom=fix(4*(bottomlat+90.125)-1) ;取整，再加 1
 displayImage=data[xleft:xright,ybottom:ytop]
 displayImage_color=displayImage
;k1、k2 是截取的范围大小，用于动态初始化显示窗口
 k1=abs(fix(xright-xleft)+1)
 k2=abs(fix(ytop-ybottom)+1)
;无数据和陆地区域统一赋予灰色和黑色
 land=where (displayImage ge 254.8,cnland)
 noData=where ((displayImage gt 249.8) and (displayImage
lt 254.8),cnnodata)
 edata=where(displayImage le 42.,cedata,complement=neindex)
 displayImage_color[neindex]=42.
```

```
    if (cnland ne 0)then displayImage_color[land]=max (displayi
mage)+1
    if (cnnodata ne 0)then displayImage_color[noData]=min(dis
playimage)
    ;字节拉升
    displayImage_color=bytscl(displayImage_color,max=42,to
p=255)
    ;快速可视化法显示图像，title 设置标题，dimensions 设置窗体大小，
    ;image_dimensions 设置图像大小，position 设置图像显示的位置(单
    ;位像素，同时设置 device)，rgb_table 设置系统定义的颜色表，font_
    ;color 设置字体颜色，window_title 设置显示窗口标题，font_size 设
    ;置字体大小，font_name 设置字体名称，调用后根据设置显示图像
     img=image(displayImage_color,title=info,dimensions=[k
1+185,k2+100],image_dimensions=[k1,k2],position=[45,45,45+
k1,45+k2],/device,rgb_table=39,/order,font_color=[255,0,0]
,window_title='快速可视化显示窗口',font_size=16,font_name=
'Microsoft YaHei')
    ;绘制图像边框，调用一次仅绘制一个方向坐标，location 设置起始位置，
    ;axis_range 设置坐标值的范围，coord_transform 设置坐标转换
    ;尺度，color 设置颜色，tickvalues 设置坐标数值，tickformat 设置坐
    ;标数值显示格式，minor 设置坐标轴最小间隔数目，tickfont_size 设置
    ;坐标轴显示字体大小
    xlaxis=axis('x',location=[0,0],axis_range=[leftlon,rig
htlon],coord_transform=[leftlon,rightlon/1440.],color=[255
,0,0],tickvalues=indgen(7)*60,tickformat='(I6,"°")',minor=
12,tickfont_size=14)
    xraxis=axis('x',location=[0,k2],axis_range=[leftlon,ri
ghtlon],coord_transform=[leftlon,rightlon/1440.],color=[25
5,0,0],showtext=0,tickdir=1,minor=12)
    xbaxis=axis('y',location=[0,0],axis_range=[bottomlat,
toplat],coord_transform=[bottomlat,(toplat-bottomlat)/720.
],color=[255,0,0],tickvalues=(indgen(7)-3)*30,tickformat='
(I6,"°")',minor=12,tickfont_size=14)
    xtaxis=axis('y',location=[k1,0],axis_range=[bottomlat,
toplat],coord_transform=[bottomlat,(toplat-bottomlat)/720.]
```

```
,color=[255,0, 0],showtext=0,tickdir=1,minor=12)
    ;输出图例的标题
    otxt=text((60+k1)/(k1+160.),600/(k2+100.),'单位： m/s',
'black',font_name='Microsoft YaHei',font_size=14)
    ;绘制颜色色棒 ，target 设置色棒对应的数据，orientation 设置色棒
    ;的方向，rgb_table 设置颜色表，position 设置色棒显示位置(单位像
    ;素)，range 设置色棒对应的数值范围，border 设置色棒边框，textpos
    ;设置色棒数值显示位置，font_size 设置字体大小
    c=colorbar(target=displayImage,orientation=1,rgb_table
=39,position=[70+k1,45,110+k1,560]/[k1+160,k2+100.,k1+160,
k2+100.],range=[min(displayImage),42],/border,textpos=1,fo
nt_size=14)
    end
```

程序运行结果如图 10-4 所示。

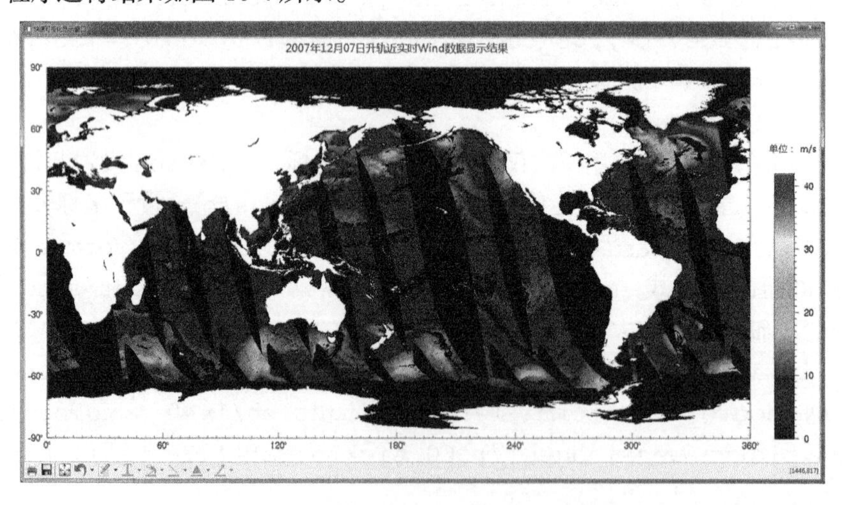

图 10-4 快速可视化法风场可视化界面

上述三种可视化方法各有千秋，读者可以根据需求灵活使用。

10.3 辐射计 AMSR-E 产品动画制作

动画可以更加直观形象地表达数据的组合。本书以辐射计 AMSR-E 产品(SST、Wind、Vapor、Cloud、Rain)为例，利用对象图形法制作动态的 GIF 文件。示例程序如下。

```
pro Tendogif,file
file='F:\IDLprogram\Data\'+'amsre_20071207rt.gz'
getamsre,file,1,0,data=data,info=info    ;SST
toplat=90. & bottomlat=-90.
leftlon=0. & rightlon=360.
  xleft=fix(4*leftlon-0.5)
  xright=fix(4*rightlon+0.5)-1              ;取整，再加 1
  ytop=fix(4*(toplat+90.125)-1)
  ybottom=fix(4*(bottomlat+90.125)-1)     ;取整，再加 1
  displayImage=data[xleft:xright,ybottom:ytop]
  displayImage_color=bytarr((xright-xleft+1),(ytop-ybot
tom+1))
  k1=abs(fix(xright- xleft)+1)
  k2=abs(fix(ytop-ybottom)+1)
  imgdata=bytarr(k1+185,k2+100,5)
;无数据和陆地区域统一赋予灰色和黑色
  land=where (displayImage ge 254.8,cnland)
  noData=where ((displayImage gt 249.8) and (displayImage
lt 254.8),cnnodata)
  if (cnland ne 0) then displayImage_color[land]=fix(0)
  if (cnnodata  ne  0) then  displayImage_color[noData]=
fix(1)
  outlabel=strarr(23)
  outlabel[0]='陆地'
  outlabel[1]='无数据'
  outname=info
  unit='deg'
  for i=0.,20 do begin
    tindex=where ((displayImage ge i*1.8-3) and (displayImage
le (i+1)*1.8-3),cn)
    if cn gt 0 then displayImage_color[tindex]=fix(i+2)
      outlabel[i+2]='<='+strtrim(string(1.8*(i+1)-3),1)
    if i eq 20 then outlabel[i+2]='> '+strtrim(string
(1.8*(i)-3),1)
  endfor
```

```
;依次创建图形显示对象类(IDLgrWindow,IDLgrView,IDLgrModel),
;设置对应属性和调用相关方法，需要注意系统坐标的转换
owin=obj_new('IDLgrWindow',color_mode=1,retain=2,dimen
sions=[k1+185,k2+100],title='对象图形法显示窗口')
oview=obj_new('IDLgrView',viewplane_rect=[0,0,k1+185,k
2+100])
omodel=obj_new('IDLgrModel')
;载入用户自定义颜色表，创建颜色表对象并赋值给 IDLgrWindow 对象
loadcustomcolor,red=r,green=g,blue=b
opalette=obj_new('IDLgrPalette',r,g,b)
owin->setproperty,palette=opalette
owin->erase,color=23
;创建图像对象 IDLgrImage，设置从左下角[45, 45]位置处从上往下显
;示图像并添加到 IDLgrModel 对象
oimg=obj_new('IDLgrImage',displayImage_color,order=1,
location=[45,45])
omodel->add,oimg
;创建图像对象 IDLgrFont，设置字体名称和大小
ofont=obj_new('IDLgrFont','Microsoft YaHei',size=14)
;解决中文乱码，不同 IDL 版本字体名称表示可能不同，'微软雅黑
;|Microsoft YaHei'二选一
;创建坐标轴(x|y|z)对象，range 设置坐标值的范围，tickvalues 设
;置坐标轴显示数值，minor 设置坐标轴最小间隔数目，color 设置显示颜
;色，exact 设置严格按照范围绘制，location 设置显示位置，ticklen
;设置坐标轴刻度大小,x|y|zcoord_conv 设置坐标转换尺度,tickformat
;设置坐标轴数值显示格式
oaxis=obj_new('IDLgrAxis',0,range=[leftlon,rightlon],
 tickvalues=indgen(7)*60,minor=12,color=22,/exact,location
 n=[0,0]+45,ticklen=0.02*k2,xcoord_conv=[45,k1/360.],tickf
 ormat='(I6,"°")')
omodel->add,oaxis
oaxis=obj_new('IDLgrAxis',1,range=[bottomlat,toplat],
tickvalues=(indgen(7)-3)*30,color=22,/exact,location=[0,0]
+45,minor=12,ticklen=0.02*k1,ycoord_conv=[45+90*4.,k2/180.
],tickformat='(I6,"°")')
```

```
    omodel->add,oaxis
    oaxis=obj_new('IDLgrAxis',0,range=[leftlon,rightlon],
tickvalues=indgen(7)*60,minor=12,color=22,/exact,location=
[0,k2]+45,ticklen=0.02*k2,xcoord_conv=[45,k1/360.],/notext
,tickdir=1)
    omodel->add,oaxis
    oaxis=obj_new('IDLgrAxis',1,range=[bottomlat,toplat],
tickvalues=(indgen(7)-3)*30,color=22,/exact,location=[k1,0]
+45,minor=12,ticklen=0.02*k1,ycoord_conv=[45+90*4.,k2/180.],
/notext,tickdir=1)
    omodel->add,oaxis
     x=[k1,k1+30,k1+30,k1]+15+45
     y=[45,45,64,64]
    oltxt=objarr(25)    ;注意此处与前面对象图形法的不同
    for i=0,22 do begin
      opoly=obj_new('IDLgrPolygon',x,(y+i*20),color=i)
      omodel->add,opoly
      oltxt[i]=obj_new('IDLgrText',strmid(outlabel[i],0,7)
,color=0,location=[k1+45+55,50+i*20],font=ofont)
      omodel->add,oltxt[i]
    endfor
    oltxt[23]=obj_new('IDLgrText',' 单 位 ：  '+unit,color=0,
location=[k1+60, 540],font=ofont)
    omodel->add,oltxt[23]
    oltxt[24]=obj_new('IDLgrText',info,color=22,location=
[k1/2-130,k2+15+45],font=ofont)
    omodel->add,oltxt[24]
    ;添加模式对象到视图对象
    oview->add,omodel
    ;显示窗口绘制视图对象，显示所有添加的绘制内容(创建的对象必须先添
    ;加(add)，然后才能显示)
    owin->draw,oview
    tdata=owin->read()  ;获取显示窗口内容，类似直接图形法的 TVRD
    tdata->getproperty,data=indata
    imgdata[*,*,0]=indata
```

```
    getamsre,file,2,0,data=data,info=info  ;WIND
     displayImage=data[xleft:xright,ybottom:ytop]
     displayImage_color=bytarr((xright-xleft+1),(ytop-ybot
tom+1))
     land=where (displayImage ge 254.8,cnland)
     noData=where ((displayImage gt 249.8) and (displayImage
lt 254.8),cnnodata)
     if (cnland ne 0) then displayImage_color[land]=fix(0)
     if (cnnodata ne 0) then displayImage_color[noData]=
fix(1)
     outname=info
     unit='m/s'
     for i=0,20 do begin
       tindex=where ((displayImage ge i*2.5) and (displayImage
le (i+1)*2.5),cn)
       if cn gt 0 then displayImage_color[tindex] = fix(i+2)
         outlabel[i+2]='<='+strtrim(string(2.5*(i+1)),1)
       if i eq 20 then outlabel[i+2]='> '+strtrim(string
(2.5*(i)),1)
     endfor
    owin->erase,color=23       ;擦除已绘制的所有内容
    oimg->setproperty,data=displayImage_color
    ;设置图像对象待显示的数据，仅有变化的需要设置，下同
    for i=0,22 do begin
     oltxt[i]->setproperty,strings=strmid(outlabel[i],0,7)
    endfor
    oltxt[23]->setproperty,strings='单位：'+unit
    ;设置文本对象待显示的内容，仅有变化的需要设置，下同
    oltxt[24]->setproperty,strings=info
    owin->draw,oview
    tdata=owin->read()
    tdata->getproperty,data=indata
    imgdata[*,*,1]=indata
    getamsre,file,3,0,data=data,info=info  ;VAPOR
     displayImage=data[xleft:xright,ybottom:ytop]
```

```
    displayImage_color=bytarr((xright-xleft+1),(ytop-ybot
tom+1))
    land=where (displayImage ge 254.8,cnland)
    noData=where ((displayImage gt 249.8) and (displayImage
lt 254.8),cnnodata)
    if (cnland ne 0) then displayImage_color[land]=fix(0)
    if (cnnodata  ne  0)  then  displayImage_color[noData]=
fix(1)
    outname=info
    unit='mm'
    for i=0,20 do begin
      tindex=where ((displayImage ge i*3.8) and (displayImage
le (i+1)*3.8),cn)
      if cn gt 0 then displayImage_color[tindex]=fix(i+2)
        outlabel[i+2]='<='+strtrim(string(3.8*(i+1)),1)
      if  i  eq  20  then  outlabel[i+2]='>  '+strtrim(string
(3.8*(i)),1)
    endfor
     owin->erase,color=23
    oimg->setproperty,data=displayImage_color
   for i=0,22 do begin
    oltxt[i]->setproperty,strings=strmid(outlabel[i],0,7)
   endfor
    oltxt[23]->setproperty,strings='单位: '+unit
    oltxt[24]->setproperty,strings=info
   owin->draw,oview
   tdata=owin->read()
   tdata->getproperty,data=indata
    imgdata[*,*,2]=indata
   getamsre,file,4,0,data=data,info=info   ;CLOUD
    displayImage=data[xleft:xright,ybottom:ytop]
    displayImage_color=bytarr((xright-xleft+1),(ytop-ybot
tom+1))
    land=where (displayImage ge 254.8,cnland)
    noData=where ((displayImage gt 249.8) and (displayImage
```

```
lt 254.8),cnnodata)
     if (cnland ne 0) then displayImage_color[land]=fix(0)
     if (cnnodata ne 0) then displayImage_color[noData] =
fix(1)
     outname=info
     unit=' mm'
     for i=0,20 do begin
       tindex=where ((displayImage ge i*0.15-0.05) and (displ
ayImage le (i+1)*0.15-0.05),cn)
       if cn gt 0 then displayImage_color[tindex]=fix(i+2)
        outlabel[i+2]='<='+strtrim(string(0.15*(i+1)-0.05),1)
       if i eq 20 then outlabel[i+2]='> '+strtrim(string
(0.15*(i)-0.05),1)
     endfor
      owin->erase,color=23
     oimg->setproperty,data=displayImage_color
    for i=0,22 do begin
      oltxt[i]->setproperty,strings=strmid(outlabel[i],0,7)
    endfor
     oltxt[23]->setproperty,strings='单位：'+unit
     oltxt[24]->setproperty,strings=info
    owin->draw,oview
    tdata=owin->read()
    tdata->getproperty,data=indata
     imgdata[*,*,3]=indata
     getamsre,file,5,0,data=data,info=info  ;RAIN
     print,min(data),max(data)
     displayImage=data[xleft:xright,ybottom:ytop]
     displayImage_color=bytarr((xright-xleft+1),(ytop-ybot
tom+1))
     land=where (displayImage ge 254.8,cnland)
     noData=where ((displayImage gt 249.8) and (displayImage
lt 254.8),cnnodata)
     if (cnland ne 0) then displayImage_color[land]=fix(0)
     if (cnnodata ne 0) then displayImage_color[noData]=
```

```
fix(1)
      outname=info
      unit=' mm/h'
      for i=0,20 do begin
        tindex=where((displayImage ge i*1.25) and (displayIma
ge le (i+1)*1.25),cn)
        if cn gt 0 then displayImage_color[tindex]=fix(i+2)
          outlabel[i+2]='<='+strtrim(string(1.25*(i+1)),1)
        if i eq 20 then outlabel[i+2]='> '+strtrim(string
(1.25*(i)),1)
      endfor
      owin->erase,color=23
      oimg->setproperty,data=displayImage_color
     for i=0,22 do begin
       oltxt[i]->setproperty,strings=strmid(outlabel[i],0,7)
     endfor
      oltxt[23]->setproperty,strings='单位: '+unit
      oltxt[24]->setproperty,strings=info
     owin->draw,oview
     tdata=owin->read()
     tdata->getproperty,data=indata
      imgdata[*,*,4]=indata
      delaytime=50    ;设置延迟时间
      outfname='F:\IDLprogram\Data\AMSR-E.gif'
      ;写动态 gif 文件
      for i=0,4 do write_gif,outfname,reform(imgdata[*,*, i]),
r,g,b,delay_time=delaytime,/multiple,repeat_count=0
      write_gif,outfname,/close
    end
```

程序运行结果如图 10-5 所示。

上述程序展示了对象图形法中对象的复用，而直接图形法仅可以复用显示窗口，其他显示内容则需要重新写代码实现。感兴趣的读者可以通过直接图形法或快速可视化方法制作动态的 GIF 文件。此外，IDL 还支持其他格式的动画制作，读者可以查看帮助或其他资料。

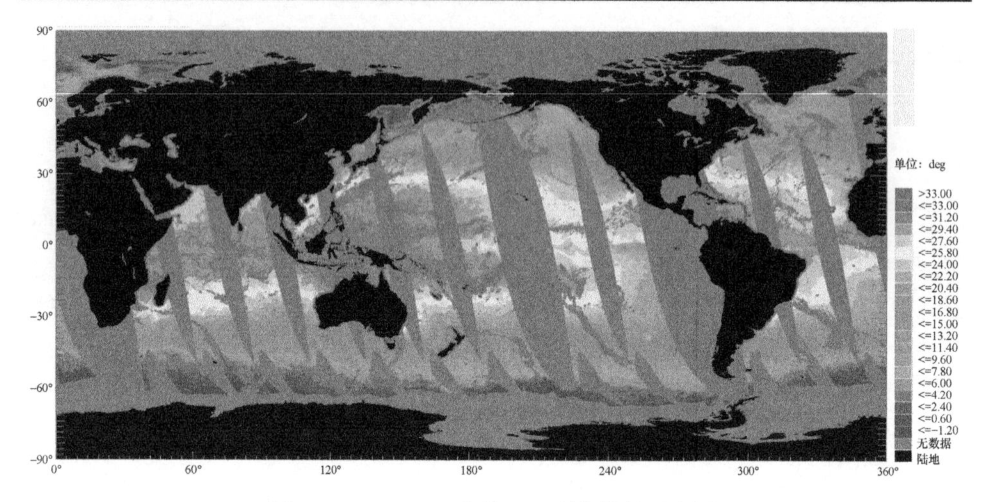

图 10-5　AMSR-E 产品 GIF 制作结果示意图

10.4　SAR 图像分块并行处理

并行计算是指同时使用多种计算机资源解决计算问题的过程，主要用于大型且复杂，或者对时效性要求较高的计算问题。多核计算机可以将计算任务分摊到多个 CPU 核中同时执行，因此并行计算算法可以分为多线程与多进程两类。创建线程比进程开销小，且多线程间通信也比多进程间的通信过程简单和快速，但是需要对已有的串行程序进行大量的代码修改，把程序中适合并行计算的部分变为多线程实现。多进程适合多任务独立的并行计算，突出的优点是现有串行程序不需要大量修改。因此，充分利用多线程、多进程构建并行计算算法，可以进一步提高算法执行效率。

基于 IDL_IDLBridge 并行计算处理过程主要包含确定参与并行计算线程个数(CPU)；确定 IDL_IDLBridge 对象数量，创建并初始化 IDL_IDLBridge 对象；设置输入参数(调用 SETVAR 方法)；编译并执行需要并行计算的函数(调用 EXCUTE 方法，异步执行需要设置 NOWAIT 关键字)；IDL_IDLBridge 对象状态查询(调用 STATUS 方法)；获取并行计算结果(调用 GETVAR 方法)，销毁对象数组，释放资源。

说明：在并行处理过程中，除了可以使用 SETVAR 和 GETVAR 传递变量，也可以使用 SHMMAP 和 SHMVAR 实现变量共享。此外，如果 IDL_IDLBridge 执行的程序不在 IDL 默认搜索路径下，在执行之前需要编译，然后执行，否则无法运行程序。

在 SAR 图像风场反演过程中，包含对 SAR 图像进行分块与快速傅里叶变换处理。IDL 并行处理方式有很多种，本书以 IDL_IDLBridge 为例介绍 SAR 图像分块并行处理。需要说明的是，程序主要示例并行处理，不涉及其他风场反演内容。示例程序如下。

```
pro idlbridgesample
sttime=systime(1)
 file='F:\IDLprogram\Data\imagery_vv.tif'
 ok=query_tiff(file,tifinfo,geotiff=geoinfo)
 cols=tifinfo.dimensions[0]
 rows=tifinfo.dimensions[1]
 block=512
 bnum=rows/block
 fdata=fltarr(bnum,bnum,block,block)
 for i=0,bnum-1 do begin
 for j=0,bnum-1 do begin
 idata=read_tiff(file,sub_rect=[i*block,j*block,block,b
lock])
 fdata[i,j,*,*]=abs(fft(idata))
 wait,10
 endfor
 endfor
entime=systime(1)
print,'顺序处理时间: ',entime-sttime
sttime=systime(1)
 res=fltarr(bnum,bnum,block,block)
 mulobj=make_array(bnum,bnum,/obj)
 for i=0,bnum-1 do begin
 for j=0,bnum-1 do begin
 mulobj[i,j]=obj_new('idl_idlbridge')
 idata=read_tiff(file,sub_rect=[i*block,j*block,block,
block])
 (mulobj[i,j])->setvar,'indata',idata
 (mulobj[i,j])->execute,"outdata=abs(fft(indata)) & wait,
10",/nowait
 endfor
 endfor
```

```
    notdone=1
    while notdone do begin
     done=0
     for i=0,bnum-1 do begin
     for j=0,bnum-1 do begin
       if  obj_valid(mulobj[i,j])  then  done=done+mulobj[i,
j]->status()
       if done eq 0 then notdone=done
      endfor
      endfor
    endwhile
    for i=0,bnum-1 do begin
    for j=0,bnum-1 do begin
     res[i,j,*,*]=mulobj[i,j]->getvar('outdata')
     obj_destroy,mulobj[i,j]
    endfor
    endfor
   entime=systime(1)
   print,'并行处理时间：',entime-sttime
   end
```

为了验证 IDL_IDLBridge 并行运算处理的能力，使用 WAIT 过程模拟处理时间。程序运行结果如下。

wait,10 模拟处理时间为 10 秒

顺序处理时间：　　　361.05100

并行处理时间：　　　36.892000

wait,1 模拟处理时间为 1 秒

顺序处理时间：　　　37.054000

并行处理时间：　　　28.854000

wait,0 模拟处理时间为 0 秒

顺序处理时间：　　　0.82100010

并行处理时间：　　　30.354000

从运行结果可以看出，并不是在所有情况下使用并行运算都能够提高计算效率。例如，在“WAIT,0”情况下，当数据处理时间较短时，使用并行计算并没有有效提高计算速度，由于使用 IDL_IDLBridge 涉及资源分配与调度，并行计算反而耗费更多时间。当使用 IDL_IDLBridge 资源分配与调度和数据处理时间优于串

行处理时间时(如“WAIT,1”情况)，考虑使用并行处理，充分利用计算机资源。当数据处理时间较长且在合理的内存使用范围内，使用 IDL_IDLBridge 并行计算可以大幅提高数据处理速度，如“WAIT,10”情况下，串行处理时间接近并行计算处理时间的 10 倍，随着数据处理时间的增加，并行计算的优势更加明显。

10.5　SAR 风场反演结果可视化

SAR 风场反演结果可视化以调用图形可视化示例程序和显示 SAR 风场反演结果为例，综合说明 GUI 的设计方法。具体示例程序如下。

```
;事件响应程序
pro Tendogui_event,ev
;获取当前组件的 uname
  uname=widget_info(ev.id,/uname)
;根据 uname 处理事件
  case uname of
    'mdirg':begin                               ;直接图形法响应
Tendodirectshow
    end
    'moog':begin                                ;对象图形法响应
Tendoobjectshow
    end
    'mqckg':begin                               ;快速可视化响应
Tendoobjectquickshow
    end
    'mwinf':begin                               ;SAR 风场显示响应
      showwindf,ev.top
    end
    'mexit':begin                               ;退出响应
      widget_control,ev.top,/destroy            ;关闭 GUI
     end
     else:
  endcase
end
pro Tendogui
```

```
;创建最高级别容器，设置 row 按行布局组件，设置 tlb_frame_attr=1
;禁止改变界面大小，并且去除最大最小化按钮
mainbase=widget_base(title='图形用户界面示例',xsize=514,
ysize=60,/row,tlb_frame_attr=1)
;创建按钮，uname 用于事件循环控制处理，value 表示按钮显示内容，
;tooltip 表示按钮提示内容
mdirg=widget_button(mainbase,uname='mdirg',xsize=100,y
size=40,/align_center,value='直接图形法',tooltip='直接图形法
风速显示')
moog=Widget_Button(mainbase,uname='moog',xsize=100,ysi
ze=40,/align_center,value='对象图形法',tooltip='对象图形法风速
显示')
mqckg=Widget_Button(mainbase,uname='mqckg',xsize=100,y
size=40,/align_center,value='快速可视化',tooltip='快速可视化
风速显示')
mwinf=Widget_Button(mainbase,uname='mwinf',xsize=100,y
size=40,/align_center,value='风场可视化',tooltip='SAR 风场可视
化')
mexit=Widget_Button(mainbase,uname='mexit',xsize=100,y
size=40,/align_center,value='退    出',tooltip='关闭示例程序')
;显示创建的 GUI，此语句不可少
widget_control,mainbase,/realize
center,mainbase   ;设置 GUI 居中
;关联事件，设置 no_block 非独占当前 IDL 资源，允许命令行执行语句
xmanager,'Tendogui',mainbase,/no_block
end
```

程序运行结果如图 10-6 所示。点击不同的按钮显示不同的界面或者退出当前程序。

图 10-6 图形用户界面示例界面

细心的读者会发现打开直接图形法、对象图形法和快速可视化显示窗口后，

关闭图形用户界面程序并没有随主程序关闭而自动关闭。此外，直接图形法、对象图形法示例结果实现了可视化功能，快速可视化显示结果利用 IDL 自带的显示窗口包含部分编辑功能,如何自己设计显示界面和功能呢？这些问题将在 SAR 风场可视化示例程序中解决。

SAR 风场可视化示例程序采用面向过程的程序设计方法设计与实现 SAR 图像与风场叠加显示，并保存为图片，其中图形显示采用直接图形法实现。具体示例程序如下。

```
;获取输入 tif 图像的最大最小经纬度
function getlonandlat,tfile
 ok=query_tiff(tfile,tifinfo,geotiff=geoinfo)
 cols=tifinfo.dimensions[0];dims[0]
 rows=tifinfo.dimensions[1];dims[1]
maxlat=geoinfo.modeltiepointtag[4]+(geoinfo.modeltiepo
inttag[1])*geoinfo.modelpixelscaletag[1]
minlat=geoinfo.modeltiepointtag[4]-(rows-geoinfo.model
tiepointtag[1])*geoinfo.modelpixelscaletag[1]
maxlon=geoinfo.modeltiepointtag[3]+(cols-geoinfo.model
tiepointtag[0])*geoinfo.modelpixelscaletag[0]
minlon=geoinfo.modeltiepointtag[3]-(geoinfo.modeltiepo
inttag[0])*geoinfo.modelpixelscaletag[0]
 return,[minlon,minlat,maxlon,maxlat]
end
;显示结果保存事件
pro wsaveimg,ev
 tvlct,r,g,b,/get              ;获取当前显示颜色表
 img=tvrd(true=1)              ;获取当前实现内容
 file=dialog_pickfile(filter='*.png',/write,title='保存
SAR 风场显示结果',default_extension='png')
 if file eq ''  then return
 write_png,file,img,r,g,b   ;写 SAR 风场综合显示结果
end
;退出事件
pro wexit,ev
 widget_control,ev.top, /destroy
end
```

```
;打开风场反演文本文件事件
pro wopentfile,ev
  ;获取顶级组件的 uvalue,用于数据传递
  widget_control,ev.top,get_uvalue=winfo
  if winfo.tif eq '' then begin
    ok=dialog_message('请先打开 SAR 图像! ',title='提示信息
',/information)
    return
  endif
  file=dialog_pickfile(title='请选择待显示的风场文本文件
',filter='*.txt')
  if file ne '' then begin
    read_stxt,file,info=info,data=data
    llinfo=getlonandlat(winfo.tif)
    minlon=llinfo[0]
    minlat=llinfo[1]
    maxlon=llinfo[2]
    maxlat=llinfo[3]
    deltay=abs(maxlat-minlat)
    deltax=abs(maxlon-minlon)
    wscale=deltax/float(deltay)
    wysize=720
    wxsize=fix(wysize*wscale)
  ;设置显示窗口大小
  widget_control,winfo.drawid,xsize=wxsize+150,ysize=wy
size+50
  img=read_tiff(winfo.tif)
  tek_color
  erase,1
  loadct,0
  ;设置字体名称和大小
  device,decomposed=0,set_font='宋体*14'
  ;设置地图投影，注意参数和关键字的使用
  map_set,(minlat+maxlat)/2.0,(minlon+maxlon)/2.0,/merc
ator,limit=[minlat,minlon,maxlat,maxlon],position=([25.,25
```

```
.,wxsize,wysize])/[wxsize+150.,wysize+50.,wxsize+150.,wysi
ze+50.],/noerase
    ;地图投影贴图，注意参数和关键字的使用
  res=map_image(img,startx,starty,compress=1,latmin=minl
at,latmax=maxlat,lonmin=minlon,lonmax=maxlon)
    tv,res,startx,starty,/order
    loadcustomcolor
    ;风向绘制初始位置，起始点为风场对应位置，结束点与风速与风向相关
    startlat=data.lat
    startlon=data.lon
    endlat=data.lat+sin((data.direct)/180.0*!pi)*data.spe
ed/300.
    endlon=data.lon+cos((data.direct)/180.0*!pi)*data.spe
ed/300.
    gspeed=data.speed
    getindex=0
    getnum=0
    fcount=size(data,/dimensions)
    ;SAR 图像内风场结果提取
    for i=0,fcount[0]-1 do begin
     if startlat[i] le maxlat && startlat[i] ge minlat &&
endlat[i] le maxlat && endlat[i] ge minlat && $
       startlon[i] le maxlon && startlon[i] ge minlon &&
endlon[i] le maxlon && endlon[i] ge minlon then begin
      getindex=[getindex,i]
      getnum++
      endif
    endfor
    getindex[0]=getnum
    if getindex[0] gt 0 then begin
     startlat=startlat[getindex[1:*]]
     startlon=startlon[getindex[1:*]]
     endlat=endlat[getindex[1:*]]
     endlon=endlon[getindex[1:*]]
     gspeed=gspeed[getindex[1:*]]
```

```
    endif
      mingspeed=min(gspeed)
      maxgspeed=max(gspeed)
      gt30index=where(gspeed gt 30.0)
    ;图例风速标记处理
      if gt30index[0] ne -1 then begin
        gspeed[gt30index]=30.0
        maxgspeed=30.0
        outlabel=strarr(21)
        for i=0.0,20.0 do begin
  if i le 19.0 then outlabel[i]='<='+strtrim(string((maxgspeed-
mingspeed)/20.0*(i+1)+mingspeed),1)
          if  i  eq  20.0  then  outlabel[i]='  >'+strtrim
(string(30.0),1)
        endfor
      endif else begin
        outlabel=strarr(20)
        for i=0.0,19.0 do begin
  outlabel[i]='<='+strtrim(string((maxgspeed-mingspeed)/
20.0 *(i+1)+mingspeed),1)
        endfor
      endelse
      stlat=startlat & stlon=startlon
      edlat=endlat & edlon=endlon
  gspeed=fix((temporary(gspeed)-mingspeed)*20.0/float(ma
xgspeed-mingspeed))+2
      ;绘制风场矢量
      for i=0,getnum-1 do
  arrow,stlon[i],stlat[i],edlon[i],edlat[i],/data,color=
gspeed[i],hsize=16,/solid ,thick=4
      x=[20,50,50,20]
      y=[10,10,30,30]
      temptsize=size(outlabel)
      count=temptsize[1]
      ;绘制图例
```

```
        for i=0,count-1 do begin
          polyfill,x+wxsize+10,(y+i*20)+20,color=byte(2+i),
/device
         xyouts,65+wxsize,(15+i*20)+20,outlabel[i],color=0,
/device,font=0
         xyouts,30+wxsize,465+40+20,'风场图例',/device,font=
0,color=0
         xyouts,30+wxsize,440+40+20,'单位: (m/s)',/device,
font=0,color=0
        endfor
        ;绘制地图边框
    map_grid,label=2,color=3,latdel=0.1,londel=0.1,/box_ax
es,charsize=1.25
       device,decomposed=0,set_font='宋体*20'
        ;输出标题
       xyouts,wxsize/2-100,wysize+50-25,strmid(info[1],0,4)
+'年'+ strmid(info[1],4,2)+'月'+strmid(info[1],6,2)+'日'+'
风场分布图',/device,font=0,color=22
     endif
    end
    ;打开 SAR 图像事件
    pro wopenfile,ev
      ;获顶级组件的 uvalue,用于数据传递
      widget_control,ev.top,get_uvalue=winfo
      tfile=dialog_pickfile(title='请选择待显示的 SAR 图像',filter=
'*.tif')
     if tfile ne '' then begin
      llinfo=getlonandlat(tfile)
      minlon=llinfo[0]
      minlat=llinfo[1]
      maxlon=llinfo[2]
      maxlat=llinfo[3]
      deltay=abs(maxlat-minlat)
      deltax=abs(maxlon-minlon)
      wscale=deltax/float(deltay)
```

```
    wysize=720
    wxsize=fix(wysize*wscale)
    widget_control,winfo.drawid,xsize=wxsize,ysize=wysize
    img=read_tiff(tfile)
    erase,1
    loadct,0   ;设置颜色表为灰度，用于显示 SAR 图像
    ;设置地图投影
  map_set,(minlat+maxlat)/2.0,(minlon+maxlon)/2.0,/merca
tor,limit=[minlat,minlon,maxlat,maxlon],position=[0.05,0.0
5,0.95,0.95],/noerase
    ;地图贴图
  res=map_image(img,startx,starty,compress=1,latmin=minl
at,latmax=maxlat,lonmin=minlon,lonmax=maxlon)
    tv,res,startx,starty,/order
    loadcustomcolor
    map_grid,label=2,color=3,latdel=0.1,londel=0.1,/box_a
 xes
    winfo.tif=tfile
    ;设置顶级组件的 uvalue,用于数据传递
    widget_control,ev.top,set_uvalue=winfo
  endif
  end
  pro showwindf_event,ev
  ;本示例程序使用了组件事件处理过程(即 event_pro)，事件响应后直
  ;接处理对应过程，而不是在此事件响应过程内处理，注意与图形界面示例
  ;程序的区别
  end
  ;SAR 风场显示程序，示例主从窗体关联和图像与风场综合显示
  pro showwindf,wleader
    wxsize=800 & wysize=200
    ;创建最高级别容器
    showtlb=widget_base(title='风场结果显示窗口',xoffset=0,
yoffset=0,mbar=mbar)
    ;主从窗体关联，设置 group_leader 关联主从窗体，设置 mbar 创建
    ;菜单
```

参 考 文 献

卞小林，张登荣，张春燕，等，2014. IDL并行计算技术在SAR风场反演中应用[J]. 计算机工程与应用，50(18): 261-264.

卞小林，张风丽，邵芸，2011. IDL在海洋微波遥感数据处理中应用[J]. 计算机应用，31(S1): 204-206.

董彦卿，2012. IDL程序设计: 数据可视化与ENVI二次开发[M]. 北京：高等教育出版社.

韩培友，2006. IDL可视化分析与应用[M]. 西安：西北工业大学出版社.

谭浩强，2004. C++程序设计[M]. 北京：高等教育出版社.

谭浩强，2010. C程序设计[M]. 北京：清华大学出版社.

王育坚，2003. Visual C++面向对象编程教程[M]. 北京：清华大学出版社.

徐永明，2014. 遥感二次开发语言IDL[M]. 北京：科学出版社.

闫殿武，2003. IDL可视化工具入门与提高[M]. 北京：机械工业出版社.

张海藩，2003. 软件工程导论[M]. 4版. 北京：清华大学出版社.

Fanning D W, 2000. IDL Programming Techniques[M]. 2ed ed. New York: Fanning Software Consulting.

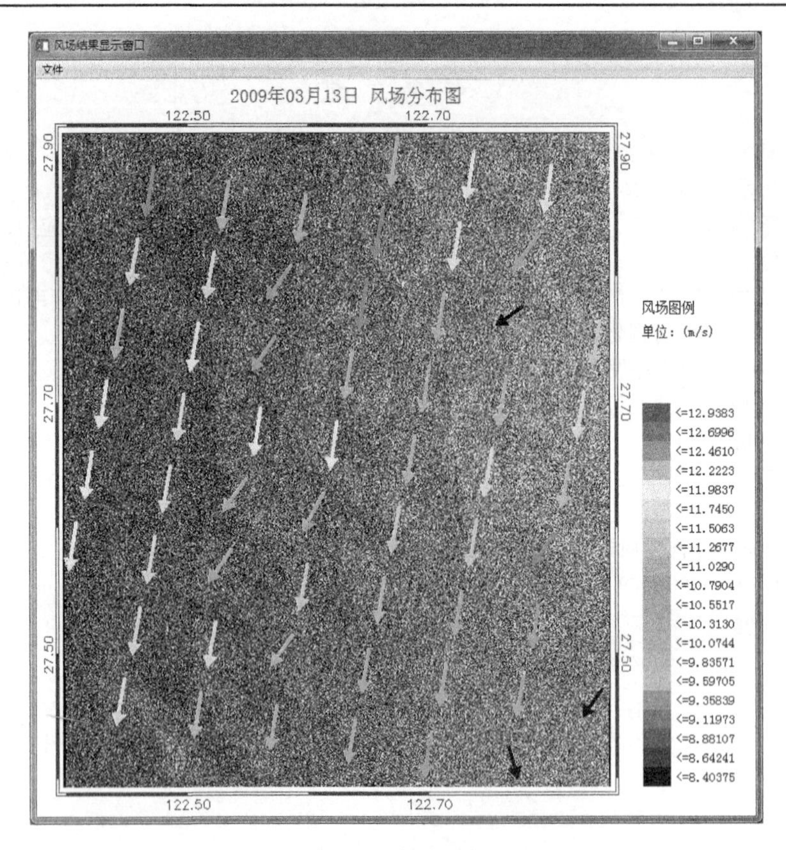

图 10-9　SAR 图像结合风场显示界面